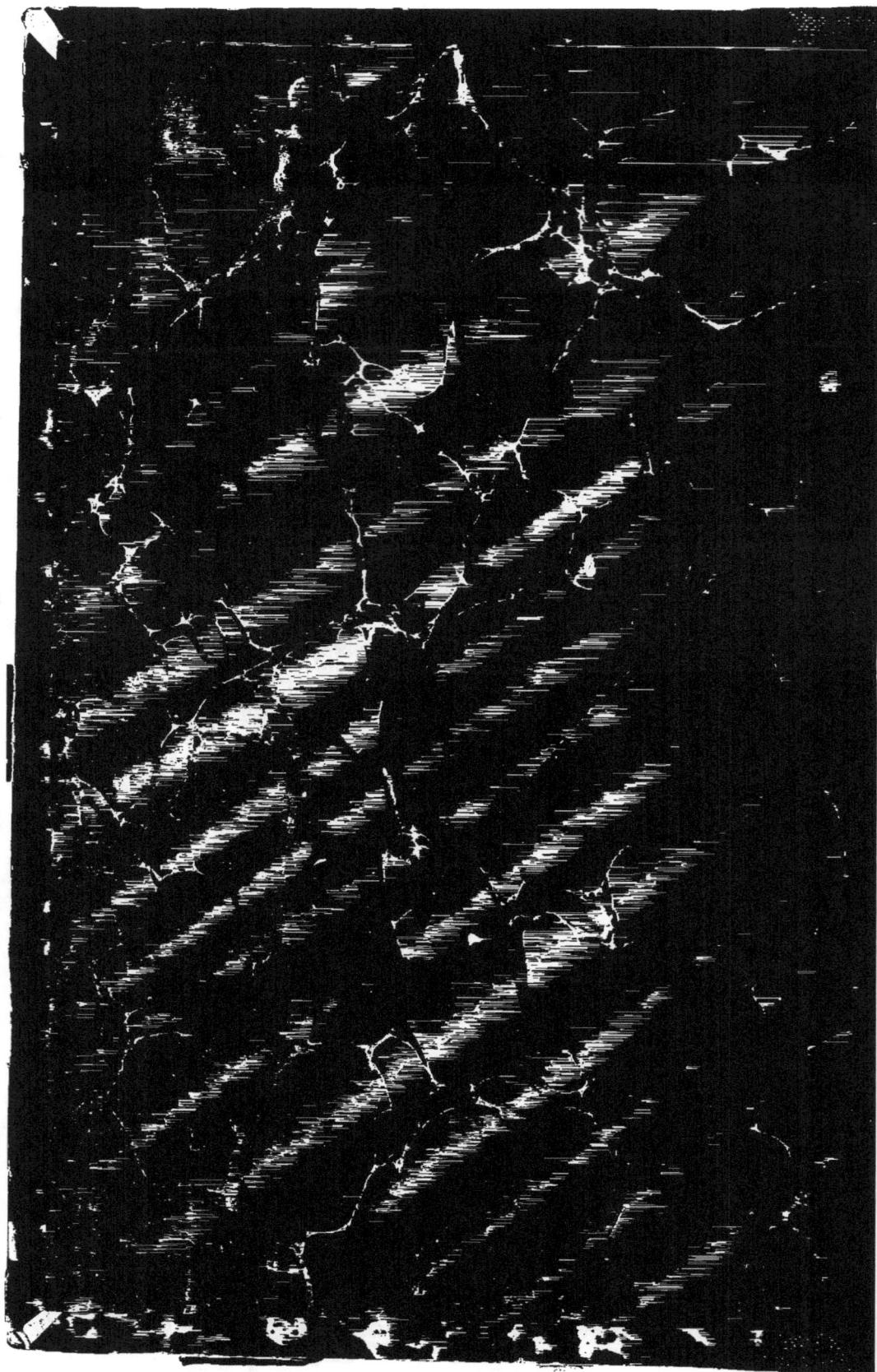

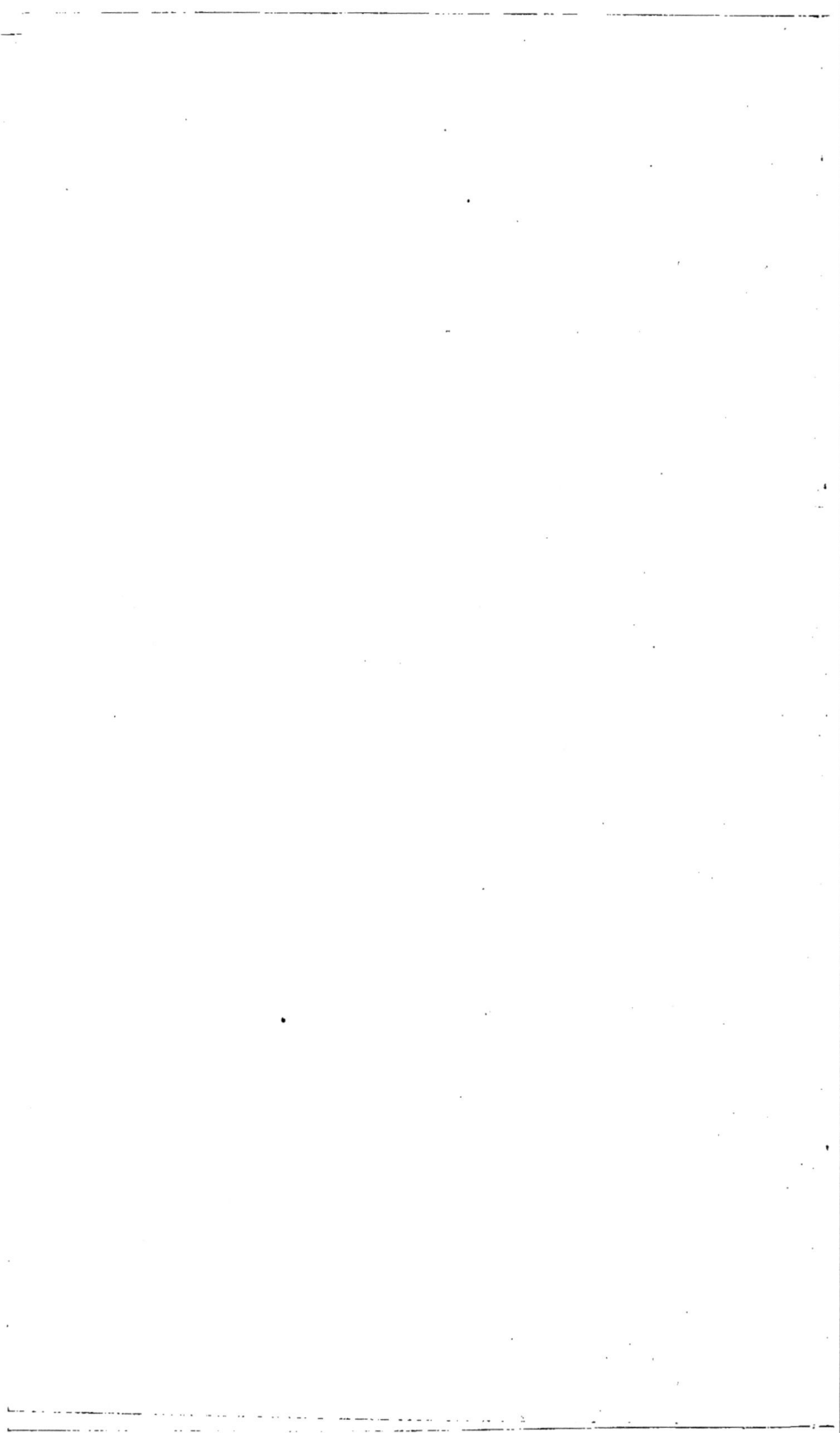

RACES HUMAINES

DU

SOUDAN FRANÇAIS

Arma antiqua, manus, ungues dentesque fuerunt
Et lapides, et item sylvarum fragmina rami ;
Posterius ferri vis est, ærisque reperta ;
Sed prior æris erat quam ferri cognitus usus

LUCRÈCE

PAR

H. SARRAZIN

VÉTÉRINAIRE MILITAIRE
CHEVALIER DE LA LÉGION D'HONNEUR

———————

AVEC FIGURES

intercalées dans le texte

ET UNE

CARTE DE L'AFRIQUE OCCIDENTALE

———— ———

VOLUME I

CHAMBÉRY
IMP. GÉNÉRALE DE SAVOIE
38-40, Place Caffe, 38-40

1902

RACES HUMAINES

D U

SOUDAN FRANÇAIS

RACES HUMAINES

DU

SOUDAN FRANÇAIS

*Aru c antiqua, manus, ungues dentesque fuerunt
Et lapides, et item sylvarum fragmina rami ;
Postertius ferri vis est, ærisque reperta ;
Sed prior æris erat quam ferri cognitus usus.*

LUCRÈCE

PAR

H. SARRAZIN

VÉTÉRINAIRE MILITAIRE

CHEVALIER DE LA LÉGION D'HONNEUR

AVEC FIGURES INTERCALÉES DANS LE TEXTE

CHAMBÉRY

IMPRIMERIE GÉNÉRALE DE SAVOIE

38-40, Place Caffe, 38-40

1901

A MONSIEUR DE LANESSAN

Ministre de la Marine

SON ÉLÈVE RECONNAISSANT

ANALYSE DES MATIÈRES

PREMIÈRE PARTIE

INTRODUCTION

CHAPITRE PREMIER :

CONSIDÉRATIONS GÉNÉRALES SUR LES PEUPLADES DU SOUDAN NORD

DEUXIÈME PARTIE

RACES NÈGRES PROPREMENT DITES :

RACES HUMAINES

DU

SOUDAN FRANÇAIS

Arma antiqua, manus, ungues dentesque fuerunt
Et lapides, et item sylvarum fragmina rami ;
Posterius ferri vis est, ærisque reperta ;
Sed prior æris erat quam ferri cognitus usus.

LUCRÈCE.

PREMIÈRE PARTIE

INTRODUCTION

I

L'étude des races humaines, quelles qu'elles puissent être, entraîne nécessairement à la recherche de leur origine première et, par cela même, à celle de l'origine de l'homme. Aucune question n'a été plus passionnante dans tous les temps et aucune n'a fait répandre autant de flots d'encre par nos grands écrivains, philosophes ou autres, depuis la plus haute antiquité jusqu'à nos jours. C'est que, de fait, elle se trouve intimement liée à celle de savoir s'il a existé, s'il existe un créateur ou si c'est par voie d'évolution progressive, après une gestation mille fois séculaire, que la nature a engendré l'animal humain. Malgré les remarquables travaux du siècle dernier et surtout de notre époque actuelle, travaux qui ont déjà jeté une lumière nouvelle sur l'anthropologie et dirigé les recherches vers un horizon beaucoup plus étendu en les précisant mieux, il faut bien avouer qu'un épais brouillard obscurcit encore les ères primitives de notre genèse. Nous n'avons pas la prétention d'élucider une question aussi vaste et nous nous contenterons de jeter un aperçu sur les opinions déjà émises, avant de décrire plus spécialement les races soudanaises qui nous intéressent ici, races peu connues encore et auxquelles nous avons appliqué les bases de mensurations fournies par l'anthropologie contemporaine.

L'histoire de l'homme, à son origine, marche avec l'histoire du globe terrestre qu'il habite et ce n'est qu'à une certaine époque de cette évolution qu'on a pu constater sa présence par la découverte d'ossements, d'instruments de cuisine, de chasse, etc.

Pendant plusieurs siècles, l'étude de l'animal humain a non seulement été retardée mais particulièrement empêchée par le bras séculier qui infligeait de terribles châtiments à quiconque osait sortir du dogme religieux et contrôler le dire de la bible. Souvent même ces chercheurs intrépides étaient violemment supprimés sous prétexte qu'ils étaient sortis de la grâce et que des démons infernaux s'étaient emparés de leur âme. Ça n'est en réalité qu'après la révolution française, durant le cours tout entier du XIXᵉ siècle, si fécond en recherches, trouvailles scientifiques et autres, que l'étude de l'homme a été poussée avec une surprenante activité. Les premières questions posées à son sujet ont été facilement élucidées et c'est ainsi qu'on n'a jamais songé à lui donner une place dans le règne minéral, ni une place dans le règne végétal, et tous les auteurs ont été d'accord pour reconnaître qu'il était un animal, mieux organisé que les autres sans doute, mais néanmoins à classer dans le groupe des mammifères. Pas l'ombre d'une discussion, pas le moindre doute jusque-là.

Quelques savants, et Linné entre eux, ont rangé l'homme dans l'**Ordre des Primates**, c'est-à-dire parmi les singes. Cuvier, après eux, l'en sépara totalement en créant pour lui l'ordre des

Bimanes et, pour les seconds, l'ordre des **Quadrumanes**. Cette classification est moins bonne que la première parce qu'à tous les points de vue, anatomique, physiologique ou autres, il n'est plus discutable qu'il faille accorder deux mains et deux pieds aux singes. En s'appuyant sur ce fait que les singes ont le pouvoir d'opposer le gros orteil aux autres doigts, il ne lui était pas permis de faire une main du pied des singes, attendu qu'aujourd'hui nous connaissons certaines races humaines qui peuvent également opposer leur gros orteil aux autres doigts. Malgré ces légères divergences d'opinions il n'en était pas moins admis alors que l'homme était un mammifère et formait un groupe spécial dans l'ordre des Primates.

Plus tard, on a voulu faire de l'homme un ordre à part et le grand empire organique a été divisé en **règnes végétal, animal et humain.** Cette théorie a été nettement formulée par M. de Quatrefages avec toute l'autorité dont il jouissait. Imbus d'idées religieuses ou plutôt spiritualistes, Linné et Buffon avaient été bien près de créer aussi un règne humain. Le premier l'envisageait certainement comme l'œuvre la plus élevée du créateur, malgré la place qu'il lui assignait au milieu des Primates, et le second prétendait qu'il fallait être fou pour le confondre avec tout autre animal à cause de son essence trop distinctive et divine.

M. de Quatrefages, en envisageant la question, a dit bien haut, trop haut peut-être, que le dogme n'avait rien à voir dans ses appréciations et ses études, et il a cru reconnaître chez l'homme des phénomènes qui ne se rencontreraient chez aucun des autres animaux, phénomènes qui suffiraient pour le caractériser avec une rigoureuse précision. Il leur a donné le nom de phénomènes de **moralité** et de **religiosité.** « L'animal, dit-il, a sa part d'intelligence ; ses facultés fondamentales, pour être moins développées que chez nous, n'en sont pas moins les mêmes au fond. L'animal sent, veut, se souvient, raisonne, et l'exactitude, la sûreté de ses jugements, ont parfois quelque chose de merveilleux, en même temps que les erreurs qu'on lui voit commettre démontrent que les jugements ne sont pas le résultat d'une force aveugle et fatale. Parmi les animaux, d'ailleurs, et d'un groupe à l'autre, on constate des inégalités très grandes » Il ajoute, « l'animal aime et hait... Tous nous connaissons des chiens affectueux, caressants, aimants, peut-on dire ; tous nous en avons rencontré, qui étaient colères, hargneux, jaloux, haineux... C'est peut-être par le caractère que l'homme et l'animal se rapprochent le plus. » Enfin il dit que rien ne peut prouver qu'ils aient « la notion du bien et du mal moral indépendante de toute idée d'utilité » ; qu'ils possèdent « le sentiment d'une autre vie » ; qu'ils croient « à des êtres supérieurs ». Tous ces phénomènes, qu'il ne retrouve pas chez les animaux, font de l'homme une individualité absolument distincte et il leur donne une cause qui constitue ce qu'on doit appeler l'**âme humaine**. Cette âme humaine serait la cause inconnue qui engendre les phénomènes spéciaux à l'humanité, de même que l'**âme animale**, elle aussi, serait la cause inconnue qui fait naître tous les phénomènes séparant l'animal du végétal. Cette théorie a été vivement combattue par des arguments ne manquant pas moins de précision. Il n'est pas douteux en effet que pour se créer des illusions fétichiques, par exemple, les facultés communes à l'homme et aux animaux sont très largement suffisantes et que point n'est besoin de facultés spéciales pour adorer et vénérer un crocodile ou un éléphant.

Puisque les animaux sont susceptibles de faux raisonnements, de haine, d'amour, de crainte, pour des étrangers à leur espèce, ils peuvent donc aussi se créer des illusions. Rien en somme ne peut prouver que l'homme est d'une origine ou d'une essence différentielle de celle des autres animaux en se basant sur les principes que nous venons d'énumérer, et il vaut mieux continuer à le considérer comme un animal, comme un mammifère qui, par suite d'une évolution plus rapide, mieux dirigée par la force aveugle de la Nature, a perfectionné les facultés physiques et intellectuelles dont tout être est doué à un degré plus ou moins haut, suivant sa place dans l'échelle de la vie proprement dite.

II

Quelle est l'origine de l'homme ? Voilà une question que bien des esprits supérieurs se sont posée déjà. Les premiers qui ont osé la formuler se sont heurtés fatalement aux doctrines bibliques et les tribunaux ecclésiastiques ont été toujours là pour les ramener à la raison de gré ou de force. Les tentatives de rébellion sont restées isolées et les téméraires ont été frappés par le bras séculier, le Deibler des sentences prononcées par les juges. Il faut arriver à nos jours pour trouver chez les auteurs un libre cours à leurs idées sur les origines de l'homme, pour trouver des savants qui ont essayé, en de remarquables efforts, à en sonder les mystères et qui ont pu les éclairer d'un jour des plus inattendus.

Un homme dont le pays peut s'enorgueillir à juste titre a formulé nettement et avec une grande précision, au sujet de l'homme, la théorie de l'évolution ou de la **transformation lente** : nous avons cité Lamarck. Il nous expose avec une grande clarté que les espèces dérivent les unes des autres par voie d'évolution successive et progressive, et cela, par suite de l'apparition de simples modifications qui surviennent dans le type ancien, de génération en génération, sous l'influence des agents extérieurs. Qu'on admette, pour une espèce prise au hasard, que les conditions extérieures de vie, d'habitat et autres soient brusquement transformées soit par suite d'une perturbation géodésique, soit enfin par son transfert en un pays neuf, il n'est point douteux que cette espèce, faite pour vivre dans d'autres milieux, devra changer brusquement son mode d'alimentation, ses mœurs, ses coutumes, etc. Et bien, de cet état de choses il ne peut résulter qu'une transformation lente pour l'espèce mise en jeu ; quelques-unes de ses parties s'atrophieront, d'autres au contraire prendront un développement énorme ; c'est en somme le phénomène d'adaptation, phénomène qui, par suite des lois de l'hérédité, suffit à lui seul pour étayer toute la théorie du transformisme avec une sûreté indiscutable. On n'en est plus aujourd'hui à chercher des faits en sa faveur, car les savants ont adopté ses bases avec enthousiasme, bases qu'ils ont consolidées à l'aide de nombreux documents nouveaux.

Lamarck fut suivi de près par Darwin, qui donna à la théorie une forme plus compacte et toute une force qui fit qu'elle ne resta pas avec la seule apparence de la vérité. Il mit nettement en évidence que plusieurs types distincts aujourd'hui peuvent fort bien ne descendre que d'un seul et unique type ancien, et c'est ainsi qu'il prouve avec certitude, par exemple, que nos races de pigeons, au nombre de plus de cent cinquante, viennent toutes du biset ou pigeon sauvage (**columbia livia**). Ce qui est applicable au pigeon est applicable à l'homme de même qu'à tous les autres animaux. Par une déduction logique, il faut arriver à dire que le biset générateur est lui-même issu d'une autre espèce d'oiseau et c'est ainsi qu'on peut croire que tous les oiseaux descendent d'un type originel, au même titre que les mammifères, les poissons, etc. De déduction en déduction, Hæckel, un des plus fervents disciples de Darwin, est parvenu à formuler qu'animal et végétal avaient une source commune, que les êtres vivants sortaient tous d'un élément simple auquel il a donné le nom de **monère**.

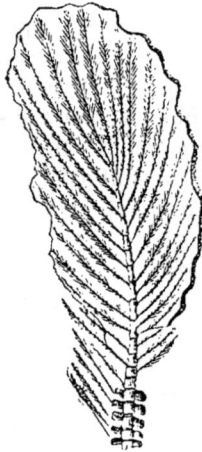

Figure 1.
Queue d'archœoptéryx (1).

Jusqu'alors on n'a pas pu établir nettement la série entière des transformations diverses par lesquelles sont passés les êtres vivants, faute d'éléments, mais on a pu le faire dans certains cas particuliers, ce qui donne au transformisme une supériorité notable sur l'ensemble des autres théories émises. Pour ne citer qu'un cas, qu'est-ce donc que cet animal bizarre auquel on a donné le nom d'**archœoptéryx**, trouvé dans des couches calcaires anciennes, en Bavière, et qui tient à la fois des reptiles et des oiseaux ? Cet être vivant portait des plumes à la queue (figure 1) et ne pouvait indubitablement marquer qu'un stade intermédiaire dans les espèces. Qui peut affirmer que d'autres êtres semblables n'ont pas été détruits dans les révolutions subies par le globe terrestre ? Qui peut dire aussi que des découvertes inattendues ne viendront pas encore apporter leur contingent de preuves ? La science ne doit rien laisser de côté et elle doit s'incliner devant les faits.

_____

(1) D'après Brehm « *Les Races Humaines* » Paris.

Hœckel a établi vingt et une formes typiques et transitoires que nous n'avons pas à rappeler ici. Pour lui nous descendons d'une variété de singe aujourd'hui disparue, animal purement hypothétique, sorte d'anthropoïde qu'il a appelé l'**homme singe** ou **homme pithécoïde**, qui n'aurait joui ni du langage articulé, ni de l'énorme développement intellectuel caractérisant l'homme d'aujourd'hui. Cet homme singe aurait à son tour les **singes anthropoïdes** ou **catarrhiniens sans queue**, tels que le gorille, l'orang-outang et le chimpanzé, comme ancêtres. Darwin, d'ailleurs, s'exprime ainsi sur nos devanciers probables :

« Les premiers ancêtres de l'homme, dit-il, étaient sans doute couverts de poils; les deux sexes portaient la barbe; leurs oreilles étaient pointues et mobiles ; ils avaient une queue desservie par des muscles propres. Leurs membres et leur corps étaient sous l'action de muscles nombreux qui, ne reparaissant aujourd'hui qu'accidentellement chez l'homme, sont encore normaux chez les quadrumanes.

« L'artère et le nerf de l'humérus passaient par un trou supracondyloïde. A cette période ou à une période antérieure, l'intestin émit un diverticulum ou cœcum plus grand que celui existant actuellement. Le pied, à en juger par l'état du gros orteil dans le fœtus, devait alors être préhensile et nos ancêtres vivaient sur les arbres dans quelque pays chaud, couvert de forêts ; les mâles avaient de grandes dents canines qui leur servaient d'armes formidables. »

Il est bien certain que Darwin et Hœckel principalement ont peut-être montré souvent trop peu de prudence dans leurs assertions, et que même la filiation qu'ils nous assignent peut être fausse, mais il ne faut pas en déduire par là que la théorie elle-même soit erronée, si on veut bien songer au nombre considérable de sommités scientifiques qui l'ont acceptée et se sont déclarées catégoriquement transformistes.

MM. Gaudry et Carl Vogt ont émis une théorie nouvelle dans laquelle ils attribuent aux êtres vivants non pas une origine unique, mais une origine engendrée par l'apparition subite de souches distinctes qui ont donné des séries d'individus absolument indépendantes. Cette théorie n'étant basée que sur l'hypothèse n'a pas été et ne saurait être admise par le monde savant.

La théorie de la transformation brusque a joui d'une certaine faveur puis a été abandonnée complètement. Elle consiste à admettre que les changements au lieu de survenir lentement sous l'influence des milieux, peuvent apparaître tout d'un coup, sans causes connues, et se perpétuer ensuite par hérédité, en donnant ainsi naissance à une espèce nouvelle. Cette théorie qui ne saurait être acceptée parce qu'elle ne repose sur aucune base sérieuse et qu'elle laisse au hasard et à ses caprices l'apparition successive des êtres, doit cependant être prise en considération dans quelques circonstances. Bien qu'aucune loi ne préside aux modifications brusques, il n'en est pas moins vrai qu'elles apparaissent de temps à autre et que, transmises par hérédité, elles donnent aux espèces un coup de fouet rapide à leur marche, mais ce coup de fouet peut être nuisible au lieu d'être progressif par ce simple fait qu'il est aveugle et qu'il n'est soumis à aucune loi. Un enfant naissant avec un bras en moins, sans causes connues, et qui transmet son infirmité à ses descendants, a subi une transformation brusque qui, dans ce cas, fait reculer l'espèce très loin en arrière dans l'échelle des êtres organisés.

« La parenté de l'homme avec les animaux, dit Hovelacque, ne trouve plus aujourd'hui d'adversaires que parmi les esprits dominés par des préoccupations étrangères à la science. L'anatomie comparée eût suffi, à elle seule, à faire soupçonner cette parenté. Mais, plus que tout peut-être, l'impossibilité de se rendre compte autrement de l'apparition sur le globe du premier être humain, devait amener à une doctrine qui a ce caractère de n'invoquer que des causes naturelles. Remarquons-le, en effet, on n'a le choix ici qu'entre deux hypothèses, et l'opinion ne saurait être douteuse. Créationisme ou Transformisme, tels sont les deux termes du dilemme qui enserre et résume la question. Ou l'homme est sorti de rien, par un acte de la volonté souveraine d'un créateur tout puissant, dont, nulle part dans le monde, l'intervention n'apparaît, — ou il est le descendant d'un être animal. La thèse de la création ne se discute pas : elle repose sur la croyance au surnaturel. « Par cela seul qu'on admet le surnaturel, on est en dehors de la science, on admet une explication qui n'a rien de scientifique, une explication dont se passent l'astronome, le physicien, le chimiste, le géologue, le physiologiste, (Renan) » dont l'anthropologiste doit se passer aussi. Il en est tout autrement du transformisme. Ce n'est plus ici une supposition sans fondement, mais, comme le remarque Madame Cl. Boyer, une théorie scientifique, c'est-à-dire, « la formule d'une loi générale coordonnant à posteriori, sous la forme d'une proposition inductive ou d'une série de propositions liées entre elles, tous les faits connus d'une science. » L'influence considérable exercée par cette théorie sur les progrès des sciences naturelles depuis vingt-cinq ans, la lumière qu'elle a jetée sur une foule de points de détail dont les rapports avaient échappé jusque là, font qu'il est d'un haut intérêt de rechercher jusqu'à quel point l'anthropologie a ressenti l'action, jusqu'où elle concourt à la démonstration de la plus grande synthèse qu'ait encore vu naître la biologie. » (Hovelacque).

III

MONOGÉNISME ET POLYGÉNISME

La question de l'apparition de l'homme, de son origine, a été une des premières formulées, mais elle a été suivie presque de suite d'une autre question non moins intéressante, celle de savoir s'il était venu d'une espèce unique ou de plusieurs espèces distinctes : de là naissance du monogénisme et du polygénisme. On a voulu donner à ces deux théories beaucoup plus d'importance qu'il n'était nécessaire et, pour nous, il n'est point besoin même de les discuter si on admet la théorie du transformisme telle que nous l'avons exposée. Mais, en attendant, voyons ce que pense le monogénisme d'une part, et le polygénisme de l'autre. M. de Quatrefages fut un des monogénistes les plus convaincus et il a nettement exposé que toutes les races humaines étaient issues d'une espèce commune : pour cela il a déclaré que la démonstration naturelle existait en ce sens que tous les croisements des espèces humaines les plus distantes donnaient des métis indéfiniment féconds.

Les polygénistes de leur côté, ont prétendu qu'au contraire la fécondité des produits d'espèces humaines distantes l'une de l'autre était presque nulle après une ou plusieurs générations. La discussion ne reste donc limitée qu'à l'avance de faits, d'exemples, se contrariant plus ou moins les uns les autres, faits et exemples journellement reconnus, sans que la question puisse faire un pas.

Or, le transformisme lent, tel qu'il est universellement admis, est basé sur ce principe qu'une individualité vivante, placée dans des conditions de vie ordinaire, se trouve sous l'influence d'une multitude de causes extérieures ou autres qui peuvent, par suite de la longueur du temps, la transformer à un point tel qu'elle formera dès lors une espèce nouvelle. Dans la succession de tous ces phénomènes agissant sur cette individualité, il y a des stades, des degrés qui font que d'abord la même individualité ne peut être considérée comme une espèce nouvelle, que plus tard on hésite à la classer et qu'en dernier lieu on affirme franchement qu'elle forme une espèce distincte. La transformation lente, en s'étayant sur des faits que nous connaissons tous, en arrivant à reconnaître à tous les êtres vivants une origine commune, a été obligée d'admettre, avec beaucoup de raisons d'ailleurs, tous les stades intermédiaires que nous citons.

Quand l'homme est apparu ce n'était certainement qu'un singe transformé, mais à un point si parfait qu'une distinction s'imposait, qu'il ne fallait plus l'appeler singe, mais homme. Cet être nouveau a crû et multiplié, il s'est étendu dans l'univers, il s'est trouvé dans des points très variables où les influences extérieures non moins variables ont non moins variablement influencé sur lui : de là, naissance de races humaines différentes qui, si elles sont toujours soumises aux mêmes influences, pourront devenir à leur tour des espèces. Pourquoi donc avoir recours à ces théories du monogénisme et du polygénisme, quand la tranformation seule suffit à expliquer que l'humanité est en activité d'évolution constante dont le résultat final est inconnu parce que les influences agissantes le sont elles-mêmes.

IV

CARACTÈRES SPÉCIFIQUES DES RACES HUMAINES

Maintenant que nous avons jeté un regard rapide sur le passé de l'homme, voyons un peu quels sont les caractères qui le distinguent des autres animaux et qui le font placer dans le groupe le mieux organisé de tous les êtres vivants.

Parole et langage. — Aristote écrivait en son temps : « Les animaux ont la voix, l'homme seul a la parole. » Cette proposition a été saisie comme un argument irrévocable par les partisans du créationisme. Ils ont prétendu que le langage articulé, exclusivement réservé à l'homme, était la plus belle et la meilleure manifestation de son organisation intellectuelle et que c'était la caractéristique tant cherchée de son essence spéciale. Hovelacque répond à cela : « Le langage de l'homme n'a pas été acquis à une heure donnée, subitement, par une sorte de révélation. Nous avons à faire ici à un phénomène naturel, à un résultat obtenu peu à peu, patiemment, sous l'impulsion du besoin. Localisée dans une partie déterminée des lobes du cerveau, spécialement dans le lobe postérieur de la troisième circonvolution frontale, la faculté dont il s'agit est intimement liée au développement même de l'organe cérébral ; elle est un produit de l'activité de cet organe. Nulle chez les singes inférieurs, rudimentaire chez les anthropoïdes, la troisième circonvolution frontale devient de plus en plus compliquée au fur et à mesure qu'on s'élève dans l'échelle humaine. Les conditions anatomiques qui, chez l'homme, permettent la parole, apparaissent donc en partie chez l'animal, et comme toutes les différences que nous aurons à passer en revue, celle-ci n'est qu'une différence du plus au moins. Le « plus », l'homme s'en est nanti lui-même, petit à petit, en luttant pour l'amélioration de son existence. A mesure que la station droite a plus complétement remplacé l'attitude inclinée, les organes vocaux se sont mieux adaptés à leur fonction spéciale. Ajoutez à cela les besoins de la vie en commun développant de plus en plus la nécessité de l'expression orale. On ne peut douter que l'articulation ne soit le produit des efforts de nombreuses générations. Chez les peuples qui occupent les derniers degrés de l'humanité, le matériel phonétique est peu considérable ; c'était le cas des Tasmaniens, c'est celui des Australiens. En définitive, chez l'homme et chez l'animal, les moyens d'expression sont analogues, et tout d'abord le langage articulé n'a été qu'un accessoire de la mimique. Darwin a démontré que, chez l'un comme chez l'autre, l'expression sonore des émotions était

bien véritablement un art. Le langage des enfants rend assez fidèlement compte de la formation du langage humain. Les premières
manifestations de l'expression vocale sont toutes d'ordre inférieur
et purement réflexe ; c'est plus tard seulement qu'elles deviennent
conscientes, et alors aussi les sons commencent à se nuancer, à se
varier. Suivant l'utilité qu'il a appris à en tirer, l'enfant émet tels
ou tels sons : il a vite connu, par l'expérience, que l'insistance sur
telle ou telle intonation fait comprendre l'espèce d'émotion qu'il a
intérêt à manifester. »

Le langage articulé ne suffit donc pas en somme pour donner à
notre pauvre animalité une essence divine ; il ne suffit qu'à la
caractériser dans la classification et à lui faire occuper une place
prépondérante.

Station verticale. — Les êtres humains, si on les rapproche
des autres mammifères, offrent un caractère typique qui frappe à
première vue, c'est qu'ils se tiennent debout sur les membres pos-
térieurs.

La station verticale, chez l'homme, aussi bien que le langage
articulé, est le résultat indubitable d'une éducation longue et progressive, mais elle ne fait pas non plus de lui une caractéristique
absolue. Il est des singes qui savent se tenir dans cette position,
sinon d'une façon continue, tout au moins dans certaines circonstances. Il est bien certain que dans la succession des faits, ce sont
les plus simples qui se sont manifestés les premiers et la station
verticale fait partie de ce nombre.

L'homme marche debout en toutes circonstances et il n'est plus
appelé, comme cela a dû se produire à un certain âge, à grimper
ainsi que le font encore tous les anthropoïdes. Ce n'est donc pour
lui qu'une distinction peu solide puisque les singes tendent, au
même titre que lui, à l'acquérir un jour ou l'autre. Ce que nous
disons là est tellement vrai que certaines attitudes qui nous sont
propres, en dehors de cette station verticale, ne le sont pas à d'autres peuples et inversement. Les races nègres, qui nous intéressent
surtout, ont l'attitude accroupie dans quelques cas et nous ne la
possédons pas. Dans cette situation, le pied repose à plat sur le sol,

tandis que la pointe des fesses le touche également en rejoignant les talons. Cette position est si normale pour eux que, durant la défécation, ils sont obligés de ne se tenir que sur la pointe des orteils alors que la pointe des fesses s'appuye sur les talons relevés.

Les nègres encore ne grimpent pas comme nous le faisons. Ils ne se servent que des mains et des pieds sans que leur corps prenne appui sur l'arbre. Chez eux les orteils sont préhensiles à un plus ou moins grand degré et, chez quelques-uns, le gros orteil s'oppose facilement aux autres doigts.

D'autres caractères servent encore à spécifier l'espèce humaine, mais nous ne les relaterons que quand nous indiquerons les moyens employés et par l'anthropologie et par l'anthropométrie pour classer les races actuelles du globe.

En résumé l'homme est un primate arrivé, par évolution mille fois séculaire, à un perfectionnement considérable qui lui fait tenir la tête du monde organisé. Il est intimement lié, surtout aux anthropoïdes, bien plus même que ceux-ci ne le sont entre leurs différents groupes. Sa classification dans un ordre unique, faisant de lui une image vivante d'une divinité créatrice, n'est plus possible grâce aux documents apportés par la science devenue libre dans la direction où ses recherches devaient s'effectuer.

V

ANCIENNETÉ DE L'HOMME

La question de l'ancienneté de l'homme s'est posée depuis longtemps aussi, mais elle n'a pas non plus fait de progrès tant que la Genèse biblique fut là imposée et ne souffrant aucune explication. Les histoires et les légendes fixées par les peuples n'ont pu, de leur côté, nous fournir que des renseignements vagues. Il n'est pas douteux que l'homme a existé, en effet, bien longtemps avant que d'avoir acquis les notions nécessaires pour transcrire, par l'écriture ou par des signes, sa propre histoire et la légende de ses ancêtres.

L'Egypte a son histoire écrite sur une multitude de monuments à l'aide de signes que l'illustre Champollion nous a appris à déchiffrer, mais elle ne nous parle que d'événements écoulés depuis moins de six mille ans. Les Grecs n'ont d'histoire vraie que depuis l'ère des Olympiades, c'est-à-dire environ huit cents ans avant notre ère et tout ce qu'ils ont mentionné comme appartenant à une époque antérieure ne peut être considéré que comme de la fable.

Les Juifs ont une histoire qui ne franchit pas quarante-huit siècles et les Aryens eux-mêmes ne nous reportent que vingt-cinq siècles à peine avant notre ère.

Les traditions nous conduisent beaucoup plus loin et c'est ainsi que celles d'Egypte nous racontent des faits qui se seraient passés il y a trente mille ans, tandis que celles des Chinois nous portent au chiffre considérable de cent vingt-neuf mille années.

Dès que le champ a été libre aux investigateurs sérieux, ils ont dû abandonner et les récits bibliques et les histoires anciennes, et les traditions qui ne comprenaient qu'une bien faible partie de l'histoire du genre humain. Il leur a fallu se lancer dans des recherches difficiles mais absolument documentées.

Depuis de longues années, l'imagination humaine s'est exercée à raconter sur certaines pierres, que nous désignons aujourd'hui sous le nom de **céraunies** (figure 2), tout une longue série d'histoires interminables, variables avec les pays et l'esprit inventif de leur population. Ces pierres connues alors sous le nom de **pierres de feu** se formaient, dit-on, dans les nues, au moment des gros orages et on leur attribue quelquefois des propriétés merveilleuses. Une de ces pierres, au musée de Nancy, porte cette inscription qu'elle fut apportée en 1670, « à Mgr le prince François de Lorraine, évesque de Verdun, par M. de Marcheville, ambassadeur pour le roi de France à Constantinople, auprès du Grand-Seigneur, — laquelle pierre néphréticque, portée au bras ou sur les reins, a une vertu merveilleuse pour jeter et préserver de la gravelle, comme l'expérience le fait voir journellement. »

Des croyances de ce genre existent aujourd'hui dans nos campagnes et leur disparition est encore éloignée chez nos bergers de l'Aveyron et nos braves Bretons. Dans un ouvrage qui ne parut qu'en 1716, Mercati, un savant italien, expliquait que les céraunies n'étaient autres que de grossiers et primitifs outils servant tantôt de haches, de marteaux, tantôt de coins, de couteaux, d'armes de guerre. Plus tard, de Jussieu, Mahudel et Goguet revinrent sur « les pierres de feu » et émirent sans crainte que l'humanité avait traversé une époque où, dénuée de tout, elle se servit de la pierre pour la fabrication de de ses armes et de ses outils. Ce fut là le point de départ des recherches sur l'homme préhistorique.

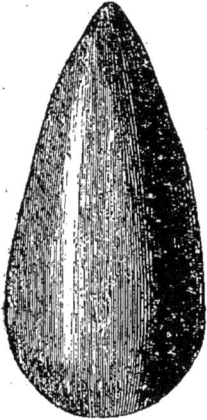

Figure 2. — Céraunie ou hache en pierre polie autrefois dite « pierre de feu ». (1)

Thomsen, un chercheur danois, observa la présence, dans de vieux tombeaux, d'instruments tantôt en pierre ou en os, tantôt en fer ou en bronze, et il en arrivait à conclure que l'humanité avait traversé trois âges distincts, celui de la pierre, celui du bronze et enfin celui du fer.

Les études de Thomsen furent reprises et continuées par Steenstrup, Worsœ et Forchammer, qui poussèrent leurs investigations dans les vieux débris de cuisine ou kjœkkenmœddings, puis dans les skovmoses ou marais bourbeux.

Dans les débris de cuisine, ils trouvèrent des ossements d'animaux, entre autres du **coq de bruyère** (Tetras urogallus) qui ne vit plus au Danemark, des poteries, des instruments en pierre et en bois de cerf, et il leur fut facile de conclure qu'à une époque reculée l'homme vivait au Danemark, qu'il ne connaissait pas les métaux et qu'il se nourrissait des produits de la chasse et de la pêche.

Dans les skovmoses ou marais tourbeux, les découvertes ont été beaucoup plus sérieuses car, comme l'âge de leurs assises est facile à déterminer, comme les plus profondes de ces assises sont

(1) D'après Brehm « *Les Races Humaines* », Paris.

les plus anciennes, comme enfin chacune d'elles renferme des éléments suffisant à les caractériser, on conçoit le bon nombre de conclusions qu'il a été facile de retirer de toutes ces observations. Dans la couche supérieure, encore appelée couche des bouleaux, on n'a remarqué que des instruments en fer ; dans la couche des chênes, située au-dessous, il n'y avait que des objets en bronze de même que dans la couche supérieure des pins. Dans la partie basse de cette dernière, il n'existait que des objets en pierre et enfin, dans les parties les plus anciennes, on n'a recueilli que des pierres mal travaillées, des débris de charbon et quelques rares objets en bois de renne.

Mais il n'a point suffi de découvrir des traces aussi certaines du passage de l'homme à des époques évidemment très reculées, il a fallu essayer de leur assigner un âge, en se fixant sur des données sérieuses et, pour cela, on a dû avoir recours aux enseignements de la géologie pure. Or, cette science nous apprend que le hêtre, à l'époque des Romains, était, comme aujourd'hui, l'habitant presque exclusif des forêts danoises ; le chêne y venait donc à une période antérieure. Le pin date lui-même d'une époque plus reculée et les mousses qui n'existent plus que dans le cercle polaire ne se rencontrèrent dans la région qu'au début de notre époque, c'est-à-dire à l'époque quaternaire.

Les tourbes du Danemark n'ont pas été seules à nous fournir des renseignements car il en existe aussi en France. Quant aux kjœkkenmœddings, on en a découvert en Irlande, en France et même en Portugal.

En dehors des preuves recueillies dès lors, les cités lacustres sont venues en fournir d'autres aussi convaincantes. Les premières ont été signalées en Suisse, sur le lac de Zurich, dans l'hiver si sec de 1853-1854. A cette époque, les habitants, en voulant conquérir quelque peu de terrain sur le lac, mirent à jour une couche d'argile sablonneuse colorée et marbrée en noir par une grande quantité de matières organiques. Ils y trouvèrent, en outre, un nombre considérable de pieux, la plupart calcinés, puis des instruments analogues à ceux que nous avons signalés dans les tourbes, et un crâne humain. Le docteur Keller, avec une grande précision d'observation, pensa que l'on se trouvait en présence de

palaffites, c'est-à-dire de vestiges d'habitations construites sur pilotis. Depuis cette époque, les découvertes de ce genre ont été fort nombreuses et elles ont appris, elles aussi, que les palaffites avaient servi d'habitats à des peuples de tous âges, les uns ne se servant que d'instruments en pierre et en os, les autres du bronze et enfin les derniers du fer.

De l'examen de toutes les trouvailles faites on a pu déduire des dates ou plutôt des époques. C'est ainsi que dans les tourbières, en admettant, ce qui est fort probable, que les couches supérieures se soient formées avec une égale lenteur, ont croit que l'apparition du bronze date de trente-cinq siècles environ. Les couches renfermant les instruments de pierre sont indubitablement plus anciennes, mais leur déformation par le tassement n'a point permis de fixer de dates bien dignes de foi.

En ce qui concerne les cités lacustres, les dates sont moins entachées d'erreur. On sait en effet que les lacs se comblent petit à petit par l'apport des limons des fleuves et qu'ils tendent à se combler d'un certain nombre de mètres cubes chaque année. C'est ainsi que le lac **Léman** se serait comblé d'un tiers en 100.000 ans.

L'antiquité de l'homme doit en somme être remise à des milliers d'années en arrière des chiffres fixés par la Genèse, ce qui prouve bien qu'il n'est point apparu, moulé spontanément, moulé par les mains d'un être invisible et supérieur sur le nom duquel on ne s'est jamais bien entendu. Que cet être soit Dieu, *Phûsis*, Jehovah ou la Nature, il s'est manifesté d'une façon tellement insaisissable que la notion de son existence ne peut être que l'œuvre d'un cerveau humain, supérieur, lui, en organisation évolutive, ne l'ayant imaginé que pour faciliter la conduite des peuples.

VI

L'HOMME A L'ÉPOQUE TERTIAIRE

La présence de l'homme à l'époque tertiaire n'est pas encore démontrée d'une façon certaine mais, néanmoins, il est permis de supposer que cette démonstration ne tardera pas à se faire si on tient compte seulement des documents déjà recueillis.

M. Witney a signalé la découverte, en Californie, d'un crâne d'homme sous une série de couches de cendres volcaniques datant de la fin de l'époque tertiaire, mais les controverses soulevées ont été si nombreuses que le fait est pour ainsi dire tombé dans l'oubli.

En 1860, à Castenodolo, près de Brescia, M. Ragazonni a recueilli des ossements humains dans une couche tertiaire ; les recherches qui ont suivi cette découverte tendent à prouver que les quatre cadavres enfouis devaient dater d'une époque postérieure au terrain lui-même.

En Amérique aussi, des ossements ont été trouvés dans des terrains tertiaires, mais des géologues sont venus prétendre que ces terrains-là correspondaient à nos couches quaternaires.

M. Desnoyers a signalé des silex travaillés par l'homme, près de Chartres ; là encore des géologues sont intervenus pour affirmer que les terrains qui les renfermaient devaient être rapportés à une sorte d'âge de transition entre l'époque tertiaire et l'époque quaternaire (figure 3). L'abbé Bourgeois, de son côté, mettait à jour, à Thenay, des silex analogues datant de l'époque miocène, c'est-à-dire de la moitié de la durée de l'époque tertiaire (figure 4). A Otto, MM. Rames et Carlos Ribeiro ont également rencontré des silex taillés intentionnellement et pouvant être regardés comme du même groupe. Les silex de l'abbé Bourgeois semblent avoir été travaillés en se servant du feu et, à ce titre, ils doivent fournir des preuves plus plausibles si on se souvient que l'homme est le seul être organisé qui sache et qui ait su se servir du feu.

Figure 3. — Pointe de Saint-Prest, près Chartres. (1)

Figure 4. Grattoir de Thenay. (2)

Sur des ossements fossiles on a signalé des marques, des incisions qu'on a attribuées à la main de l'homme. On a reconnu, toutefois, que quelques-unes d'entre elles étaient dues à l'impression de mousses ou de branchages variés.

(1) (2) D'après Brehm « Les Races Humaines », Paris.

La plupart des auteurs ont pensé que les renseignements que nous venons d'exposer aussi brièvement pouvaient laisser supposer la présence de l'homme à l'époque tertiaire, mais d'autres et M. de Mortillet à leur tête ont trouvé que les outils tertiaires ne pouvaient pas être l'œuvre d'un homme, tout en reconnaissant qu'ils avaient bien intentionnellement été fabriqués. Ce dernier auteur émet l'avis qu'ils peuvent être le travail d'un genre précurseur à l'homme, précurseur qu'il appelle **anthropopithèque.**

Nous ferons remarquer que si les ossements trouvés dans les terrains tertiaires n'ont pas été reconnus comme suffisamment typiques, il en est bien autrement vis-à-vis de cet anthropopithèque ou homme-singe dont on n'a jamais, dans les recherches, obtenu la moindre trace.

Quoiqu'il en soit nous avons eu un ancêtre tertiaire, et cet ancêtre était industrieux puisqu'il nous a laissé, à son insu, des grattoirs (fig. 4) servant à gratter des os ou à fabriquer d'autres objets non moins rudimentaires. Les perçoirs en silex (fig. 3) ont dû jouer un rôle analogue.

Au dire de Contejean : « En Europe, les grandes terres ressemblaient sans doute alors aux régions planes ou ondulées de l'Afrique ; elles étaient semées de lacs et de marécages et nourrissaient une végétation luxuriante. D'immenses troupeaux d'herbivores parcouraient ces savanes à demi noyées sous les eaux, aussi nombreux et plus variés que les troupes d'éléphants, de zèbres et d'antilopes de l'Afrique australe. Le rhinocéros, les tapirs, divers sangliers, des antilopes, des **Anchithérium,** semblables aux chevaux, paissaient dans les mêmes régions que les **Palœothérium,** les **Anthracothérium,** les **Helladotherium,** les **Syvathérium,** les mastodontes, non moins remarquables par la bizarrerie de leurs formes que par celle de leurs noms. Tous étaient dominés par le gigantesque **Dinotherium,** le plus grand des animaux terrestres. De nombreux carnassiers venaient modérer ce que cette population aurait pu présenter de trop exubérant. Des oiseaux coureurs, semblables à l'autruche, traversaient les plaines arides ; de grands lézards, des serpents de toutes sortes se glissaient entre les arbres des forêts, hantées par une population assez variée de singes et dans les profondeurs desquelles l'homme avait déjà peut-être établi son repaire. Des insectes et des oiseaux de toutes espèces sillonnaient les airs. Remplis de crocodiles les lacs et les marécages nourrissaient des poissons analogues à ceux de nos rivières. Sur les rivages des mers se trainaient des phoques et des lamentins ; et les océans, peuplés de dauphins, de baleines et de cachalots, étaient ravagés par des squales énormes. »

VII

L'HOMME A L'ÉPOQUE QUATERNAIRE

La présence de l'homme sur le globe, à l'époque quaternaire,

Figure 5. — Disque en quartzite. (1)

(1) D'après Brehm « Les Races Humaines », Paris.

ne fait pas l'ombre d'un doute. Au point de vue climatérique, cette époque semble avoir été marquée par deux phases glacières interrompues par une phase chaude ayant permis la vie à l'éléphant antique et à une variété de rhinocéros, dits rhinocéros de Merck. Au milieu des débris de ces animaux et d'autres encore, on a trouvé des ustensiles et des instruments qui n'ont pu être fabriqués que par la main humaine.

Les silex se composent principalement de disques et de racloirs datant de l'âge de l'éléphant antique. Les disques (figure 5) sont des rondelles dont il est difficile de s'expliquer la destination, à moins qu'elles n'aient été placées à l'extrémité de bâtons pour constituer des armes.

Les racloirs (figure 6) sont taillés sur toutes les faces et retouchés sur les bords de telle sorte que lorsque l'un d'eux est émoussé, les autres puissent servir.

Figure 6. (1)
Racloir en silex

A d'autres silex on a donné le nom de haches amygdaloïdes à cause de leur forme générale disposée en amandes : elles ont pour type la hache de Saint Acheul (figure 7). Quelques-unes sont faites en quartzite et même en calcaire dur dans les régions où la pierre à fusil faisait défaut. M. de Mortillet prétend que tous ces instruments, tenus à la main, pouvaient être employés à de nombreux usages, comme perçoir, comme racloir, comme scie, et aussi à titre de couteau, de hache et de coup de poing. D'autres auteurs pensent que les haches devaient le plus souvent être adaptées à l'extrémité d'un bâton.

A l'époque de Saint Acheul, caractérisée par la hache du même nom dont on a retrouvé des milliers d'exemplaires, l'homme semble avoir vécu sur les bords des grands cours d'eau, les lacs ayant disparu alors, et c'est d'ailleurs sur ces points qu'on retrouve le

(1) D'après Brehm « Les Races Humaines », Paris.

plus de traces de son passage. Il ne devait pas porter de vêtements et ses habitations différaient probablement très peu de celles de son devancier tertiaire. A l'inspection des armes utilisées dans ces

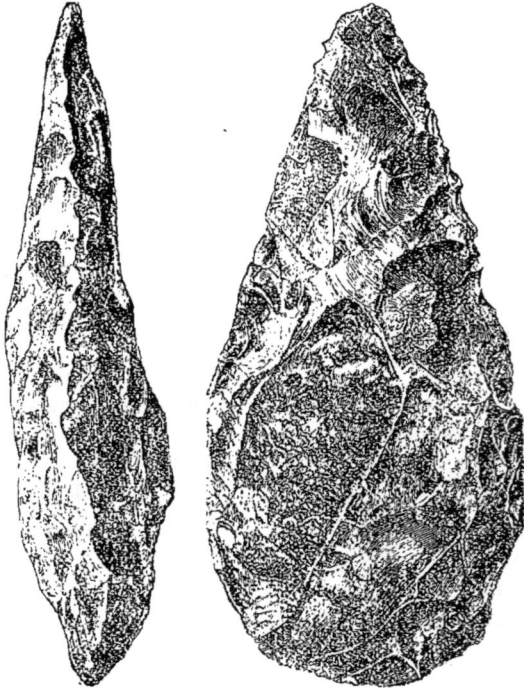

Figure 7. — Hache de Saint Acheul (face et profil). (1)

temps anciens, il est possible de croire que celui qui s'en servait était plus spécialement chasseur. Le gibier ne manquait pas et partout abondaient le rhinocéros, l'éléphant, l'hippopotame, ainsi que de nombreux carnassiers et d'autres mammifères.

Epoque du Moustier, — Cet âge porte le nom d'époque du Moustier parce que c'est dans cette localité, en Dordogne, que

(1) D'après Brehm « *Les Races Humaines* », Paris.

furent découverts les premiers ustensiles et instruments qui la
caractérisent. On suppose qu'après l'âge de Saint Acheul, la température s'abaissa graduellement, mais beaucoup, et qu'ainsi les
animaux que nous venons de signaler furent remplacés peu à peu
par de plus résistants aux froids, le mammouth, l'éléphant et un
rhinocéros nouveau, le rhinocéros à narines cloisonnées.

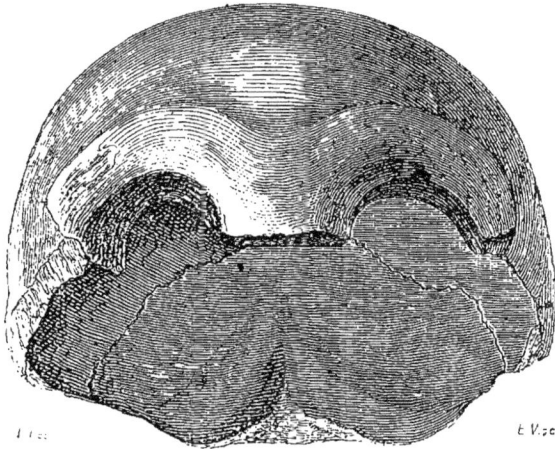

Figure 8. — Crâne de Néanderthal. (1).

Des ossements humains datant indubitablement de cette époque
ont été mis à jour en plusieurs points et ils nous édifient sur
l'homme du temps bien mieux que les ustensiles ou outils trouvés
aux autres âges. On a donné plusieurs noms à la race qui vivait
alors et c'est ainsi qu'elle est qualifiée de **race de Canstadt**
parce que c'est dans cette localité, située aux environs de Stuttgard,
que furent trouvés les premiers ossements, puis de **race de
Néanderthal** et enfin de **race de Spy**. Ce dernier nom devrait
être employé de préférence, il nous semble, parce qu'à Spy les
deux squelettes mis à jour remontent bien certainement à une
époque voisine des premiers temps quaternaires et qu'au contraire
les crânes de Canstadt et de Néanderthal sont mal datés en ce

(1) D'après Brehm « Les Races Humaines », Paris.

sens qu'il est difficile d'affirmer qu'ils soient bien de l'époque du Moustier.

Le crâne de Néanderthal a été regardé longtemps comme celui d'un idiot à cause de ses particularités nombreuses. Cette opinion est maintenant totalement abandonnée non pas seulement parce qu'on connaît aujourd'hui des gens du même type qui sont intelligents mais encore parce qu'il est impossible d'admettre que tous les individus de l'époque du Moustier aient été des fous et des idiots. Leur tête était large en même temps que longue et fortement aplatie de haut en bas. Le front était bas et fuyant, la saillie occipitale très prononcée. La face large et basse, avec des yeux grands, un nez large, court, des pommettes saillantes, une lèvre supérieure très longue, des mâchoires proéminentes et un menton fuyant, des arcades sourcilières énormes, n'étaient pas faits pour donner à l'homme d'alors une figure expressive mais plutôt une ressemblance avec la bestialité. Les femmes représentaient un type semblable avec des dimensions et des formes considérablement adoucies.

L'homme était d'une petite taille, analogue à celle des Lapons de nos jours. Ses os indiquent une musculature et une vigueur peu communes. Les membres inférieurs courts et quelques autres dispositions anatomiques montrent formellement qu'il devait se trouver dans une attitude fléchie. Il est facile en effet de remarquer, en mettant en rapport l'extrémité inférieure d'un fémur et la tête d'un tibia, de façon que les surfaces articulaires jouent bien l'une sur l'autre, que ces deux os forment un angle dont le genou occupe le sommet et qu'ils sont loin par conséquent de prendre une ligne droite comme chez l'homme actuel. Cette analogie de construction avec les grands singes ne doit pas être oubliée, et le fait a une certaine importance pour le transformisme.

L'homme du Moustier était plus industrieux que celui de Saint Acheul et M. de Mortillet dit à son sujet :

« Ce qui distingue d'une façon très nette l'industrie des deux époques, c'est que l'instrument chelléen est retouché des deux côtés sur les deux faces, tandis que les pièces moustériennes ne le sont que sur une face. La face inférieure reste toujours unie, ne présentant que le plan de l'éclat. La face supérieure seule est plus ou moins retouchée. Cela semble tellement différencier les deux industries que, de prime abord, on ne comprend pas très bien comment elles peuvent découler l'une de l'autre. La chose pourtant est bien naturelle. L'instrument chelléen n'est autre chose que le caillou naturel taillé et perfectionné. Pour le perfectionner davantage, on le taillait sur deux faces. En taillant, on faisait partir les éclats qui présentaient, d'un côté, le plan d'éclatement uni, et étaient plus ou moins irréguliers sur le dos. Ce sont ces éclats qui, repris et améliorés, ont donné naissance à l'industrie moustérienne. »

L'homme du Moustier, et c'est ce qui caractérise le plus son industrie, est l'inventeur de la pointe et du racloir. La pointe est un silex travaillé à petits coups, pour n'enlever que de petits éclats, à base habituellement droite (figure 9). Les racloirs souvent faciles à confondre avec les pointes, ont cependant comme caractère typique d'être un simple éclat retouché sur une seule face.

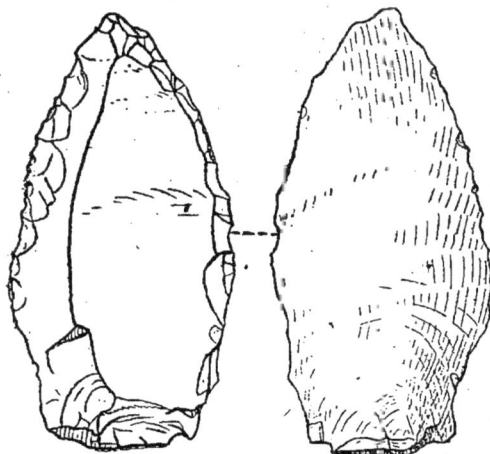

Figure 9.- Silex taillé en pointe vu sur les deux faces grandeur naturelle. (1)

L'homme du Moustier semble avoir été surtout chasseur bien que ses armés, à n'en pas douter, aient été bien inutiles en présence de l'éléphant, du rhinocéros et des grands carnassiers ; il a dû, maintes et maintes fois, avoir recours aux végétaux pour son alimentation, comme l'indique le mode d'usure de ses dents. La rigueur du climat l'a obligé d'utiliser les abris que son peu d'intelligence lui a empêché d'édifier ;

(1) D'après Brehm « *Les Races Humaines* », Paris.

aussi il a vécu en troglodyte dans les grottes et les cavernes ainsi que les grands mammifères contemporains.

L'homme de Solutré. — L'existence de l'homme de Solutré est une de celles qui ont été les plus discutées par les savants. A Solutré, dans le département de Saône-et-Loire, existe en effet une station ancienne formée par l'éboulis d'une sorte de falaise et diversement stratifiée ; dans la partie où des ossements humains ont été mis à jour, on reconnaît cinq zones différentes. L'étage inférieur est pour ainsi dire exclusivement formé d'ossements de grands mammifères, tantôt intacts, tantôt brûlés, ayant appartenu au mammouth, au renne, au cerf, à l'hyène et à l'ours des cavernes, au lion, au cheval, au bœuf, etc. Dans cet amas informe on a recueilli des silex de genres spéciaux. Au-dessus de cet étage on en trouve un second presque uniquement composé d'os de chevaux, en si grand nombre qu'on a renoncé à en faire une évaluation même approximative. Plus haut encore, une zone pauvre en débris, puis une quatrième renfermant des cendres, des charbons, des restes de cheval et de renne. Pour terminer, on tombe dans un fouillis de pierres polies, d'objets de bronze et de fer et de sépultures variées. Dans des conditions semblables, le terrain a dû subir de nombreux remaniements qui font que d'ailleurs les ossements humains de cette époque ne peuvent former une race bien distincte, et c'est pour cela qu'on y a reconnu de nombreux types dissemblables, même des types pouvant être rattachés à la race dite de Cro-Magnon dont nous parlerons plus loin. Malgré tout, l'époque doit faire marque par la présence d'objets nouveaux ou d'objets connus mieux travaillés qu'à l'âge moustérien.

Parmi les instruments en pierre, on remarque des grattoirs plus soignés que les racloirs, en forme de longs couteaux, retaillés finement sur les bords et à petits coups (figure 10). Bien mieux, nous pouvons indiquer de vraies armes, des pointes de lance. Tantôt elles étaient de petites dimensions, quand elles étaient destinées à armer soit un javelot, soit une flèche, tantôt elles atteignaient vingt centimètres de longueur et servaient de fer de lance. Parmi ces silex de lance, il s'en trouve un fort curieux modèle, reconnaissable à une sorte de cran qu'il porte sur un de ses côtés, cran ménagé manifestement pour mieux lacérer les chairs. Nous indiquerons encore les perçoirs et les burins comme faisant partie de l'époque solutréenne. Les seconds représentent une pointe de longueur variable, généralement en forme de feuille et terminée par une extrémité taillée en biseau, et les premiers un perçoir moustérien soigné.

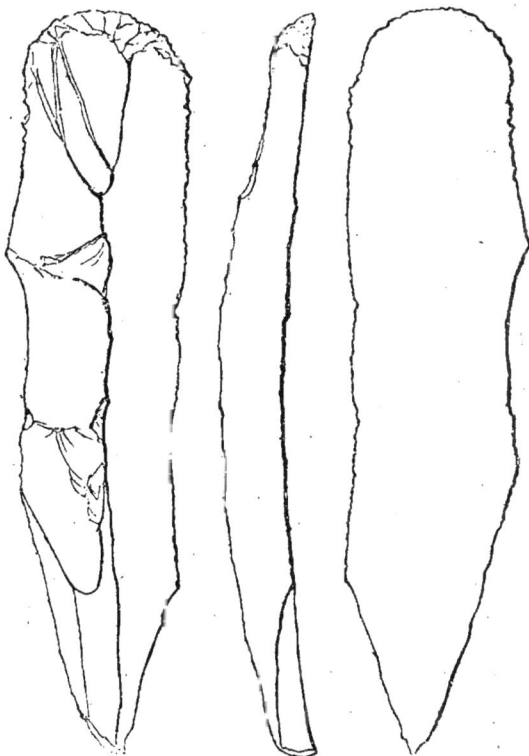

Figure 10. — Grattoirs allongés de Solutré. (1)

A l'époque de Solutré, le climat était à peu près le même qu'à l'âge du Moustier et l'homme vivait encore en troglodyte. Il devait aussi se vêtir de la peau des animaux tués car, aux traces laissées

(1) D'après Brehm « Les Races Humaines », Paris.

sur les os par le tranchant des silex dans les points où cette peau les revêtait directement, à l'extrémité des membres par exemple, on peut conclure de cette façon. Il était sans doute grand chasseur si on en juge par la diversité et la multiplicité de ses armes. Le cheval existait en si grand nombre qu'il servait à la nourriture ; en effet sur une quantité considérable d'ossements on trouve la marque du passage des couteaux en silex et, bien plus, tous les os à moëlle sont brisés dans un sens déterminé incontestablement pour y saisir le succulent aliment.

L'homme de la Madeleine ou Race de Cro-Magnon. — Cette époque nouvelle est encore plus fertile en renseignements et en documents sur nos ancêtres que toutes les précédentes. On lui a donné le nom d'époque de la Madeleine parce que c'est dans cet endroit, dans la Dordogne, que les premières découvertes se rapportant à cet âge furent faites. C'est dans l'**Abri sous Roche** dit de **Cro-Magnon**, dans la vallée de la Vézère, que furent trouvés les premiers débris humains et autres permettant de caractériser l'homme de ces temps.

De l'avis des savants, le climat était froid et sec, le cheval moins abondant qu'à l'époque antérieure. Un nouvel animal, intéressant à plusieurs titres, fait son apparition dans nos climats, c'est le renne.

L'homme de Cro-Magnon était un géant et la moyenne de sa taille atteignait 1 m. 80 centimètres environ ; les femmes étaient plus petites et cependant leur moyenne n'était pas moins de 1 m. 66 centimètres, ce qui dépasse de beaucoup la moyenne actuelle de la taille des femmes. Son ossature était puissante, avec de fortes saillies ne pouvant donner attache qu'à des tendons commandés par des muscles volumineux. Le fémur était un **fémur à colonne**, c'est-à-dire un fémur où la **ligne âpre**, sorte de crête osseuse qu'il présente en arrière, était fort développée. Le tibia était **plactynémique** ou en **lame de sabre**, c'est-à-dire aplati à un point tel que sa face postérieure était à peine visible. La poitrine était d'un diamètre moyen mais très haute.

La tête offre des caractères spécifiques et elle est en particulier remarquable en ce sens qu'elle est **dysharmonique**. Il est en

effet de règle générale que quand un crâne est par exemple très
allongé, ou **dolichocéphale**, il soit accompagné d'une face haute
et étroite et que, inversement, quand il est court, la face ait peu
de hauteur et, dans ces deux cas, la tête est dite harmonique. Il
n'en est pas ainsi de la race de Cro-Magnon dont le crâne est manifestement dolichocéphale tandis que la face est large et basse.
Ce crâne, examiné d'en haut, présente la forme d'un pentagone ;
vu de profil, il montre un front développé formant une courbe
régulière. Le dessus de la tête est très aplati, l'occiput volumineux
et projeté en arrière ; la base du crâne est très plate. La capacité
encéphalique est plus forte que chez la plupart des peuples actuels.

Les arcades sourcilières sont très accentuées, beaucoup moins
cependant que dans les têtes du type de Néanderthal. Les orbites
sont petits avec un diamètre transversal étendu, de telle sorte
que les yeux devaient être petits et largement fendus. Les pommettes
sont saillantes, le nez droit, effilé, saillant également. Les mâchoires sont très fortes en arrière et rétrécies en avant de sorte que le
menton est petit et triangulaire.

La race de Cro-Magnon, dont le siège principal fut dans le
Périgord, a rayonné fort loin, en Belgique, en Hollande et en
Italie. Vers la fin de l'époque quaternaire, quand la température changea, que le renne émigra, que de nouvelles races
vinrent lui disputer le sol, la race de Cro-Magnon s'en alla vers
le sud, au-delà des Pyrénées, en Espagne, en Afrique même où on
la retrouve encore à l'époque de la conquête romaine. Aux Canaries, on put la suivre jusque vers le quinzième siècle.

Bien que les outils de l'époque de la Madeleine paraissent, au
premier coup d'œil, moins bien taillés que ceux des époques précédentes, il faut reconnaître, après un examen plus approfondi, qu'ils
sont mieux appropriés que les premiers à l'usage auquel ils
étaient destinés. S'ils sont peu retouchés c'est que l'habileté de
l'ouvrier était devenue plus grande et qu'il savait utiliser un bloc
de silex mieux et plus rapidement. Il savait, d'un seul coup, déta-
cher de longues lames de silex qui faisaient autant de couteaux et
il se fabriquait non moins habilement des scies, des pointes et des
burins en silex. Où son industrie prend un essor nouveau c'est
dans la fabrication d'instruments en os ou en bois de renne, fabri-

cation opérée à l'aide des silex travaillés. Les pointes de lances et de flèches étaient alors très à la mode chez ce peuple chasseur ; on en trouve de cylindriques, de triangulaires, etc. ; quelques-unes sont seulement terminées en pointe, d'autres barbelées d'un côté ou même des deux à la fois, d'autres sont considérées comme de vrais harpons.

Figure 11. — Ours des cavernes gravé sur pierre. (1)

En dehors de cette industrie spéciale qui ne consiste guère qu'en l'invention d'armes de chasse ou de pêche, l'homme de Cro-Magnon fabriquait des objets artistiques. Les bâtons de commandement, ainsi qu'on les a appelés à cause de leur ressemblance avec des objets de même nom existant encore chez certains peuples,

_____

(1) D'après Brehm « *Les Races Humaines* », Paris.

chez les Indiens limitrophes du Mackenzie par exemple, ne semblent avoir eu, malgré les flots d'encre qu'ils ont fait répandre, qu'un rôle d'objets de luxe. Sur des pierres, mais le plus souvent sur des os et des bois de renne, on a recueilli des dessins, grossiers il est vrai, mais n'en représentant pas moins des animaux de l'époque parfaitement reconnaissables (figure 11).

L'homme de l'âge de la Madeleine, à cause de la rigueur du climat, vivait dans des cavernes naturelles, dans des grottes et toujours à proximité des rivières poissonneuses. La présence d'aiguilles en os finement travaillées, au milieu des débris qu'il a abandonnés, suffit amplement pour affirmer qu'il se cousait des vêtements, et, comme le dit M. Quatrefages, des aiguilles de ce genre n'auraient certes pas été fabriquées s'il n'y avait rien eu à coudre. Le goût de la parure semble avoir été aussi développé si on en juge par l'inspection des dessins de cet âge et aussi par l'examen de ce crâne trouvé enveloppé de petits coquillages. Aucun animal ne paraît alors avoir été à l'état domestique.

VIII

ÉPOQUE NÉOLITHIQUE OU DE LA PIERRE POLIE

Au début de cette nouvelle époque, le climat change tout à coup : les glaciers fondent, les rivières se forment un lit régulier ; au fond des vallées, de nombreux végétaux s'accumulent dans les dépressions du sol et donnent naissance aux tourbières. Cette production qui continue encore de nos jours marche d'une façon infiniment plus lente que dans ces temps anciens.

Une flore nouvelle apparaît, mais une faune particulière vient surtout remplacer l'ancienne pour former celle qui existe encore de nos jours. C'est ainsi que l'urus et l'aurochs disparaissent, que le mammouth s'en va en Sibérie où il finit par s'éteindre ; le renne, le renard bleu émigrent dans le nord ; le cheval, l'ours vulgaire, le cerf continuent à vivre chez nous.

C'est au début de l'époque actuelle qu'apparaissent les espèces animales de nos jours et, presque toutes, à l'état de domesticité.

Il n'est pas douteux qu'au début de notre époque, les races humaines anciennes aient continué leur évolution, mais il est bien certain aussi que des races nouvelles sont apparues, car tantôt on trouve des crânes fortement dolichocéphales, avec une face haute et peu large, tantôt des crânes larges, courts, à face basse, etc. Il n'est pas à supposer que ces races nouvelles se soient produites au milieu des anciennes, sur place, car il eût été trop extraordinaire qu'un même point pût donner naissance à des types différents. Des migrations ont eu lieu, venant de l'est, et ces migrations ont dû être successives, se montrer de temps à autre, à cause de la diversité des races qui caractérisent le début de notre époque actuelle. Elles ont eu pour point de départ l'Asie, où la civilisation était bien plus avancée que chez nous, et, petit à petit, nous avons vu des arts et une industrie nouvelle succéder à celle de nos ancêtres quaternaires. La première apparition remarquable fut la succession de la pierre polie à la pierre taillée, progrès énorme pour ces époques reculées. Puis d'autres émigrants vinrent avec des animaux domestiques, avec des céréales qu'ils cultivaient, avec des armes nouvelles et une civilisation toute neuve. On ne peut expliquer l'apparition, chez nous, d'une telle transformation que par la suite des migrations venant des différentes parties de l'Asie. Ces invasions n'ont pas toujours été pacifiques et même elles ne le furent peut-être jamais. Quoi qu'il en soit, il fut un temps où les hostilités cessèrent, où les races se croisèrent entre elles pour former des métis dont on a retrouvé beaucoup de traces d'ailleurs et particulièrement dans les monuments funéraires.

Entre l'époque actuelle et l'époque quaternaire, il y a eu un temps d'arrêt où la pierre polie n'était pas encore connue et où on se servait encore des silex taillés : on peut lui donner le nom d'époque des kjœkkenmœddings.

Dans les débris recueillis soit en France, soit en Belgique, on ne remarque que des silex taillés et perfectionnés, des haches, des perçoirs, etc., puis des instruments en os, des haches-marteaux en bois de cerf, des peignes à carder, des poinçons et enfin quelques poteries grossières. L'homme ne se contentait pas alors des silex trouvés sur le sol, mais il creusait des carrières pour s'en procurer de la qualité qu'il désirait. On connaît bon nombre de carrières qui étaient ouvertes à l'aide de ces pics en bois de cerf ; quand les blocs mis à jour étaient trop volumineux, il les faisait éclater à l'aide du feu. La qualité du silex était si recherchée qu'à **Grand-Pressigny** (Indre-et-Loire) il reste une telle quantité d'éclats qu'on est en droit de penser que c'était là une véritable mine où on venait s'approvisionner de fort loin ; on a trouvé d'ailleurs des silex de cette provenance dans des régions éloignées d'elle. Tous les objets en silex n'ont pas subi l'action du polissage et on comprend bien qu'un couteau par exemple qui eût subi cette opération n'aurait pas manqué de perdre de son tranchant. Le style le plus connu de l'époque néolithique est sans contredit la hache polie, arme très répandue alors ; c'était vers le tranchant, c'est-à-dire à la partie la plus large, que le travail était le plus fini. Ce polissage s'obtenait en frottant l'ouvrage ébauché, taillé simplement, sur un grès dur ; ces genres de polissoirs existaient un peu partout et nous pouvons en signaler de forts beaux spécimens à Poligny, près de Nemours, dans le département de Seine-et-Marne. Les haches étaient assujetties à l'extrémité d'un bâton formant manche.

C'est encore à l'époque néolithique que l'industrie céramique a pris son premier essor vrai. On a trouvé des objets en terre cuite aussi bien fabriqués que ceux que nous rencontrons actuellement chez la plupart des peuplades d'Afrique. Parmi ces objets on en remarque de toutes les formes, d'une régularité plus ou moins parfaite ; quelques-uns sont munis de grossiers décors.

L'homme de l'âge des kjœkkenmœddings était encore chasseur et pasteur et, dans les débris qu'il a laissés, on ne trouve aucune trace d'animaux domestiques, du chien excepté. Malgré l'abondance des vivres mis à sa disposition par la nature, on l'a quand même accusé de cannibalisme, mais il est incontestable que nous n'en avons pas la preuve jusqu'ici.

C'est à l'époque néolithique aussi qu'on voit apparaître les cités lacustres composées d'habitations construites sur pilotis, dont nous avons déjà parlé plus haut. Ce mode d'habitations a longtemps subsisté après l'âge de la pierre polie ; il en existait encore au temps d'Hérodote et, de nos jours, on en rencontre chez diverses peuplades de la Mélanésie, de l'Amérique du Sud et de la Nouvelle-Guinée.

Au temps des cités lacustres, les invasions venant de l'est avaient été suffisamment nombreuses pour que les animaux domestiques existassent à profusion. Les troupeaux étaient donc répandus et d'une précieuse ressource pour l'homme qui se nourrissait de leur chair et surtout de leur laitage.

Au début de l'époque, il est fort probable que notre ancêtre se couvrait de peaux d'animaux. Plus tard, il cultiva le lin et fabriqua des étoffes. Parmi celles qu'on a retrouvées il en existe de tissées et tressées, ces dernières ayant dû être les plus anciennes. Il eut des sandales aux pieds d'assez bonne heure ; elles étaient en peau et fixées par des courroies de même nature.

Les parures n'ont pas non plus fait défaut et on connaît des colliers de coquillages, d'autres en perles de calcaire, de silex et de turquoise. On peut aussi signaler des dents perforées d'animaux qui ont été utilisées pour la fabrication de colliers.

Les sépultures existaient déjà et on se servait pour cela des grottes naturelles ; une des plus remarquables, mise à jour, est celle de Cavranches, près Belfort ; elle renfermait des silex néolithiques et des squelettes qui avaient été, les uns posés sur le sol, les autres placés dans une posture assise. Plus tard, ces grottes naturelles furent dédaignées et l'homme en creusa d'artificielles pour ses sépultures. On en a signalé dans l'Eure, dans Seine-et-Marne, dans l'Oise, dans l'Aisne, dans la Marne, etc. Elles sont presque toutes creusées dans la craie ; on les fermait à l'aide de grandes pierres. Dans les moins soignées on s'est contenté de creuser à l'aide de la hache en silex sans essayer de donner une forme déterminée ; les cadavres y sont nombreux, orientés les uns la tête au fond, les autres vers l'entrée ; ils sont séparés les uns des autres par des pierres plates et de la terre. D'autres grottes représentent une salle mieux travaillée ne renfermant que six, huit ou dix cadavres avec des instruments divers et nombreux ; elles paraissent avoir été très fréquentées. Enfin on trouve des grottes artistement faites, composées d'une vaste salle quelquefois subdivisée en deux compartiments, ornées de sculptures, avec des gradins et des sortes d'étagères supportant un nombre considérable d'objets, tels que couteaux en silex, poinçons en os, pointes de flèches, ornements, etc.

A côté de ces sortes de sépultures nous en voyons bientôt surgir d'autres auxquelles on a donné le nom de **monuments mégalithiques** parce qu'elles sont formées de vastes pierres mises debout, formant parois et de pierres plates pour les recouvrir ; une porte d'entrée ménagée dans cet édifice pouvait se fermer aussi à l'aide d'une dernière pierre. Ces monuments ont incontestablement fait leur apparition à l'époque néolithique et l'usage s'en est continué jusqu'à l'âge de bronze. Ils se divisent en **dolmens, allées couvertes, menhirs et cromlechs.**

Les **dolmens** représentent de vastes chambres construites avec d'immenses pierres levées verticalement, ainsi que nous venons de le dire, recouvertes d'une ou de plusieurs autres dirigées horizontalement. On y plaçait les cadavres, puis on fermait la porte d'entrée et on recouvrait le tout de terre.

S'il s'en trouve aujourd'hui un grand nombre à l'air libre c'est qu'ils ont été déblayés à une époque plus récente.

Les **allées couvertes** ne sont que des dolmens allongés. Dans certains cas, le vrai dolmen typique est précédé d'une allée couverte qui, comme lui, servait de sépulture aux morts.

Les **menhirs** représentent des gros blocs de pierres, plantés verticalement, qu'on faisait disparaître ensuite en les recouvrant de terre.

Les **cromlechs** sont en somme des menhirs collés les uns aux autres de façon à circonscrire des enceintes circulaires et souvent rectangulaires.

Les dernières sortes de sépultures de l'époque de la pierre polie sont des monuments sans toitures ou à toitures en bois que le temps a fait disparaître, puis des puits naturels ou artificiels.

Les races de l'époque avaient des idées religieuses ou plutôt d'animisme religieux si on en juge rien que par les soins qu'elles donnaient à leurs morts et les offrandes qu'elles leur faisaient. Les sculptures, les haches déposées sur les dalles sépulcrales sont autant de preuves de ce que nous avançons.

IX

AGE DU BRONZE

L'âge du bronze se lie d'une façon aussi intime à la période néolithique que l'âge du fer à notre période historique et nous n'en dirons donc que quelques mots. Le bronze s'est trouvé mélangé aux outils de pierre polie et on en a conclu qu'il avait dû succéder à cet âge directement. Il semble bien difficile, de prime abord, de comprendre que l'homme ait su d'emblée utiliser le cuivre et l'étain à l'état de mélange sans s'être auparavant servi séparément de ces deux métaux simples. Il est d'ailleurs à remarquer que des objets en cuivre ont été découverts en plusieurs points et que l'antiquité qu'on leur a assignée est aussi grande que celle des ustensiles en bronze. L'âge du cuivre a donc dû d'abord exister, et probablement durant une courte durée, puisque les objets qu'on a recueillis sont d'une rareté tout exceptionnelle.

Nous avons dit que l'usage de la pierre polie avait été introduit chez nous par les peuples émigrés de l'Asie centrale et on peut faire la même supposition en ce qui concerne l'usage du bronze. Si on songe en effet que les instruments de bronze trouvés sont d'une finesse étonnante on doit bien croire qu'ils n'ont pas dû être fabriqués par des mains non seulement habiles, mais par des mains petites, plus petites certainement que celle des races qui peuplaient alors notre pays. Il fallait en outre de l'étain et les régions occidentales seules pouvaient en fournir. Dans un autre ordre d'idées, on a remarqué que les crosses en bronze trouvées dans les cités lacustres étaient munies de petits anneaux mobiles ainsi que les crosses des idoles boudhiques de l'Inde. Les peuples de l'Inde étant restés immobiles durant bien des siècles, on peut croire qu'ils ont conservé longtemps l'usage de certains objets de leurs pères préhistoriques.

Les races humaines de l'époque du bronze qui vivaient sur notre sol sont fort difficiles à déterminer. Les types anciens ont subsisté, des nouveaux sont venus, des métis se sont formés et, en outre, l'habitude des incinérations a pris une très grande extension. L'usage de la pierre polie n'en continua pas moins durant cet âge, et cela se comprend d'autant plus facilement qu'il suffit de jeter un simple regard sur ce qui se passe de nos jours. Nous savons bien que la routine est difficile à vaincre, dans nos campagnes surtout.

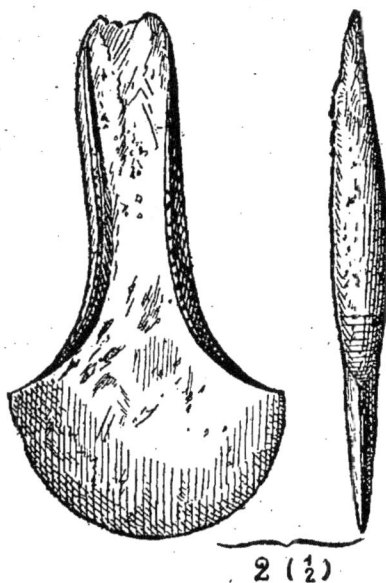

Figure 12.
Hache en bronze (1)

Parmi les outils en bronze nous trouvons la hache (fig. 12) ; elle est représentée actuellement dans nos musées par un nombre considérable d'exemplaires. Elle se montre sous des aspects variables mais, dans tous les cas, elle se trouvait fixée à l'extrémité d'un manche en bois. Il existe aussi des sortes de ciseaux comme ceux qu'emploient nos menuisiers, puis des marteaux, des couteaux, des rasoirs et voire même des faucilles et des aiguilles.

Les armes ne sont pas moins nombreuses ; ce sont des épées à lame tantôt parfaitement droite, tantôt doublement recourbée sur les bords, des poignards ou sortes d'épées à lame très courte, des pointes de lances ou de flèches.

Parmi les objets en bronze de parure, ceux qu'on rencontre le plus souvent sont les épingles à cheveux ; il en existe de tous les

(1) D'après Brehm « Les Races Humaines », Paris.

genres et de longueurs essentiellement variables. Les bracelets ne sont pas moins nombreux ni moins variés. L'usage des pendeloques se trouve également très répandu.

Tous les objets en bronze étaient fondus et, dans des sortes de cachettes, on a trouvé des moules variés ainsi que des lingots de métal. Ces genres de cachettes donnent à supposer que la fonte du bronze devait être réservée à quelques individus formant caste. S'il en eût été autrement on aurait mis à jour des ateliers de l'époque et non pas des cachettes qui impliquent que le fondeur était un homme important, ne cherchant nullement à répandre son art ailleurs que dans sa famille.

A l'âge du bronze, la céramique fit un pas considérable. L'ouvrier sans se servir du tour n'en fabrique pas moins des objets à formes symétriques et même élégantes. Presque tous les vases fabriqués sont à fond conique, de sorte qu'il fallait ou les suspendre ou les maintenir sur des supports en terre cuite dont on a retrouvé de nombreux exemplaires. Toutes ces poteries sont souvent ornementées de rebords, de lignes circulaires ou triangulaires, de pointes ; quelques-unes sont même pourvues d'anses.

L'homme de l'âge de bronze possédait de nombreux animaux domestiques, bœuf, mouton, chèvre, âne, poule, canard. Il avait deux espèces de chiens et deux races de chevaux distinctes ; on a d'ailleurs trouvé de vrais mors en bronze datant de cette époque. Il était encore chasseur et pêcheur, mais se livrait aussi à la culture des céréales.

Les cités lacustres étaient très répandues ; au fur et à mesure du développement de la population, elles devinrent tout à fait insuffisantes et l'homme eut recours aux marais, aux étangs et c'est ainsi qu'on a mis à jour un grand nombre de stations **palustres** et **marières**. Là, il ne fut pas libre, comme sur les lacs, de jeter dans l'eau ses débris de cuisine, ses cendres, aux alentours de ses habitations, parce qu'il aurait risqué de combler à leurs proximités et c'est pour cela qu'on trouve aux bords des étangs ayant porté des villages de ce genre des amoncellements de cendres et de débris de cuisine ou autres, conduits au loin et un peu analogues aux kjœkkenmœddings. Les habitations palustres et marières avaient en outre ceci de particulier qu'elles étaient souvent défendues par une enceinte ou des barrières en bois, la quantité d'eau n'étant pas suffisante pour les isoler complètement et les mettre en toute sécurité.

Les villages lacustres et autres que nous venons de citer ne furent pas les seuls ; d'autres furent construits sur des hauteurs et MM. Henri et Louis Siret s'expriment ainsi à leur sujet :

« Les hommes de notre troisième époque (de l'âge du bronze) construisaient leurs bourgades sur des rochers escarpés ou des plateaux bien défendus, et lorsque cette défense naturelle ne suffisait pas, ils la complétaient par de solides remparts.

« Le choix des sites était fort judicieux. On n'allait pas trop haut, c'eût été incommode et inutile pour la défense ; mais l'emplacement était tel que du haut des stations la vue dominait les alentours jusqu'à de grandes distances.

« On avait soin aussi de rester, autant que possible, à proximité des sources d'eau potable. L'intention de s'assurer en tout temps un approvisionnement d'eau nous a été prouvée par la découverte, dans une station, de galeries couvertes passant sous une muraille défensive et aboutissant d'une part à la bourgade, de l'autre au torrent qui coule à ses pieds. On pouvait de cette façon s'approvisionner d'eau à l'insu de l'ennemi en cas d'attaque.

« D'autres fois, on avait creusé des réservoirs pour recueillir les eaux de pluie près du sommet même.

« Quant aux fortifications, c'étaient des murailles ayant jusqu'à 2 et 3 mètres d'épaisseur, construites partout où les défenses naturelles n'étaient pas suffisantes, au moyen de pierres brutes et de terre. A l'intérieur de l'enceinte, fortifiée par ces murailles et par les talus raides des rochers, étaient les demeures. Cependant, dans certains cas, nous voyons des maisons en dehors des fortifications ; peut-être parce que l'enceinte était devenue trop petite par suite de l'accroissement de la bourgade, ou bien encore de prime abord on n'avait défendu qu'une partie de l'emplacement, ménageant ainsi une sorte de citadelle ou d'acropole pour servir de refuge à toute la population.

« Les maisons étaient construites de la même manière que celles de l'époque précédente. Les murs étaient en pierres et en terre ;

4

es toits en roseaux et branchages recouverts d'argile et reposant sur les solives. Nous avons constaté de nombreuses traces d'incendies. Ces demeures, du reste, étaient petites, quelques-unes carrées, d'autre rectangulaires, trapézoïdales ou de formes irrégulières. Il est probable qu'elles avaient assez souvent un étage. »

L'homme avait des vêtements à l'âge du bronze. Dans certains tombeaux on a trouvé des manteaux en laine faits d'une seule pièce et se fermant à l'aide de fibules, puis des sortes de caleçons, de chemises, de châles, de jupes. de bonnets également en laine. Ailleurs et particulièrement en Espagne où le climat était moins froid, les vêtements étaient fabriqués en sparte.

Au début de cet âge, les sépultures eurent encore lieu dans de vastes chambres en pierre qu'on recouvrait de terre, ce qui formait une petite éminence ou tumulus, puis la pierre fut remplacée par le bois et enfin on arriva à imaginer le cercueil. L'incinération des cadavres ne tarda pas à apparaître et s'étendit un peu partout avec rapidité. Tantôt on plaçait le cadavre sur un bûcher avec ses armes et ses outils préférés et on le brûlait ; on recueillait ses cendres dans une urne et on recouvrait l'emplacement de pierres et de terre de façon à établir une sorte de tertre ou de tumulus qui cachait l'urne funéraire dans un de ses points ;— tantôt on incinérait le cadavre seul et ce n'était qu'après qu'on couvrait l'urne funéraire de ses armes ou de ses choses préférées. L'incinération fut surtout mise en pratique dans le nord de la France, en Belgique et au Danemark, tandis que dans le midi et en Espagne elle semble n'avoir eu qu'une durée passagère. Quant aux inhumations, quand elles se pratiquaient, elles avaient lieu simplement dans la terre et le cadavre était recouvert de pierres ; quelquefois elles se faisaient dans des sortes de caveaux dallés ou bien, le plus souvent, dans des urnes en terre cuite où le corps était placé dans une situation assise, les genoux ramenés vers le menton. Les caveaux funéraires semblent avoir été réservés aux personnages illustres ou influents. Les urnes ressemblent à un œuf dont la grosse extrémité aurait été sectionnée pour livrer passage au cadavre ; leurs dimensions sont variables suivant qu'il s'agissait d'un enfant ou d'une personne adulte à ensevelir.

X

AGE DU FER.

A l'âge du fer, les armes, les outils non seulement se perfectionnent mais deviennent en nombre si considérable qu'il nous faut renoncer à les décrire. M. Quiquerez nous fait connaître de la façon suivante les divers modes d'extraction du fer à cette époque :

« Les fourneaux de la première espèce ne consistaient qu'en une petite excavation cylindrique, peu régulière, à fond en calotte creusé dans le flanc d'un coteau, pour donner plus de hauteur naturelle d'un côté, et dont le devant était fermé par des argiles réfractaires contrebutées par quelques pierres. Cette cavité était garnie de 10 à 15 centimètres d'argile, en général de couleur blanche, passant au rouge après le contact du feu. Ces creusets n'avaient guère que 30 à 40 centimètres de profondeur, comme semblent l'indiquer les bords supérieurs arrondis et plus ou moins scoriacés. Le devant, toujours ébréché, avait une ouverture à sa base pour le tirage de l'air et pour le travail de la matière fondue, mais cette brèche semble indiquer que c'est en éventrant le devant du creuset qu'on pouvait tirer le lopin de métal qui s'était formé durant l'opération.

« La seconde espèce de fourneaux, de beaucoup la plus nombreuse et la plus répandue, n'est qu'un perfectionnement de la précédente par exhaussement des bords du creuset. Ils s'élèvent d'une manière variable de 2m30 à 2m50, avec un diamètre de 0m48 à 0m80 très irrégulier, et une épaisseur de 0m30 à 2m84. Ils sont également en argile réfractaire. La contenance moyenne est de 100 litres.

« Le bâtisseur, après avoir creusé une ouverture circulaire, ou plutôt demi-circulaire à la base et dans le flanc du coteau, d'un diamètre à peu près triple du creuset futur, arrangeait au centre de ce creux, ouvert d'un côté, une espèce de fond de chaudière en argiles plastiques par la base, revêtues d'une couche d'argiles réfractaires à la partie supérieure. Ce fond de creuset, qui repose directement sur le sol naturel mal aplani, a généralement moins d'épaisseur que les parois latérales, en argiles sableuses ou siliceuses toujours réfractaires à l'intérieur, mais parfois plus plastiques du côté opposé. L'espace reste vide entre les parois du creuset et le sol intact était rempli avec de la terre et autres matériaux. Sur le devant, le creuset était maintenu par une grossière muraille, quelquefois en ligne droite, d'autres fois un peu circulaire, construite à sec avec des pierres calcaires brutes et garnie de terre par derrière pour combler les vides. En avant du fourneau, dans ce revêtement, était ménagée une ouverture de 15 centimètres de côté, prenant naissance à quelques centimètres au-dessus du fond du creuset, et allant en s'élargissant du dedans au dehors, de manière à voir et à travailler par cette ouverture dans le fourneau.

« Le travail ainsi commencé se poursuivait jusqu'à la hauteur voulue, et quand l'entaille faite dans la colline n'était pas assez haute, on exhaussait le tour du fourneau en contre-buttant l'enveloppe réfractaire afin d'empêcher l'éboulement de la terre. Lorsque les fourneaux étaient placés presque en plaine, ce qui arrivait quelquefois, ils formaient un cône tronqué dont la base était plus ou moins large, suivant la hauteur de l'appareil.

« Dans ces deux espèces de fourneaux, on ne voit aucune trace de soufflerie, et le tirage devait s'établir plus ou moins fort, par l'ouverture d'où s'échappaient les scories, suivant l'élévation plus ou moins grande des fourneaux. C'est probablement pour accroître ce tirage que nous avons retrouvé dans certains fourneaux des pierres calcaires provenant de la partie supérieure de la cuve où elles avaient dû former l'orifice du gueulard, tout en donnant plus d'élévation au fourneau. Ce moyen si élémentaire a dû être employé également pour les premiers creusets. Le mode de tirage que nous indiquons se révèle de la manière la plus évidente par la scorification des parois du fourneau du côté opposé à l'ouverture donnant passage à l'air, et qui a évidemment éprouvé une chaleur plus intense, tandis que du côté opposé on retrouve en général les parois beaucoup moins atteintes par le feu, et parfois le minerai y est encore attaché comme il se trouvait, à l'état pâteux ou en semi fusion, au moment où le travail du fourneau a cessé. »

En possession du fer l'homme se fit des armes, des outils et des parures. La céramique atteignit entre ses mains un grand degré de perfection. Pour ses morts il continua à pratiquer l'incinération dans certaines régions et, dans d'autres, il employa les urnes funéraires artistement travaillées et souvent remplies d'objets fort luxueux.

Nous n'en dirons pas plus long sur cet âge qui se confond pour ainsi dire avec notre époque historique. C'est ainsi qu'on sait que le fer fut connu en Egypte quatre a cinq mille ans avant notre ère et qu'au contraire, en Sibérie et dans tout le nord de la Russie, son emploi ne date guère que de l'an 800 ou même de l'an 1000 de notre ère. Il ne constitue donc pas à proprement parler une époque pour l'humanité mais plutôt un stade dans l'évolution de de chacune des races répandues sur le globe.

XI

L'HUMANITÉ DANS L'HISTOIRE.

L'homme n'est pas apparu en plusieurs points du globe à la fois, comme certains auteurs l'ont avancé. En examinant les peuples actuels, on remarque que ceux qui sont le plus éloignés d'un point central qui est, à n'en pas douter, le plateau intérieur de l'Asie, sont dans un état de civilisation très peu avancée vis-à-vis des autres. Qu'on considère seulement l'Afrique qui nous intéresse ici plus que toute autre région, on verra que son envahissement s'est fait par le nord, que les races les plus fortes ayant toujours chassé devant elles les plus faibles, c'est indubitablement au sud que se trouvent ces dernières et les autres au nord ; il faut bien entendu laisser de côté quelques races bien peu nombreuses du reste qui se sont introduites par les côtes. Cette remarque ne se fait pas seulement en envisageant les êtres au point de vue de leur avancement en civilisation, mais bien plus encore en les étudiant anthropologiquement, ainsi que nous le verrons quand nous en ferons la description spéciale.

L'humanité, ayant fait début dans un point donné, a dû s'étendre périodiquement, à cause de sa multiplication constante, suivant des cercles devenant de plus en plus excentriques. Ces cercles n'ont jamais pu être complets à cause de la variété des climats et de la répartition des terres sur le globe ; aussi les migrations se sont plutôt faites suivant des arcs de cercles à étendue variable. Il y a là une application exacte de la lutte pour l'existence c'est-à-dire du règne du plus fort.

Qui de nous, d'un autre côté, peut affirmer qu'au moment de l'apparition de l'homme sur la terre les continents étaient les mêmes qu'à notre époque ? Qui dit que le plateau central de l'Asie ne fut pas le premier à découvert ? Au contraire, si on en juge par son état actuel il est possible de croire que ce plateau a été un des premiers hors des eaux à cause de son système montagneux colossal. Apparu le premier, c'est bien évidemment chez lui que l'homme dut d'abord surgir quelles que soient les idées qu'on se fasse au sujet de son origine.

Les migrations de l'homme n'ont pas toujours été la conséquence de la guerre et des hostilités de race à race ; elles se sont aussi produites à chaque fois que, pour une raison ou pour une autre, les conditions de la vie normale sont devenues impossibles, mauvais climat, manque d'alimentation convenable, etc. C'est en s'étendant ainsi dans tout l'univers que l'humanité, très certainement unique à son origine, a subi des transformations multiples qui ont abouti à la formation des races nouvelles. A chaque milieu nouveau l'être vivant était dans la nécessité absolue de s'adapter à lui et par conséquent de se transformer lentement mais sûrement, et à son insu. S'il pouvait lutter quelquefois contre le froid en prenant des vêtements ou contre la chaleur en restant nu, il est d'autres puissants agents modificateurs contre lesquels il était impuissant, ne serait-ce par exemple que son mode d'alimentation. Par la suite des siècles, l'humanité dispersée et placée dans des conditions différentes, s'est trouvée tout d'un coup présenter des types réellement dissemblables.

En dehors des migrations, des milieux qui ont joué leur rôle prépondérant sur les transformations diverses de l'homme à travers les âges, les croisements entre races sont venus également modifier les types déjà existants. Ces croisements ont eu lieu dans tous les temps et ils existent encore davantage de nos jours à cause des rapports plus fréquents que nos vastes moyens de transports ont apportés au milieu des peuples du monde. Dans des conditions semblables, l'humanité ne pouvait pas rester une et, aujourd'hui, les types qu'elle présente sont souvent si dissemblables qu'on hésite à leur accorder l'origine commune que nous leur donnons. Les races tout à fait inférieures, celles qui, par la suite des migrations, se sont toujours trouvées chassées plus loin, ou sont disparues, ou sont sur le point de disparaître parce que leur fuite a eu une limite et qu'elles ont en somme pour ainsi dire été tuées lentement par l'envahisseur. Les races préhistoriques sont mortes de cette façon et nous avons parlé plus haut de la race de Cro-Magnon qui a subi ce sort. Sous la poussée de l'invasion, ou une race finit, ou elle se croise avec le conquérant et forme alors une race nouvelle, ce qui équivaut presque à sa disparition. De nos jours les races noires reléguées au sud de l'Afrique sont sur le point de s'en aller aussi et il nous suffirait de citer au hasard les Boschimans, les Hottentots, etc. Une race est un peu comme une individualité, elle croît, prospère, arrive à un apogée et meurt après décroissance ; mais elle laisse derrière elle des types nouveaux, d'origines diverses, qui suivent la même voie et ainsi de suite dans le tourbillon des années.

XII

DONNÉES ANTHROPOLOGIQUES

Pour l'étude des races humaines on a eu recours d'abord aux caractères **morphologiques**, c'est-à-dire aux caractères extérieurs étudiés sur le vivant. Depuis une cinquantaine d'années ces données ont été justement jugées insuffisantes et on a eu recours à l'étude des caractères **anatomiques** et des caractères **physiologiques.**

Caractères morphologiques. — Parmi les caractères de ce genre, un des plus frappants est sans contredit la couleur de la peau. Elle est si variable qu'on a pu diviser d'emblée les races en trois grands groupes distincts :

Les races blanches ;
Les races jaunes, mongoliques ou plutôt altaïques ;
Les races noires ou éthiopiques.

Les teintes variables de la peau sont subordonnées à la présence dans les cellules de la couche épithéliale de Malpighi de granulations pigmentaires mélaniques. Peu répandues et d'un diamètre très faible chez les Européens, elles sont au contraire nombreuses et plus volumineuses chez les nègres.

Chez les blancs, on peut considérer la peau comme réellement blanche et sa teinte n'est modifiée que par l'afflux sanguin.

En dehors des trois grands groupes que nous venons de signaler, la couleur de la peau joue un rôle assez restreint dans les descriptions et les classifications. Très diversement appréciée suivant les auteurs, elle ne pouvait être d'une bien grande utilité avant que Broca n'ait établi des tableaux chromatiques de teintes qu'il suffit de consulter. C'est en nous servant de ces tableaux que nous avons fait nos observations et nous disons, en parlant de la teinte d'un individu, teinte n° X... : en se reportant au tableau on a alors une notion plus exacte de ce qu'elle est vraiment.

La couleur des cheveux est à noter aussi ; d'une façon générale cette teinte est en relation directe avec celle la peau, c'est-à-dire que les cheveux les plus foncés sont réservés aux races nègres et les plus clairs aux races blanches. Pour la détermination exacte de leur teinte nous avons recours au même tableau chromatique que pour la peau. Il y avait trop de confusion dans l'appréciation des nuances d'une même teinte pour qu'on pût accorder une grande valeur aux anciennes observations.

Le système pileux n'offre pas que sa teinte à l'examen de l'observateur ; il faut considérer son développement qui consiste dans le nombre, la longueur et le diamètre des poils. Les recherches n'ont pas encore été faites en assez grand nombre et elles peuvent cependant fournir de précieuses données pour les descriptions anthropologiques. On sait déjà que chez les nègres par exemple, les cheveux sont moins longs, plus épais et par conséquent moins nombreux que chez les blancs. La distribution des poils doit également entrer en ligne de compte ; abondants chez certaines races, répandus un peu partout, ils sont au contraire très rares et très peu développés chez d'autres.

En dehors de leur nuance, M. Bertillon envisage les cheveux au point de leur nature ou **degré d'ondulation**, puis au point de vue du tracé de leur **insertion frontale** et, enfin, suivant l'abondance, de leur implantation. En ne considérant que le degré d'ondulation, on observe ces cheveux **droits, ondés, bouclés, frisés, crépus** et **laineux**. Les cheveux droits se définissent d'eux-mêmes, mais, comme les autres, ils peuvent avoir encore des caractéristiques, être **gros ou fins, raides ou souples**. Les cheveux sont ondés lorsqu'ils décrivent de grandes courbes ondulées ; bouclés, lorsqu'ils sont disposés, après une certaine longueur, sous forme d'anneaux grands et souples ; frisés, lorsque, dans toute leur longueur, ils forment des anneaux petits et tenaces.

Les cheveux crépus représentent l'exagération des cheveux frisés ; leurs anneaux sont très petits et s'enchevêtrent les uns dans les autres. Quand aux cheveux laineux qui sont l'apanage des races nègres, ils sont très courts, volumineux, enchevêtrés d'une façon si forte que souvent ils paraissent former sur la tête une série de petits pois qui fait dire que la chevelure est en **grains de poivre**.

L'insertion des cheveux autour du front doit toujours être signalée. Elle est dite rectangulaire quand le front qu'elle délimite a la forme d'un rectangle, circulaire ou plutôt hémi-circulaire quand il a la forme d'un demi-cercle. L'insertion en pointe ou vulgairement en pantoufle, est caractérisée par l'absence de cheveux au-

dessus des bosses frontales ce qui fait que le front semble se pro-
longer par deux angles rentrants.

L'abondance de l'implantation chevelue est un caractère un peu
secondaire, car elle est surtout subordonnée à l'âge des individus.
Dans la description on trouve des cheveux **clairsemés, abondants** ou **très abondants**. La disparition des cheveux porte le
nom de **calvitie** ; elle est **frontale, tonsurale, fronto-parié-
tale**, termes qui se définissent d'eux-mêmes. Dans des cas dits
d'**alopécie totale**, il y a absence complète des cheveux et de la
barbe.

Les caractères de la barbe peuvent être considérés comme les
mêmes que ceux des cheveux.

L'œil est un des organes qu'on doit analyser avec le plus d'attention. Il se compose d'une paupière supérieure et d'une paupière
inférieure mises en continuité l'une avec l'autre par les angles
interne et externe, le premier logeant la glande lacrymale (fig. 13).
Le globe de l'œil proprement dit est constitué par la sclérotique
ou blanc de l'œil, la pupille et l'iris.

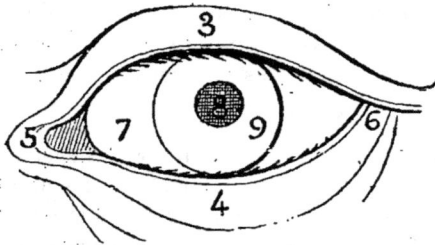

Fig. 13. — (Œil gauche, d'après Bertillon). —
3, Paupière supérieure ; 4, Paupière inférieure ;
5, Pointe interne et caroncule lacrymale : 6,
Pointe externe ; 7, Sclérotique ou blanc de l'œil ;
8, Pupille ; 9, Iris. (1)

C'est à cette dernière
partie qu'on attache le
plus d'importance parce
qu'elle est pourvue de
pigment et qu'elle peut
présenter des teintes va-
riables. Elle comprend,
pour la description, deux
zones. l'une interne,
l'**auréole** et l'autre externe ou **périphérie**.

La coloration de l'iris,
essentiellement variée
chez les différentes races, l'est aussi d'un individu à l'autre, aussi
doit-on s'astreindre à la définir d'une façon précise. La méthode

(1) D'après Bertillon « *Traité d'Anthropométrie* », Paris.

de M. Bertillon nous semble réunir toutes les conditions désirables. Il partage les yeux en impigmentés et en pigmentés. Les premiers sont remarquables par l'absence de cette substance jaune-orangé qui donne à la teinte des yeux tant de diversité. Leur nuance est azurée, ardoisée ou intermédiaire ; ce sont les yeux bleus du vulgaire. A l'aide d'un tableau chromatique on peut les désigner exactement par un numéro.

Dans un second tableau chromatique, il reproduit les différentes nuances que peuvent présenter les yeux à

1° Iris pigmentés de jaune ;
2°   »   —   d'orange ;
3°   »   »   châtain ;
4°   »   »   marron groupé en cercle ;
5°   »   »   marron rayé de verdâtre ;
6°   »   »   marron pur.

A la suite des désignations données par cette sériation méthodique on peut indiquer les particularités de l'œil.

Nous arrivons à l'étude du front qui, d'après M. Bertillon, dont nous continuons à exposer le méthode, doit « être examiné au point de vue : 1° de ses **arcades sourcilières** ; 2° du **degré d'inclinaison de la ligne de profil** par rapport à un plan horizontal qu'on supposerait passer par la racine du nez ; 3° de la **hauteur de l'extrémité supérieure de cette même ligne** au-dessus du même plan ; et 4° de **sa largeur** appréciée transversalement d'une tempe à l'autre. »

Les arcades sont **petites, moyennes** ou **grandes.**

L'inclinaison du front est **fuyante, intermédiaire** ou **verticale.**

Quand à la hauteur et la largeur elles sont **très grandes, grandes, moyennes, petites** ou **très petites.**

Le nez à son tour ne peut être jugé qu'à sa forme et à ses dimensions. Il se trouve composé de plusieurs parties : A, La **racine,** sorte de concavité plus ou moins accentuée, située à sa partie supérieure ; B, Le **bout de nez** qui se trouve au point d'inflexion du lobule ; Y, Le **dos du nez** qui n'est autre chose que sa ligne de profil.

La concavité de la racine, toujours d'après le même principe, est **très grande, grande, moyenne, petite** ou **très petite.**

Le dos du nez peut représenter une ligne **convexe**, une ligne **cave** ou enfin une ligne **rectiligne.** Le nez **busqué** est un nez où la ligne du dos est convexe à sa partie supérieure seulement. Enfin la ligne du dos peut revêtir d'autres formes et être dite sinueuse ; il peut donc y avoir des nez à lignes **cave-sinueuse, rectiligne - sinueuse, busquée-sinueuse.**

Quand à la base du nez elle peut être **relevée, horizontale,** ou **abaissée.**

Les dimensions du nez ne peuvent se rapporter qu'à sa hauteur, à sa largeur et à sa saillie. La hauteur se mesure entre la racine et le centre de l'un ou l'autre des lobules ; elle peut être très grande, grande, moyenne, petite et très petite et aussi s'exprimer par des chiffres. La saillie s'étend du bout du nez au bord postérieur des lobules et peut également être petite moyenne et grande. La largeur n'est autre chose que la plus grande étendue comprise entre les deux ailes.

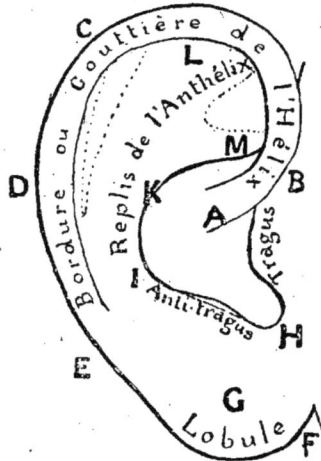

Fig. 14. — Oreille schématique.
Bordure ABCDE décomposée en partie Originelle AB, Supérieure BC, Postérieure CD et Inférieure DE. — *Lobule* EFGH considéré sous le rapport du contour EF, de l'adhérence à la joue FH, du modelé G et de sa dimension.
Antitragus HI examiné au point de vue de son inclinaison, de son profil, de son degré de renversement et de sa dimension.
Plis internes séparés en branches inférieure IK, supérieure KL, et médiane KM. (D'après Bertillon). (1)

« L'oreille, dit M. Bertillon, grâce aux multiples vallons et collines qui la sillonnent, est le facteur d'identification le plus impor-

---

(1) D'après Bertillon « *Traité d'Anthropométrie* », Paris.

tant du genre humain. » Elle présente de nombreuses saillies qui sont :

1° La **bordure** ou **hélix** (fig. 14) qui, partant d'un milieu de la conque, remonte pour border les deux tiers supérieurs de l'oreille ;

2° Le **lobe**, sorte d'éminence molle qui forme toute la partie inférieure ;

3° Le **tragus**, saillie cartilagineuse petite, placée en dehors et en avant du conduit auditif ;

4° L'**antitragus**, mamelon situé en haut du lobe ;

5° Les replis de l'**anthélix** ou plis intérieurs de l'oreille.

La bordure est divisée en trois parties, une originelle AB, une supérieure BC et une postérieure CDE. Chacune de ces fractions peut être qualifiée de petite, moyenne ou grande. Cette bordure peut en outre être considérée, suivant les cas, comme **ouverte, fermée** ou **intermédiaire**.

Le lobe ou lobule de son côté, présente à l'étude son **contour** EF qui est tantôt descendant, c'est-à-dire terminé en pointe, tantôt en équerre quand il se réunit directement à la joue sans présenter de pointe et enfin il peut se montrer sous une forme **intermédiaire**. Souvent son degré d'adhérence FH à la joue, est **fondu**, c'est-à-dire qu'il ne présente ni ride ni sillon, dans d'autre cas il est **séparé** par un profond sillon ou bien encore il se trouve dans un terme intermédiaire.

Le modelé de sa surface G est dit **traversé** quand l'hélix vient pour ainsi dire s'y terminer ; il est aussi quelquefois **uni** ou bien en **éminence**.

L'antitragus, envisagé au point de vue de son inclinaison est ou **horizontal**, ou **oblique**, ou **intermédiaire**. Sa ligne de profil peut être **concave, rectiligne** ou **convexe**.

L'oreille est encore envisagée au point de vue de sa forme générale et c'est ainsi qu'elle est triangulaire, rectangulaire, ronde, ovale, etc.

La corpulence des individus est toujours bonne à signaler et on l'apprécie généralement sous le rapport de la largeur des épaules et de la ceinture.

La hauteur de la lèvre supérieure, comptée de la base du nez à l'ouverture de la bouche est **grande** ou **petite**.

Une des deux lèvres peut être proéminente.

Une lèvre est avec ou sans bordure, suivant que cette bande lisse et rose qui la recouvre extérieurement est ou n'est pas apparente. Elle peut en outre être mince, épaisse, retroussée et pendante.

Le menton considéré sous le rapport de son inclinaison est **vertical, saillant** ou **fuyant**; sous le rapport de la forme de la houppe, il est dit sans houppe ou plat et aussi à forte houppe ; sous le rapport de sa hauteur prise de la bouche à sa pointe, il est haut, bas ou intermédiaire. Il y a enfin des mentons à fossettes, des mentons bilobés et des doubles-mentons.

L'examen de l'homme ne s'arrête pas à ces considérations et les investigations descriptives doivent être poussées beaucoup plus loin encore. Quand on le regarde de profil, un des premiers points importants à étudier, c'est le degré de proéminence du bas de la face, mais particulièrement de la mâchoire supérieure. Quand elle se trouve portée en avant il y a **prognathisme**. Cette conformation est plus spéciale aux races nègres qui ont en même temps les lèvres très épaisses et le menton fuyant.

L'orthognatisme indiqué un retrait en arrière du maxillaire supérieur de telle sorte que le profil de la face, en ne tenant pas compte du nez bien entendu, se trouve confondu avec la verticale. Dans des cas extrêmement rares, le maxillaire supérieur est tellement enfoncé qu'on est obligé d'employer le terme de **face rentrée en dedans**.

La mâchoire inférieure aussi peut être proéminente et il ne faut jamais négliger de signaler cette particularité.

Le profil du crâne est envisagé en raison de la saillie plus ou moins forte qu'il peut faire au-dessus du plan passant par les conduits auditifs et la base des incisives et, dans ces conditions, où il est moyen, bas et haut. L'occiput aussi est plus ou moins saillant suivant les cas et c'est un caractère de grosse importance. Il existe des malformations spéciales auxquelles on a donné par exemple les noms de **tête en bonnet à poil**, de **tête en carène** et de **tête en besace**.

La tête, vue de face se présente sous une forme variable, mais qui n'est toujours en somme que le rapport de sa hauteur et de sa largeur. Quand le front est étroit et les mâchoires très larges on se trouve en présence du visage en **pain de sucre** ou en **pyramide** et, dans le sens inverse, on dit que le visage est en **toupie**. Enfin il y a des visages ronds, ovales, en losange, carrés, etc.

Les sourcils et les paupières doivent faire l'objet d'une description aussi exacte que possible. L'extrémité interne d'un sourcil en constitue la tête, l'extrémité externe la queue. L'écartement de la tête des deux sourcils est tantôt rapproché, tantôt écarté. Leur élévation au-dessus du milieu du globe oculaire est plus ou moins accentuée ce qui fait dire des sourcils bas ou des sourcils hauts. Il faut étudier en outre la forme de leur tracé, leur direction générale, leur longueur, leur largeur leur abondance, l'emplacement du maximum des poils et enfin la direction de ces mêmes poils. Dans les paupières, on considère la dimension et le degré de leur ouverture, la direction, le modelé des paupières supérieure et inférieure. Elles sont peu ou très fendues, peu ou très ouvertes, à angle externe relevé ou abaissé, etc., etc.

Le globe oculaire considéré en son entier, peut-être plus ou moins sorti de l'orbite et il est alors dit que les yeux sont enfoncés ou saillants. L'intervalle qui sépare les deux yeux prend le nom d'interoculaire ; il est alors petit, moyen ou grand. Les cas de strabisme doivent toujours être signalés bien qu'ils ne puissent nous fournir aucun caractère de race.

La bouche présente deux coins ou commissures et c'est l'intervalle compris entre ces deux extrêmes qui détermine sa dimension lorsqu'elle est fermée. Quand les coins sont relevés, le tracé linéaire de la bouche est concave en haut et convexe au contraire lorsque les coins sont abaissés, dans le cas intermédiaire le tracé de la bouche est rectiligne. Quand la bouche est toujours très fermée on la dit pincée ; quand elle est naturellement ouverte on la qualifie de béante et on dit **bouche bée**. Il existe encore des bouches dites **en cœur**.

Les rides et sillons du visage doivent être indiqués.

Le cou est long, court, mince ou gros. Le larynx est saillant et il peut y avoir goitre.

Les épaules sont horizontales ou obliques, c'est-à-dire tombantes.

L'attitude des individus joue également un grand rôle. Le port de la tête et l'inflexion du cou entraînent aux termes de tête penchée en avant, tête penchée en arrière, tête déjetée à droite, à gauche. Le degré de rotondité du dos s'exprime en le considérant horizontalement et verticalement. La posture générale des bras et des mains est plus un caractère individuel que générique ; il n'en doit pas moins être décrit. Les démarches lente, rapide, à petits ou à grands pas, légère, lourde, sautillante, posée, raide, compassée, dandinante, dégingandée, déhanchée, en chaloupe, sont autant de signes précieux.

Le regard est droit ou oblique, fixe, mobile, lent ou rapide, fuyant, franc, etc.

Le timbre de la voix est grave, aigu ; il y a des voix en fausset, des voix féminines chez l'homme et masculines chez la femme. Les vices d'articulation se réduisent au zézayement, au chuintement, au bégayement et au grasseyement.

La taille est toujours bonne à signaler car, bien qu'elle soit variable chez un même individu aux différentes phases de son existence, elle n'en constitue pas moins un caractère de race essentiel. La grande envergure ou la plus grande largeur que l'homme puisse mesurer en étendant les bras horizontalement fournit d'utiles renseignements. Le plus souvent elle est plus forte que la taille, mais chez certaines races elle est plus petite.

Nous indiquerons, plus loin, dans un tableau récapitulatif, les divers autres caractères morphologiques à envisager, longueurs du pied, des bras, des doigts, etc.

Caractères anatomiques des races. — Les caractères anatomiques des races ont été d'abord négligés et il n'y a que depuis quelques années qu'on attache à leur étude toute l'importance qu'elle méritait. C'est au squelette seul cependant que, pour les races préhistoriques, on dût s'adresser pour en déterminer les caractères généraux. Dans ce squelette, un organe, plus que tous les autres, a attiré l'attention des savants, nous voulons parler du crâne dont l'étude porte aujourd'hui le nom de **craniométrie** quand il s'agit d'en exposer les dimensions et de **craniographie** quand il s'agit d'en faire la description sur simple observation directe. Ces deux branches de la craniologie contemporaine ont fait un chemin considérable depuis surtout que Broca a donné une forme précise aux sciences anthropologiques.

Les caractères craniographiques ou descriptifs sont fort nombreux et dignes d'un gros intérêt. Le crâne est composé d'une série de fragments osseux qui s'unissent les uns aux autres à l'aide de sutures. Ces sortes d'articulations sont très variées et d'une complexité d'autant plus grande qu'on s'adresse à des races supérieures. Cette remarque avait déjà été faite par Gratiolet qui avait même cru pouvoir en tirer la base d'une classification générale. Suivant lui, et c'est exact d'ailleurs, plus une partie du crâne est développée plus ses sutures osseuses sont complètes, d'où cette division de l'humanité en **races frontales** ou blanches, en **races pariétales** ou mongoliques et enfin en **races occipitales** ou nigritiques. Les sutures du crâne persistent tant que l'encéphale n'a pas atteint son volume total puis, ce résultat atteint, elles s'oblitèrent. Cette oblitération ou synostose se manifeste chez nous de quarante à quarante cinq ans, à part certaines exceptions chez les individus doués d'une puissance intellectuelle remarquable. Plus les races sont inférieures plus la synostose est précoce et il est des nègres chez qui elle est totale à vingt-cinq ans.

L'ossification des sutures nasales se trouve à peu près dans des conditions analogues à celles du crâne. Chez les Cafres et les Hottentots, elle est presque toujours terminée à l'âge de vingt-cinq ans. Quant aux intermaxillaires leur soudure semble au contraire retardée chez les nègres et les lignes suturales se remarquent encore chez certains d'entre eux ayant atteint l'âge de cinq à six ans.

Les **os wormiens** qui ne sont que la conséquence de l'accroissement rapide et prolongé du cerveau sont plus répandus sur les crânes des races supérieures que sur ceux des races éthiopiennes par exemple. Quand les lobes cérébraux prennent une grande expansion en avant, il arrive que les deux os frontaux ne peuvent pas se souder et qu'ils se rejoignent par une suture persistante ou **suture médio-frontale** ou **métopique**.

La persistance des trous pariétaux paraît être plus fréquente chez les races nègres, d'après les observations recueillies jusqu'à ce jour.

L'occipital, de son côté, est le siège d'anomalies assez fréquentes et surtout dans sa partie écailleuse dont le centre d'ossification supérieure peut subsister et former l'os **interpariétal**. Il existe aussi un os **fontanellaire lambdoïde** et différentes variétés de l'os **épactal**.

Sous le nom de **norma**, on désigne depuis quelques années tout l'ensemble que l'œil peut embrasser lorsqu'il considère un crâne par l'une ou l'autre de ses faces. La **norma latérale** représente le profil du crâne dans toute son étendue et fournit à l'examen :

1° La racine du nez .
2° L'épine nasale ;
3° La glabelle ou bosse sus-nasale ;
4° L'inion ou protubérance occipitale externe.

Dans sa limite inférieure, la norma latérale nous montre l'apophise mastoïde et l'arcade zygomatique tandis qu'à sa surface on observe les lignes temporales et le ptérion.

La **norma supérieure**, ou norma verticale ou encore vue de Blumenbach, permet d'examiner le degré d'écartement des arcades zygomatiques ; suivant qu'elles sont très visibles ou cachées, on dit que les crânes sont **phénozyges** ou **cryptozyges**. On remarque encore les bosses pariétales dont le degré de développement doit toujours être signalé.

La **norma antérieure** qui comprend le front et toute la face nous montre :

1° Les os propres du nez, qui dans les races européennes, s'unissent à un angle très aigu, à l'inverse des races nègres ;

2° Les arcades sourcilières plus on moins développées mais toujours en rapport direct avec le volume de la glabelle ;

3° Les orbites qui doivent être envisagés au point de vue de l'inclinaison de leur grand axe, de leur forme et de leur étendue ;

4° Les os malaires dont on ne considère que le volume ;

5°. Les maxillaires supérieurs ;

La **norma postérieure** ou vue de Laurillard nous permet de juger :

1° de la hauteur de la voûte cranienne qui a fait diviser les crânes en **hypsicéphales** et en **platycéphales** ;

2° De la courbe limitée par la partie postérieure du crâne, d'une bosse pariétale à l'autre

3° De la proéminence des bosses cérébrales de l'occipital ;

4° De la courbure de la partie sous-iniaque ou cérébelleuse de l'occipital.

La **norma inférieure**, la dernière que nous ayons à signaler, a été introduite en craniologie par **Owen**. Elle présente le trou occipital et les deux condyles. Le troisième condyle signalé par Meckel n'existe que sur certains crânes ; c'est une éminence recouverte de cartilage située entre les deux condyles vrais, au niveau du basion.

L'arcade alvéolaire est verticale en arrière de la dent canine, mais la région des incisives est plus ou moins inclinée suivant les races. En outre l'arcade peut présenter une courbe variable avec les crânes examinés.

L'intérieur du crâne ou **endocrâne** présente les impressions **digitales** et les éminences **mamillaires** qui ne sont autres que les empreintes des circonvolutions et des anfractuosités du crâne. La profondeur de ces empreintes semble être moindre chez les races inférieures. Sous le nom de fosse **aymarienne**, Lambroso a décrit une sorte de dépression remplaçant la crête occipitale interne ; ce serait une particularité de certains crânes anciens.

L'épaisseur des os du crâne, la plus ou moins grande étendue des sinus frontaux sont autant de caractères à décrire minutieusement.

Maintenant que nous avons esquissé les caractères craniographiques généraux, il nous faut parler des caractères craniométriques qui ont pris aujourd'hui une réelle importance en anthropologie. Mises en pratique par Camper, Morton et Sœmmering, les mensurations furent d'abord limitées à certaines parties du crâne puis elles s'étendirent tellement vite à une si grande quantité de portions craniennes que ce fut un véritable dédale d'encombrantes descriptions. Broca est venu remettre les choses au point et n'a gardé des mesures craniométriques que celles qui nous donnaient des éléments d'appréciation incontestables. La longueur de certaines lignes ne suffit pas à connaître le crâne ; il nous faut aussi avoir la notion des formes qui sont le résultat du développement relatif des diverses parties. On les exprime au moyen des **indices** c'est-à-dire des rapports centésimaux établis entre les mesures prises.

La capacité du crâne est une des premières observations qu'on ait songé à noter. Bien qu'elle soit difficile à apprécier rigoureusement elle n'en fournit pas moins des renseignements très utiles pour la classification des races. Son évaluation se fait en général par le procédé de Morton qu'on décrit dans les instructions anthropologiques de Broca ; c'est le procédé qui donne les meilleurs résultats. Dans les recherches déjà faites on remarque que les races inférieures ont la capacité cranienne la plus faible et c'est ainsi qu'entre la capacité cranienne d'un Hottentot et d'un Auvergnat par exemple, la différence atteint le chiffre considérable de 300^{cc} cubes.

Un des meilleurs éléments de la caractéristique du crâne est **l'indice céphalique**, introduit en craniométrie par A. Retzius. On comprend sous ce nom le rapport centésimal existant entre le diamètre maximum longitudinal pris de la glabelle au point le plus éloigné dans le sens longitudinal, point généralement fixé vers l'écaille occipitale. Pour obtenir cet indice, on multiplie le diamètre transverse par l'unité centésimale et on divise par le chiffre exprimant le diamètre longitudinal. Sur un Ouoloff que nous pre-

nons au hasard nous trouvons une largeur de tête de 150 millimètres et une longueur de 196 millimètres. Son indice céphalique est
donc exprimé par $\frac{150 \times 100}{196}$ soit par le chiffre 76,58. Cette manière
d'envisager le crâne nous donne une excellente idée de sa forme
générale et c'est sur elle que Broca s'est basé pour établir une
division des races en groupes comprenant des indices céphaliques
étendus d'un chiffre à un autre :

Dolichocéphales $\begin{cases} \text{Dolich. vrais au-dessous jusqu'à } 75.90 \\ \text{Sous dolich. de} \quad 75.01 \quad \text{à } 77.77 \text{ 0/0} \end{cases}$

Mésaticéphales. . . . . de   77.78   à 80.00 0/0

Brachycéphales $\begin{cases} \text{Sous brach. de} \quad 80.01 \quad \text{à } 83.33 \text{ 0/0} \\ \text{Brach. vrais au-delà de}. . . . . 83.83 \text{ 0/0} \end{cases}$

Les indices verticaux sont au nombre de deux :

1° **L'indice de hauteur-longueur** ou rapport centésimal
du diamètre vertical au diamètre longitudinal maximum ;

2° **L'indice de hauteur-largeur** ou rapport centésimal du
diamètre vertical au diamètre transverse maximum.

L'indice **stéphanique** est le rapport centésimal du diamètre
frontal minimum au diamètre **stéphanique**. Le premier de ces
diamètres représente la distance comprise entre les deux crêtes
temporales du frontal, et le second la distance mesurée entre les
deux sutures coronales.

Les courbes du crâne sont ou horizontales, ou transversales ou
enfin médianes. Elles comprennent :

1° La **courbe inio-frontale** totale qui s'étend de la racine
du nez à l'opisthion ;

2° La **courbe frontale** qui part de la racine du nez et
s'arrête au bregma :

3° La **courbe pariétale** qui s'étend du bregma au lambda ;

4° La **courbe occipitale** allant du lambda à l'opisthion ;

5° La **courbe horizontale totale** qui n'est autre chose que
la circonférence maxima du crâne ;

6° La **courbe horizontale antérieure** qui représente une
ligne partant d'un conduit auditif à l'autre en passant par la ligne
sus-orbitaire ;

7° La **courbe horizontale postérieure** qui s'obtient en retranchant la précédente de la courbe horizontale totale ;

8° La **courbe transversale sus-auriculaire** s'étendant d'un conduit auditif à l'autre en passant par le bregma;

9° Enfin la **courbe transversale totale** qui n'est que la précédente prolongée sous la base du crâne.

Sous le nom d'**indice facial** on désigne le rapport centésimal de la hauteur faciale à la largeur bi-zygomatique. La hauteur faciale est une ligne partant de la racine du nez et perpendiculaire au plan auriculo-alvéolaire : elle s'obtient à l'aide du procédé de la double équerre. Quant à la largeur bi-zygomatique, elle se définit d'elle-même : c'est la distance séparant les deux zygomatiques.

Le **prognathisme facial** n'est autre chose que la projection en avant de la partie osseuse de la face. Il est donc nettement exprimé en degrés par l'angle facial alvéolaire c'est-à-dire par l'angle formé d'une part par une ligne partant du point alvéolaire pour se rendre au conduit auditif et, d'autre part, par une ligne prenant aussi au point alvéolaire pour aboutir au point sus-nasal. Au lieu d'être exprimé en degrés, le prognathisme peut l'être encore en établissant le rapport centésimal de la projection horizontale de la face et de sa hauteur. Malgré son importance il ne constitue pas un caractère ethnique de premier ordre en ce sens que le point sus-nasal est trop variable en étendue. En se servant au contraire de la projection d'une ligne partant du point sous-nasal et rejoignant le point alvéolaire et de la hauteur du point sous-nasal au-dessus du plan alvéolaire-auriculaire, on obtient des données bien plus précises.

Le diamètre inter-orbitaire doit toujours être mesuré bien que, jusqu'à ce jour, on n'en ait tiré que d'assez vagues caractères ; il s'étend d'un dacryon à l'autre.

L'**indice orbitaire** n'est autre chose que le rapport centésimal de la hauteur à la largeur de l'orbite : il joue un très grand rôle dans la description des races. La profondeur de l'orbite est bonne aussi à signaler.

L'**indice nasal** est le rapport centésimal de la largeur maxima de l'ouverture nasale à la hauteur du nez.

L'indice palatin, ou rapport centésimal de la largeur à la longueur de la voûte palatine, ne peut pas se prendre sur le vivant et il ne faut jamais oublier de le recueillir sur les crânes.

La projection horizontale antérieure du crâne est représentée par la distance millimétrique comprise entre le basion et le point alvéolaire. — La projection horizontale postérieure s'étend du basion au point d'arrivée d'une perpendiculaire tangente à la partie la plus proéminente de la région occipitale. La projection totale est établie par la réunion des deux projections citées.

L'angle facial, dont nous avons dit quelques mots plus haut, a été envisagé d'un grand nombre de façons diverses, au gré des auteurs pour ainsi dire. L'angle dit de Camper, le plus communément relevé sur le vivant, est formé par la rencontre d'une ligne faciale, tangente au point le plus saillant du front et à la face antérieure des incisives avec un plan auriculo-facial passant par les conduits auditifs et le point sous-nasal. L'angle facial alvéolaire se mesure d'une façon analogue mais on utilise comme sommet de l'angle le point alvéolaire au lieu du point sous-nasal. Nous nous contenterons de la mesure de ces deux angles pour l'étude des races soudanaises et nous indiquerons, dès maintenant, quelles sont les différences sexuelles du crâne.

Dans les races inférieures, la capacité cranienne des femmes tend très sensiblement à se rapprocher de celle des hommes. Le diamètre antéro-postérieur est plus petit dans l'élément féminin tandis que le diamètre transverse maximum n'offre que des variantes beaucoup moins significatives. La hauteur du crâne, le prognathisme total sont moindres chez la femme d'une façon générale.

Avant l'âge adulte et dans toutes les races, le crâne est plus globuleux et ses caractères ethniques sont loin d'avoir atteint leur caractéristique.

Les déformations craniennes dues à des causes très diverses doivent être signalées aussi complètement que possible.

En ce qui concerne les dents, il est indispensable de connaître leurs dimensions, leur volume, leur direction et enfin leur quantité et leurs anomalies.

Colonne vertébrale, squelette en général. — La colonne vertébrale ne s'envisage qu'au point de vue de ses courbures qui sont non seulement variables avec les races mais aussi avec l'âge des individus.

Le thorax est examiné au point de vue de ses dimensions ; on ne l'a encore que très imparfaitement étudié jusqu'ici.

On ne saurait trop insister sur la description des formes du bassin, sur sa largeur, sur sa hauteur, sur la densité de ses os constituants.

Les membres thoraciques nous présentent l'étude de l'omoplate, de l'humérus, du cubitus et du radius, tandis que les membres pelviens nous offrent le fémur et son trochanter, le tibia et le péroné. Les mains et les pieds ont de nombreuses particularités à décrire et complètent les observations d'une très rigoureuse façon.

La comparaison des différentes pièces du squelette les unes avec les autres sont du plus haut intérêt.

Nous ne pouvons pas terminer notre résumé des différentes données anthropologiques ou anthropométriques, sans indiquer le système musculaire, les appareils splanchniques, les appareils de la génération, l'appareil cutané et le système nerveux. Enfin les caractères physiologiques des races se résument dans la description et la notation de la température du corps, de la circulation, de la respiration, de la force musculaire, de la station et de la locomotion, des fonctions sensorielles, de la menstruation, du développement, et, en dernier lieu, des caractères pathologiques.

Dans notre étude d'un individu quelconque, d'une race quelconque, nous avons adopté la méthode enseignée par Broca avec quelques modifications que nous avons jugées utiles d'introduire pour compléter l'étude des races noires sur lesquelles on s'est fait, jusqu'à ce jour, des idées absolument fausses. Dans un premier feuillet nous mentionnons les observations suivantes :

SPÉCIMEN D'OBSERVATION

N° *31*.   Nom de l'observateur : *H. Sarrazin.*

Date : *18 avril 1898.*   Lieu précis de l'observation : *Kayes.*
Longitude : *14° ouest.*   Latitude : *14°31' nord.*
Nom du sujet : *Sirman Cissohro.*   Age : *55 ans.*   Sexe : *homme.*
Né à : *Orokoto.*   Tribu ou race : *Mali nka.*
Profession : *domestique.*

N. B. — Là où il y aura un point d'interrogation, on soulignera
l'adjectif qui doit servir de réponse.
Le sujet est-il maigre, gras, gros ou moyen ? *très maigre.*
Poids : *41 kilogrammes.*
Force de traction au dynamomètre : *12 kil. 500.*
Pulsations par minute : *80.*
Respirations par minute : *29.*

Détails descriptifs : N°ˢ

Couleurs.
- Peau, parties nues : *28.*
- Peau, parties couvertes : *28.*
- Cheveux : *34.*
- Barbe : *34.*
- Yeux : *1.*

Les cheveux sont-ils droits, ondés, bouclés, frisés ou laineux ?
laineux.
La barbe est-elle rare, nulle ou abondante ? *rare.*
Peau : glabre, un peu velue ou très velue ? *glabre.*
Forme du profil du nez : *N° 2.*

Les lèvres
sont-elles { grosses, moyennes ou fines ?
droites ou renversées ? *moyennes.*
tout-à-fait en dehors ? *renversées.*

Dents grandes, moyennes ou petites ? *moyennes.*

Dents incisives : sont-elles grandes, verticales, un peu obliques ou très obliques ? *verticales.*

Remarques particulières.

Système musculaire, appareil splanchnique, appareil de la génération, appareil cutané, système nerveux, station et locomotion, menstruation, etc...

Individu très probablement phtisique.

Ne doit pas être de pure race mali' nka ; doit plutôt être un métis de toucouleur et de mali' nka. Peau rugueuse ; station penchée ; locomotion chancelante.

S'exprime difficilement.

Dans un second feuillet, nous étudions :

Mesures de la tête.

A. CRANE

millimètres

1° DIAMÈTRES : antéro-postérieur maximum 201
» iniaque 183
transverses : maximum 147
» sus-auriculaire 135
» temporal maximum 141
» frontal minimum 111
vertical auriculaire 146
2° COURBES : inio-frontale totale 340
sa partie frontale totale 138
sa partie sous-cérébrale antérieure 30
horizontale totale 550
sa partie antérieure 240
transversale bi-auriculaire 335
» sous-auriculaire 325

B. FACE : 1° Longueur totale du visage.

Angle { de Camper ....degrés...... 69

facial } alvéolaire ....id........ 70

2° Pour les indices. millimètres

du point mentonnier à la naissance des cheveux . 189

de l'ophryon au point alvéolaire............. 79

Largeur bi-zygomatique........................ 112

Longueur du nez............................. 53

Largeur du nez............................... 42

3° Longueurs.

de l'ophryon à la naissance des cheveux 62

«   à la racine du nez.............. 12

»   au point sous-nasal 65

du point sous-nasal au point alvéolaire........ 18

du point sous-nasal au point mentonnier 73

Hauteur du menton 43

4° Largeurs : bi-orbitaire 111

»   bi-caronculaire................ 35

»   palpébrale.................... 28

»   bi-malaire.................... 120

»   buccale 46

»   bi-goniaque.................. 93

5° Mesures obliques : gonio-nasale........... 121

gonio-mentonnière....... 96

Mesures diverses et observations

Dans un troisième feuillet nous passons en revue :

Mesures du tronc et des membres.

1° Hauteurs au-dessus du sol : millimètres

du vertex..................................... 1771

du conduit auditif........................... 1625

du bord inférieur du menton 1540

de l'acromion 1514

de l'épicondyle 1141

de l'apophyse styloïde du radius.................. 862
du bout du doigt médius........................ 688
de la fourchette sternale....................... 1475
du mamelon 1341
de l'ombilic 1092
du bord supérieur du pubis.................... 940
du raphée du périné 868
de l'épine iliaque antéro-supérieure............. 1101
du bord supérieur du grand trochanter.......... 954
de la ligne articulaire du genou................. 515
du sommet de la malléole interne............... 85
de la saillie du mollet 370

2° Membre supérieur :

La grande envergure.......................... 1795
Le grand empan............................. 150
Le petit empan 225
Longueur du pouce (face dorsale)............... 77
Longueur du médius (face dorsale).............. 121

3° Tronc :

Distances des deux acromions.................. 285
Longueur de la clavicule 150
Largeur du thorax 310
Circonférence du thorax sous les aisselles........ 775
      »   à la ceinture 660
Distance des deux épines iliaques............... 290
Distance maxima des deux crêtes iliaques........ 230
Distance maxima des deux trochanters........... 340

4° Membre inférieur.

Circonférence maxima de la jambe (mollet)....... 240
      »   minima....................... 190
Longueur du pied totale 251
Longueur du pied prémalléolaire 65
Longueur du gros orteil (face dorsale)........... 67
Hauteur du vertex au-dessus du sol, le sujet étant
   assis 861

Dans un quatrième feuillet double nous établissons une fiche anthropométrique d'un modèle analogue à celui qui est employé à la sureté.

Nº *70* se disant : *Amadou Diop.*

Noms et prénoms : *Amadou Diop,* } *Toucouleur.*

Surnoms et pseudonymes :

Age app. : *18 ans* né à *Koniakary.*

Fils de *Mbaniou Diop* et de *Bana Niany.*

Profession : *domestique.*

Relations :

Papiers d'identité : *livret individuel 238.*

Services militaires :

Condamnations antérieures, leur nombre :

Cause et lieu de la détention antérieure :

Motif actuel, spécification du délit :

Renseignements divers :

Date du signalement : *31 mars 1898.*

A vérifier en raison de l'âge du sujet.

Photographie de face et de profil en cas d'urgence judiciaire.

Observations anthropométriques. — Observations chromatiques.

Taille : *1,706*.

Voûte : *(0)*.

Envergure : *1,690*.

Buste : *833*.

Tête. { Longueur : *199*. Largeur : *147*.

Oreill. dr. { Longueur : *55*. Largeur : *33*.

Pied gauche : *266*.

Medius g. : *117*.

Auriculaire g. : *94*.

Coudée g. : *484*.

N° de cl. : *6*.

Iris g. { Auréole : *r. m. tr. f.* Périphér. : *ard. tr. f.* Color. : Partes :

Cheveux : *noirs*.

Barbe : *?*

{ Pigm. : *tr. pigm.* Sang. :

Renseignements descriptifs analysés de profil. — Contour général.

Front.
Arcdes : *sail.*
Incl. : *fuy.*
Hauteur : *p.*
Larg : *tr. p.*
Partes :

Nez
Racine (profl) : *prof.*
Dos : *rect.* base : *rcl.*
Haut. — Saillie — Largr : *p.* *gr.*
Pa rtes :

Oreille droite.
Bord. or. : *int. sup.* : *tr. p. post.* : *tr. p.* Ouv. : *ouv.*
Lobe cont. : *des. adh.* : *golfe.* mod. : *nul.* dim. : *p.*
a trg. incl. : *hor. prof.* : *sail.* conv. : *n.* dim. : *int.*
Pli inf. : *cave.* sup. : *vcx.* forme : *circ. ec.* : *inf.*
Particularités :

Lèvres. { Hr labiale : *int.* Partes : *lèv. sup. relevée.*

Menton { Incl. : *droit.* Haut : *p.* Parts :

Renseignements descriptifs analysés de face. — Contour général.

Sourcils.
Chvx. : *rect.*
Barbe :
Empl. : *haut.*
Volume : *clair.*
Parts :

Impl.

Paupières.
Ouv. : *p.*
Modelé : *nul.*
Saillie du globe : *int.*
Interoculaire : *gr.*
Parts :

Bouche.
Dim. : *p.*
Tracé : *horiz.*
Parts :

Rides :

Expression :

Corpulence.
Cou : *p.*
Carrure : *p.*
Ceinture : *p.*

Habillement :

Divers :

Attitude :
Allure :
Accent :

Cicatrice en arc de cercle (corde de 22 mm.) milieu hauteur bras gauche, face interne.

Cicatrice circulaire de 2 cm. diamètre, 4 cm. au-dessus poignet droit, face postérieure.

Cicatrice circulaire de 4 cm. sur 6 cm. ligne médiane 9 cm. au-dessus nombril.

Deux cicatrices ovalaires aux reins, chacune à environ 2 cm. de la ligne médiane.

Cicatrice circulaire immédiatement au-dessous mollet gauche face postérieure.

Grande cicatrice ovalaire, milieu hauteur cuisse droite face postéro interne.

Verge 125 mm., diamètre transv. 4 cm.

Dans un dernier feuillet nous donnons le profil du crâne et les indications suivantes :

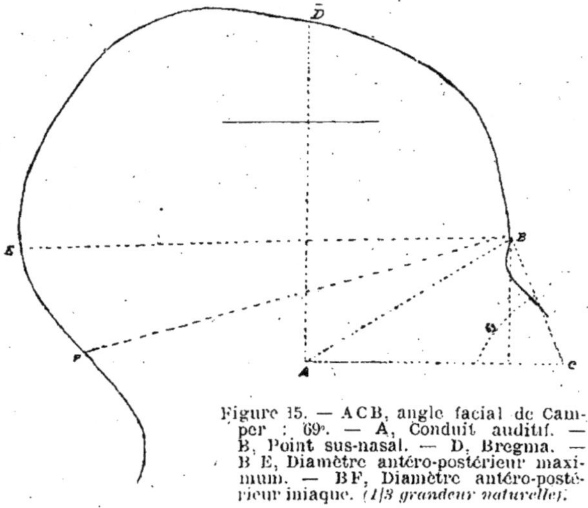

Figure 15. — A C B, angle facial de Camper : 69°. — A, Conduit auditif. — B, Point sus-nasal. — D, Bregma. — B E, Diamètre antéro-postérieur maximum. — B F, Diamètre antéro-postérieur iniaque. *(1/3 grandeur naturelle).*

Telles sont, très brièvement exposées, les différentes méthodes d'observations que nous avons suivies pour l'étude des races soudanaises. Pour leur compréhension plus facile nous renvoyons le lecteur aux ouvrages spéciaux et en particulier au **Précis d'anthropologie** du docteur Broca.

XIII

CLASSIFICATION DES RACES SOUDANAISES

Nous n'avons pas à nous occuper ici de la classification des races humaines, classification bien indécise encore à cause du manque de renseignements et d'études suffisamment précises. Nous donnerons la première place aux Arabes, que M. de Quatrefages a placés dans le grand tronc blanc ou caucasique et dans la branche sémitique. Bien que ces individus ne puissent être considérés comme des habitants du sol soudanais nous devons consacrer plusieurs pages à leur étude à cause de l'influence considérable qu'ils ont eue et qu'ils ont encore sur les races berbères ou nègres qui habitent actuellement le pays. Tous les musulmans, quelle que soit leur origine, se touchent de trop près par leurs mœurs et leurs coutumes pour que nous n'en parlions pas. Les berbères, maures ou touareg, sont compris, par M. de Quatrefages encore, dans le tronc blanc ou caucasique et dans la branche sémitique. Toutefois il ne les rattache pas au rameau sémite mais au rameau lybien. Pour notre compte personnel, nous pensons qu'il eût été préférable de créer une branche lybienne, où nous aurions placé les berbères vrais ou touareg, les maures, puis les peulhs. Nous ne comprenons plus, après les observations nombreuses que nous avons faites, qu'on veuille considérer ces dernières peuplades comme des négroïdes. Ce sont des individus appartenant incontestablement au tronc blanc parce qu'ils sont blancs d'abord et parce que surtout leurs caractères ethniques ne sont pas ceux des négritos. A côté de ces races blanches nous placerons des races métisses, intermédiaires, dont le type est tantôt rapproché du blanc, tantôt du nègre. C'est ainsi que nous étudierons les toucouleurs originaires de peulhs et de nègres, ainsi que les ouassoulonka issus de peulhs et de mali' nka.

Dans le tronc nègre ou éthiopique, à qui nous avons réservé le plus de pages dans notre livre, nous passerons successivement en revue les Ouoloffs, puis les Sarracolets, les Bamana, les Mali'nka, les Songhaï, les Ouébès, etc.

Nous nous attacherons, pour chaque race, à en faire ressortir les caractères ethniques, puis nous parlerons des diverses religions, des mœurs, des coutumes, des lois sociales, de la guerre, de la captivité, du commerce, de l'agriculture, de l'industrie, de tout ce qui en somme peut avoir un intérêt quelconque pour notre connaissance des peuples, pour l'extension de nos débouchés coloniaux et partant de notre activité coloniale.

CHAPITRE PREMIER

Considérations générales sur les peuplades du Soudan nord.

Comme nous l'établirons plus tard d'une façon précise, il n'est pas discutable d'affirmer que l'envahissement de l'Afrique, par l'homme, s'est opéré par le nord et que, bien certainement, en vertu de ce principe que les peuplades les plus faibles et les moins élevées en organisation ont été vaincues les premières, c'est bien à elles qu'est échu le rôle de se reléguer progressivement des régions nord jusqu'à celles situées le plus au sud. Il découle de ce fait que c'est au nord que nous devons trouver les races humaines les plus intelligentes et les mieux organisées de l'Afrique, ce qu'on constate facilement par l'observation directe.

Les régions nord du Soudan qui ne sont autres que le Sahara. désert qu'on a cru longtemps inhabité et inhabitable, sont occupées par des arabes, des maures plus ou moins purs de race et par des touareg. Ces peuplades, essentiellemement nomades, divisées en un très grand nombre de tribus ennemies ou amies, sont encore peu connues au point de vue du rôle important qu'elles doivent jouer dans ce. immense désert séparant totalement notre colonie du Maroc, de l'Algérie, de la Tunisie et de la Tripolitaine.

L'arabe vrai pratique peu le Sahara ; c'est-tout au plus si quelques uns, fort riches, possesseurs de grandes caravanes, se hasardent de temps à autre, pour commercer : nous n'entreprendrons leur étude que plus loin et nous nous bornerons à parler des maures et des touareg. Les premiers sont surtout localisés dans les parties nord-ouest et les seconds dans la zóne nord-centrale.

I

MAURES

Les maures sont des individus d'origine berbère, comme nous nous attacherons à le démontrer en parlant de leurs caractères anthropologiques, mais leur type propre s'est trouvé profondément modifié par suite de leurs alliances avec l'arabe et encore plus avec l'élément nègre, si bien que quelques-uns d'entre eux sont totalement noirs et ne se distinguent plus que par l'expression spéciale du visage et leurs cheveux qui sont restés lisses.

Les maures comportent un nombre assez considérable de tribus le plus souvent ennemies les unes des autres et continuellement en guerre. C'est grâce à cette sorte d'anarchie perpétuelle, à ce manque de cohésion qu'ils ne représentent pas une force militaire sérieuse à craindre. Cependant il semblerait que cette cohésion pût s'établir en partie quand il s'agit de lutter contre le chrétien, le **roumi**. Leur zône d'étendue se trouve limitée à l'ouest par l'Océan depuis le Sénégal jusqu'au Maroc, au nord par le Maroc même, à l'ouest par les touareg et au sud par le Sénégal et les régions nord du Soudan.

Quelques rares tribus sont sédentaires et habitent auprès des Ksours et des oasis, placés sous leur protection (**Ghefara**, protection).

Les Maures semblent n'occuper le Sahara que depuis l'an 803, date qui marque la conquête de tout le nord de l'Afrique par les arabes qui, à cette époque, donnèrent aux régions occidentales le nom de **Maghreb el Aksa** (ouest extrême). C'est aussi vers cette époque, qu'au milieu de toutes les dissensions religieuses qui agitaient les esprits, ils embrassèrent l'islamisme, sous l'influence de tribus excitées par **Abdallah ben Tachefin** et qui prirent le nom d'**El Moravides**, d'où **Mrabtin, Marabouts** ou hommes à Dieu.

Maures de l'Adrar occidental. — Cette peuplade composée de berbères restés à peu près purs, est à la fois formée de guerriers, d'agriculteurs et de pasteurs. Elle descendrait des maures **zénaga**, nom d'où la plupart des auteurs tirent l'origine du mot Sénégal ; elle aurait émigré dans l'Adrar sous la conduite de **Ousmann ould Barkani ould Makfar.**

Les maures de l'Adrar font un commerce assez étendu avec leurs troupeaux de bœufs et de moutons. Ils produisent beaucoup de beurre qu'ils renferment dans de grandes peaux de bouc où il rançit d'ailleurs assez vite. Ils vendent des dattes et n'apportent que très peu de gommes dans nos escales. Ils ne peuvent, parait-il, lever que 200 cavaliers et environ 2.000 fantassins.

Tribu des Trarza. — Les trarza se donnent comme d'origine arabe bien qu'on ne retrouve chez eux aucun des caractères spécifiques de cette race. Ils s'étendent dans toute la région comprise entre l'Adrar occidental et le Sénégal, à son embouchure à Saint-Louis. Leur formation daterait du dix-septième siècle et aurait été opérée par un chef zénaga **Trourzoug ould Barkani ould Makfar**; leur nom viendrait, suivant toute vraisemblance, de ce mot **Trourzoug**, dont on aurait fait successivement **Trourz, Trarza.** Ils se trouvent actuellement divisés en cinq grandes fractions principales, créées presque toutes par les fils de **Makfar :**

1° **Oulad Ahmed ben Damane ;**
2° **Oulad Damane :**
3° **Aal el Mokhtar ould Charki ;**
4° **Aal Tounsi ;**
5° **Oulad Sied.**

Ils ont pour chef général **Ali El Houri.** Surtout commerçants, ils apportent une grande quantité de gommes dans nos escales. Autrefois, ils venaient jusque dans le Cayor, à Rufisque, avec leurs caravanes de chameaux.

C'est encore de cette région qu'ils tirent aujourd'hui le riz, le miel, le maïs et les arachides nécessaires à leur consommation.

Leurs forces se composent d'environ 300 cavaliers et 1.200 fantassins.

Il est regrettable de voir que, maintenant encore, le Gouvernement du Sénégal, paye une coutume, c'est-à-dire une redevance, de 800 francs, payable en toile de Guinée il est vrai, aux trarza pour les engager à ne commercer qu'avec nos escales. Quand nous parlerons des mœurs, des coutumes, du commerce, de l'industrie, etc., des maures en général, nous verrons l'inanité d'aussi inconcevables mesures.

Tribu des Brackna. — Les brackna tirent leur origine des trarza dont ils sont d'ailleurs les voisins ; ils s'étendent plus à l'est sur les bords du Sénégal, vis-à-vis du Dimar, du Toro et du Fouta.

Vers le XVIIIe siècle, deux tribus de trarza, les **Oulad Abdallah** et les **Oulad Mohamet**, se réunirent sous la conduite de deux frères, **Abdallah** et **Mohamet**, descendants de **Makfar**, pour former la tribu des brakna ou des maudits (**Karaha**). Le frère aîné, Abdallah, garda la prépondérance et c'est encore dans sa famille, les **Oulad Abdallah** ou **Oulad Saïd** que les chefs sont choisis ; le représentant actuel porte le nom d'**Ahmadou ould Sidi Ely**.

Les brakna sont très commerçants et industrieux. A la saison sèche, ils viennent faire paître leurs troupeaux sur le bord du Sénégal, apportent de la gomme, du henné, des cuirs tannés et bariolés de différentes couleurs en échange de guinée, de sucre, de tabac, de verroterie, de poudre, de mil, de maïs, de riz, etc. ; — à la saison des pluies, funeste à leur santé et à celle de leurs troupeaux, ils s'en vont dans les régions du nord. Ils ne disposent pas de forces considérables et ne peuvent mettre en ligne qu'approximativement 150 cavaliers et 1.200 fantassins.

Tribu des Zénaga ou Idao-aïch. — On désigne les individus de cette tribu, tout à fait à tort, sous les noms de **Dowichs, Douaïchs** et **Diounaguès**. Ils sont originaires des **Lemtouna iessanhadja** et quittèrent le **Maghreb el Aksa** (Maroc), vers la fin du v⁰ siècle sous la conduite de **Makfar**, sous le nom de **zénaga**, pour répandre l'islamisme parmi les populations infidèles. Après la mort de ce dernier, après la formation des trarza, ils durent prendre le nom d'**Idao-aïch** et s'éloigner plus dans l'est où ils se trouvent encore répandus entre Bakel et le Tagant, au nord du Guidimahra, lu Diafounou, etc. Ils sont fort nombreux et puissants. Ils appartiennent au rite maleki et sont affiliés aux sectes des Adria et des Tidjania.

Les Idao-aïch sont surtout installés sur les hauts plateaux du Tagant, avec leurs nombreux troupeaux. Ils perçoivent l'impôt **gherfa** sur les caravanes mais vivent surtout de vols, de pillages et de rapines de toutes sortes. Ils sont divisés en deux grands groupes distincts commandés par des chefs importants :

1° Les **Abakak** sous les ordres de **Bakar ould Souid Ahmet** et composés de plusieurs fractions :

 1° **Oulad Talha** ;
 2° **El Aouissiat** ;
 3° **Aal Souit** ;

2° Les **Chratit** commandés par **El Mokhtar ould Ahmet** comprenant deux fractions :

 1° **Toughda**, sous les ordres d'**Ould Barik** ;
 2° **Oulad ali N'Tounfa**, sous les ordres d'**Ould Hanoun ould Ali**.

Les dissensions des Idao-aïch datent de fort loin et c'est vers le x⁰ siècle qu'ils se séparèrent, à la mort de leur chef **Mohamet ould Mohamet Cheim**. Son fils, **Soueïdi Ahmet**, qui de par la loi naturelle, devait lui succéder, fut battu par ses frères **Mokhtar**, **Ely**, **Boussef** et **Sidi Lamine**. Il dut se réfugier dans les environs avec ses partisans et vivre de gomme noire, connue dans la langue sous le nom d'abakak, de là, le nom qu'ils portèrent plus tard et qui leur fut donné par leurs frères ennemis. Ceux-ci reçurent en échange, par haine et par vengeance, le nom de **Chratit** qui signifie « hyène ». A la suite de ces guerres civiles, les Abakak vécurent assez longtemps en paix intérieure, tandis que des luttes intestines continuelles éclatèrent chez les chratit. A la suite de la séparation en deux fractions, **Mokhtar,** fils de **Mohamet ould Mohamet Cheim,** avait été nommé roi des chratit et n'avait laissé à sa mort qu'un fils en bas âge, **Ahmet,** de sorte que ce fut un de ses neveux, fils d'Elÿ, du nom de **Boussould** qui prit le pouvoir. Devenu plus âgé, Ahmet réclama vainement ses droits et dût lutter contre Boussould qu'il finit par battre ; il régna jusqu'en 1870.

Actuellement encore les discordes sont fréquentes entre abakak et chratit. Ces deux grands groupes pillards sont nos ennemis acharnés mais ils ne peuvent pas disposer de forces suffisantes pour nuire à nos intérêts. Ils commercent peu dans nos escales et n'y viennent que pour s'y procurer des armes, de la poudre et aussi du mil.

Tribu des Tadjakant. — Les tadjakant sont originaires du Maroc, et, à une époque difficile à déterminer, sous la conduite de **Djakani Labar,** ils vinrent occuper les provinces de l'Iguidi puis enfin celles du Tendouf. Fort nombreux aujourd'hui et répandus dans le Tadjakant, ils sont peu guerriers et sont surtout éleveurs de chevaux et de chameaux qu'ils vendent aux autres tribus. Ils possèdent également de nombreux troupeaux de bœufs et de moutons. Contrairement à la plupart des autres maures, ils cultivent le sol et récoltent suffisamment pour leur alimentation. Ils jouent le rôle de convoyeurs et transportent généralement le sel des mines sahariennes aux peuplades éloignées. Ils suivent le rite maleki et sont affiliés aux Darkaoua, aux Hadria et aussi aux Tidjania. Malgré leur caractère assez paisible, ils disposent de quatre à cinq mille guerriers, probablement pour éviter les invasions des Reguibat et des Tekna dont ils sont les irréconciliables ennemis.

A sa mort, le chef Djakani Labar laissa six enfants qui formèrent les six grandes fractions portant leurs noms :

1° Les **Erremadine** ayant pour ancêtre **Ramdan** ;
2° Les **El Ouldjerat** ayant pour ancêtre **Brahim** ;
3° Les **Oulad Moussam** ayant pour ancêtre **Moussa** ;

4° Les **Draoua** ayant pour ancêtre **Zelmat** ;

5° Les **Oulad sidi Ali** ayant pour ancêtre **Aguilad** ;

6° Les **Aal Cherg** ayant pour ancêtre **Hamor ben Hamon.**

La fraction des Erremadine se trouve placée actuellement sous le commandement d'**Abdallah ould El Abd** et formée de six groupes :

1° Les **Messaïd** ayant pour chef **Abdallah ould El Abd** ;

2° Les **Remadine** avant pour chef **Bou am oul el Hébile** ;

3° Les **Oulad Sid** ayant pour chef **El Hadj Mohammed ould Abbas** ;

4° Les **El Atamna** ayant pour chef **Ould Tabbould Nadjem** ;

5° Les **Oulad Saïd** ayant pour chef **Mohammed Abidine** ;

6° Les **Oulad Ahmid** ayant pour chef **Barik Allah ould Mohammed Tahar.**

La fraction des **El Oucjerat** est une des moins importantes et ne comprend que deux groupes ; elle a pour chef **Mohammed Kaïna** :

1° Les **Toudjguene** ayant pour chef **Mohammed Kaïna** ;

2° Les **Oulad Bennedjara** ayant pour chef **Ahmed Seghaïr.**

La fraction des **Oulad Moussam** a pour chef **Ahmed Dégna** et se subdivise en trois sous-fractions :

1° Les **Oulad el Moktar** ayant pour chef **Ahmed Dégna** ;

2° Les **Oulad Cheikh** ayant pour chef **Bamda ould Abbas** ;

3° Les **Aal el Cadi** ayant pour chef **El Ouali ould Bou Aïa.**

La fraction des **Draoua** a pour chef **Baba Ahmed ould Hortani** et forme deux groupes :

1° Les **Zouarik** ayant pour chef **Baba Ahmed** ;

2° Les **Aal Sidi Mahmed** ayant pour chef **Mohammed el Bachirouli Bela.**

La fraction des **Oulad Sidi Ali** commandée par **Brahim El Khalil** se trouve subdivisée en cinq sous-fractions :

1° Les **Oulad Sidi Mahmed** ayant pour chef **Brahim El Khalil** ;

2° Les **Hadjad** ayant pour chef **ElKounti** ;

3° Les **Oulad Taleb** ayant pour chef **Bela ould Mounour** ;

4° Les **Oula Hamaïda** ayant pour chef **Brahim ould El Mekki** ;

5° Les **Mehddub** ayant pour chef **Abdhallah ould Ahmed.**

Enfin la fraction des **Aal Cherg** sous les ordres de **Bou Zid ould Nadji** comprend deux groupes :

1° Les **Aal Amor ben Hamon**, chef : **Ba Sidi** ;

2° Les **Aal el Bel Mostepha**, chef : **Mohammed el Ba-chir ould Mohammed.**

Le sultan du Maroc est le chef suprème des **Tadjakant** et c'est lui qui désigne le caïd qui doit les gouverner : actuellement c'est le caïd **Ahmed Douga** qui est en fonctions.

Quelques fractions de Tadjakant se sont séparées de la tribu pour former à Guébélia, les Tadjakant de l'ouest, dans le Hodd. Ces fractions sont :

1° Les **Ould Brahim**, chef : **Mohammed Lamine ould Ahmet Zine** ;

2° Les **El Goualil**, chef : **Ould Zemala** ;

3° Les **Zelamta**, chef : **Ould Bouna.**

4° Les **Erremadine**, chef : **Keladi** ;

5° Les **Tlakat**, chef : ?

6° Les **Oulade Moussane**, chef : ?

7° Les **Idichef**, chef : **Ould Sidi Brahim.**

Maures Kounta. — Les Kounta, fort nombreux, ont joué un très grand rôle dans l'histoire du Sahara et aussi dans celle de Tombouctou. Ils avaient, à une époque peu éloignée encore, une grande influence religieuse et leurs forces guerrières en imposaient à toutes les tribus environnantes.

Ils occupent une étendue de terrain considérable, depuis l'Océan Atlantique jusqu'à Tombouctou, peuplent le Sahara marocain, une partie du grand massif de l'Adghaga, le Touat, le Hodd et enfin les rives du Niger. Ils sont peu nomades, exploitent les différentes mines de sel sahariennes, sont pasteurs et marabouts. Ils prétendent être d'origine arabe et descendre en ligne directe du prophète Mahomet. Quoi qu'il en soit, un de leurs ancêtres, **Sidi Okba El Mestadjeb ben Nafaa**, conquit le Maroc et fut le fondateur de la ville de Kairouan, en Tunisie. Son tombeau qu'on trouve près de Biskra, dans la province de Constantine, est encore aujourd'hui l'objet d'une très grande vénération. Il était originaire de la tribu des **Béni Ononia** ou **Onumades**.

Les Kounta (**Kounata**) émigrèrent d'abord dans l'Adrar occidental sous la conduite d'**Atmane ben Gas ben Ourouda Ourouma ben Aakel ben Okba** et s'établirent à **Ouaddan** et **Chinguiti** ; ce ne fut que plus tard et progressivement qu'ils se dispersèrent vers l'est jusqu'à Tombouctou et ses environs. Il résulte de cette émigration qu'on peut partager actuellement les Kounta en Kounta de l'ouest et en Kounta de l'est. Les premiers portent le nom de **Kounta El Meteghambérine** et s'étendent jusqu'au Tagant. Ils viennent rarement dans notre colonie ; on en rencontre toutefois quelques uns dans des groupes d'Idao-aïch dont ils sont les amis. Il y a quelques années du reste ils rendirent un signalé service à ces derniers qui, tous réunis, Abakak et Chratit, allaient se trouver écrasés par les Sidi Mahmoud et les Meshdouf alliés. Ils ont établi quelques grands centres tels que **Rachid** et **Ksar El Bakar**.

Quand le sultan du Maroc fit occuper Tombouctou par son pacha **Djoudar**, c'est-à-dire vers l'an 999 de l'hégire, une forte fraction de Kounta El Meteghambérine occupa l'Azouad et l'Affila sous la conduite du renommé **Abi Bakeur ben Haïballah ben El Ouafi ben cheikh Sidi Amor ben Ahmed El Bekaï ben Sidi Mohammed El Kounti ben Ahmed El Bekaï ben Sidi Ali ben Atmane ben Jas**. Ils étaient alors pasteurs mais s'occupaient surtout d'enseigner la religion aux peuplades voisines, principalement aux Bérabiches.

La ville de Mabrouk dont nous aurons l'occasion de parler plus loin, fut fondée en 1233 de l'hégire par les **Kounta Oulad El Ouafi**.

En 1142, toujours de l'ère hégirienne, naquit **Sidi El Mokhtar ben Ahmed ben Ali Bakeur** qui mourut à l'âge de 84 ans le 5 Djounad el Aloual. C'est l'auteur des « traïfs » ou « Récits curieux » ; son tombeau, très vénéré, se trouve à **Bau El Anouar** dans l'Azouad. Cet homme, sous l'inspiration de sa mère **M'birika ben Sidi Badi**, femme vénérée à cause de ses vertus religieuses, acquit une réputation de sainteté considérable dans le désert et principalement à Oualata et Boghena. On venait de très loin pour le consulter et suivre son enseignement. Dans les différends si nombreux qui surgissent à tout instant entre les tribus ou même chez elles, il était choisi comme arbitre et son avis était toujours accepté comme plein de sagesse et de justice. C'est grâce à cette influence sans bornes qu'il prit un empire énorme sur les Touareg précédemment guidés et dirigés par les Kel Antassar. Ses descendants purent garder longtemps cette puissance et c'est ainsi que les Arma ou conquérants de Tombouctou, dans l'impossibilité d'arriver à toute entente avec les Touareg. les choisirent pour juger en dernier appel tous les différends qui pouvaient les désunir.

Cette puissance finit par s'éteindre un jour dans une guerre malheureuse que les Kounta entreprirent pour chasser le Peuths du Maçina. Bien que guerriers résolus, quittant au besoin le Coran pour la lance et l'épée, ils furent battus et perdirent totalement leur prestige. Les Touareg les laissèrent de côté et se reportèrent vers les Kel Antassar qui, heureux d'avoir repris leur ancienne influence, harcelèrent tellement leurs ennemis déchus qu'ils durent quitter les environs de Tombouctou et s'éloigner plus dans l'est ; — notre occupation actuelle a mis un peu de calme dans ces luttes continuelles et acharnées. Les noirs musulmans et quelques tribus voisines ont cependant encore une grande vénération pour la mémoire de Sidi El Mokhtar et son tombeau est visité fort souvent, en grande pompe, aux fêtes religieuses de l'année.

Les Kounta appartiennent au rite Maleki et sont affiliés aux Hadria et aux Darkaoua ; ils ont quelques Mokhadem pour donner

l'**Ouard** (ordre). Dans le Touat, ils sont affiliés aux Sidi Mohammed Essenoussi. Alliés aux Hoggar, vivant au milieu des Touareg
du nord, leur influence religieuse est encore restée très forte dans
ces régions où ils prêchent partout la guerre sainte contre nous.
En ce moment, deux marabouts fort intelligents cherchent sans
relâche à soulever les esprits, à les convaincre de notre impuissan-
ce et à les lancer contre nous. Le premier **Abidine ould Mohammed El Kounti**, a fait un voyage à la Mecque ; il était
d'abord affilié à la secte des Brada, mais depuis son pélerinage il
est devenu senoussi. Auteur de désordres, il fut chassé du Cap Juby
par la tribu des Tekna. En 1896, il réussit à soulever deux fractions
chez les Hoggar, les Ideman et les Kel Tamira, fortes chacune de
quatre à cinq cents combattants, Le 16 mars, l'une de ces fractions
vint se heurter à nos armes, à Akenken, à environ 30 kilomètres
de Tombouctou, et subit un sanglant échec.

Sidi Mohammed ould Sidi Haïballah, de son côté, en
prêchant chez les Touareg a pu soulever un groupe qui vint
s'opposer à l'entrée du lieutenant de vaisseau Boiteux dans Tombouctou. C'est lui aussi qui rassembla, chez les Tenguériguifs, les
prises faites à la colonne Bonnier, à Tacoubao, pour les envoyer
dans l'Adghagh. Son fils fut tué le 16 mars 1896 au combat d'Akenken. Il prend part d'une façon très active, aux différents coups de
mains conduits par les Kel Antassar sur les tribus des environs de
Tombouctou et ayant fait leur soumission. Il essaye, vainement
jusqu'à ce jour, d'entraîner les Bérabiches dans une vaste conspi-
ration dirigée contre nous. A l'aide de quelques membres de sa
famille alliés aux Aoullimiden il écrasa, en 1895, une pauvre tribu
de marabouts, les Aal Sidi Ali.

En dehors de ces deux fanatiques, nous pouvons citer encore
Mohammed ould Sidi Amer qui prêcha dans l'Adghagh jusqu'en 1896, date de sa mort.

Les descendants du renommé Sidi el Mokhtar ont été fort nombreux, et un seul de ses fils, Mohammed, laissa plus de dix enfants,
entr'autres :

1° **Sidi Lamine** d'où descendit **El Bakaï Souka**, mort dans
la lutte soutenue contre le Macina, après avoir donné naissance à
Abidin N'tiéni, qui s'éteint lui-même à Nampala, en 1884 ;

2° **Sidi Mokhtar N'tiéni** qui eut un fils **Hamadi**. De ce dernier naquirent **Alouata**, chef actuel des Kounta de l'Aribinda et **Abidin**, chef de la même tribu, destitué de ses hautes fonctions à cause de ses exactions continuelles ;

3° **Mohammed Seghir** qui laissa deux enfants mâles, **Mohammed** et **Ahmed** occupant la région nord-est ;

4° **Sidi Alouata** qui eût également deux fils **Haïballah**, mort depuis quelques années, et **Hamadi** habitant aujourd'hui Tombouctou ;

5° **Sidi Mohammed** qui eut pour fils **Abidin**, un de nos ennemis qui prêcha longtemps chez les Hoggar, puis **Sidi Amor** et **Cheikh** ;

6° **Sidi Ahmed el Bekaï** qui fut le guide et le protecteur de l'explorateur Barthes et qui laissa deux fils **Sidi Mokhtar**, mort en 1878, à Attara et **Abidin** tué en 1889 dans la lutte contre les Peulhs ;

7° **Sidi Amor**, dont le fils **Sidi Mohammed** fut le chef des Kounta de l'est, mort aujourd'hui et remplacé, depuis 1896, par son frère **El Baï** ;

8° **El Baï** ;

9° **Baba** ;

10° **Abidin**.

Les Kounta forment, en résumé, une grande puissance dans le Sahara mais à cause même de leur étendue, souvent aussi à cause du peu d'influence de certains chefs, il leur est impossible de se grouper pour fournir une unité qui deviendrait à coup sûr très redoutable dans des régions aussi difficiles. Ils forment de nombreux groupes composés de fractions importantes et s'étendant depuis l'Atlantique jusqu'à Tombouctou. Les plus connus sont :

1er Groupe. — **Oulad bou Naama**. Commandés par **Sidi El Aed**, ils occupent tout l'Accabli, réunis principalement dans le Ksar de Bahomet ou Bou Naama, ainsi que dans la casbah de Sidi el Abed. Ces régions sont riches en dattiers et pourvues de fertiles oasis. Ces gens-là travaillent peu et s'occupent surtout de questions religieuses. De temps à autres cependant ils servent de guides aux caravanes qui s'enfoncent dans le sud.

2ᵐᵉ Groupe : **Kounta El Meteghambérine.** — Cette tribu dont nous avons dit quelques mots plus haut s'étend dans tout l'Adrar et même le Tagant. Composée de guerriers, alliée aux Reguibat et aux Oulad Yahia ben Atmane, ainsi qu'aux Abakak, elle est souvent en guerre avec les Meshdouf et les Oulad Sidi Mahmoud.

3ᵐᵉ groupe. — **Regagueda.** — Les Regagueda occupent le grand village de **Ksar El Mamoun** et une grande partie du territoire des Hessiane, sous les ordres de **Mohammed Ould Abdel Kader**. Ils voyagent souvent de concert avec les Bérabiches et n'éprouvent aucune sympathie pour les Kounta de l'est. Ils comprennent plusieurs fractions :

1° **Regaguedet el Bagar** ;
2° **Oulad sidi Cheikh** ;
3° **Regaguedet El Bel** ;
4° **Oulad El Ferni** menés par **Mohammed ould Sidi Mohammed Ould Sidi Aba**

4ᵉ Groupe. — **Oulad El Ouali.** — Placés sous les ordres d'**Haïballah El Mimi**, ils s'étendent dans tout l'Affila et dans les environs d'El Mabrouk. Ils sont d'un caractère assez paisible, pasteurs et plongés dans les hautes questions religieuses.

5ᵐᵉ Groupe : **Aaal El Heula** ou **Kounta de l'Aribinda.** Ils sont établis sur la rive droite du Niger, aux environs de Tombouctou, dans l'Aribinda et ont comme principaux centres **Hariboughi** et **Aghelal**. Ils ont perdu et leur influence guerrière et leur influence religieuse ; ils vivent au milieu de plusieurs familles des Irreganaten et d'autres d'origine arabe. Ils sont divisés en plusieurs fractions placées sous la haute direction d'**Alouata ould Hamadi** :

1° **El Heula** ayant pour chef **Alouata ould Hamadi** ;
2° **Regagueda** ayant pour chef **Khater ould Hamma** ;
3° **El Fargane** ayant pour chef **Khater El Seghar** ;
4° **Aal Mama** ayant pour chef **Mohammed ould Mimi** ;
5° **Aal Cheikh ould Hamadi** ayant pour chef **Cheikh ould Hamadi** ;

6° **Aal Khater** ayant pour chef **Douich ould Moham-med.**

Parmi les arabes vivant au milieu de ce groupe on peut citer les fractions suivantes :

1° **Ould Melouk** ayant pour chef **Mohamed El Khatary**;
2° **Aal Brahim ould Saïta** ayant pour chef **Ould El Houry** ;
3° **Tagat** ;
4° **Skakna.**

En dehors de l'organisation purement administrative que nous venons d'indiquer, il existe une administration judiciaire conduite par des cadis, à l'instar des arabes vrais. Chez les Kounta de l'Est elle est représentée en la personne du cadi **El Baï Ould Sidi Amor.** Dans l'Aribinda, **Sidi Mohammed Ould Sidi Aroua-ta** remplit les mêmes fonctions, de même que **Sidi Mohammed ould Sidi Aba** chez les Regagueda.

Tribu des **Oulad Sidi Mahmoud.** — Les Sidi Mahmoud se considèrent comme **charfa** ou nobles originaires de la Saguia El Hamra, au Maroc. Sous les ordres de **Bou Bakeur ben Ameur ben Mahmoud** une partie de cette tribu s'installa, il y a plusieurs siècles, à l'est de l'Adrar. Elle fut chassée plus tard et dut émigrer dans le Hodd, un peu au sud du Tagant.

Vers le xviii° siècle ils engagèrent une lutte violente avec les Kounta dont ils se trouvaient alors tributaires et réussirent à se débarrasser de ce joug qu'ils supportaient depuis longtemps. Ils sont toujours ennemis irréconciliables des Kounta ainsi que des Idao-aïch des deux partis, **Ahel El Ibel** ou **Ahel Sahalia** (habitants de l'Ouest) ou bien encore éleveurs de bœufs ou de moutons, c'est-à-dire **Ahel El Regueur** ou **Ahel Charg** (habitants de l'est) Ces derniers sont souvent en rapport direct avec les Indigènes de la Colonie, aux environs de Bakel, dans le Guidimahra, jusqu'à Nioro enfin. Ils habitent les plaines de l'Aftout, au nord des Brackna et, en saison sèche, viennent à la recherche de pâturages sur notre territoire. Ils font un grand commerce de gommes, de sel, de cuirs qu'ils échangent dans nos escales. Moins pillards que les Oulad

Naceur ou les Idao-aïch, ils ne sont pas moins menteurs ni moins dissimulés. Ils sont fanatiques au dernier degré et professent la religion à leurs fils, à leurs filles, à tous les enfants qu'on veut bien leur confier. Ils sont peu guerriers, mais ils n'ont pas moins de huit cents combattants à mettre en ligne, surtout pour la défense de leurs troupeaux.

Bou Bakeur ben Ameur ben Mahmoud a laissé trois fils, **Yacoub, Atmane** et **Ali** qui formèrent les trois grands groupes principaux de la tribu des Oulad Sidi Mahmoud. A une époque de leur évolution, ils acceptèrent dans leur société une fraction de Zénaga ou Idao-aïch qui prit le nom de **Souakeur**. Il y a quelques années à peine, le fils de **Sidi El Mokhtar Ould Mahmoud Ould Abdallah**, le jeune **Soueïdi Mohammed**, se fit agréer chez les religieux par cette fraction puis, avec éclat, se rendit tout à fait indépendant. Depuis, les Souakeur vivent avec les Idao-aïch Chrati, dans le sud-ouest du Tagant. Ils sont pillards et nous avons dû les traiter constamment en ennemis, à cause des fréquentes incursions qu'il font sur notre territoire.

Les Oulad Sidi Mahmoud appartiennent au rite Maleki et sont affiliés aux sectes des Hadria et des Tidjania. Le mokhadem des Hadria est donné par **Sidi Mohammed Ould Amor** et celui des Tidjania, par **Salem ould Hamma Khata**.

L'organisation judiciaire n'est représentée que par un cadi du nom de **Si Ahmed Ould Ba Ahmed Ould Admar**.

Les Oulad Sidi Mahmoud ont pour chef général **Sidi El Mokhtar Ould Mahmoud Ould Abdallah**. Ils résident à Aftout, Kifa, Messila, Taghetaphet, Hassi, Kenkaïsse, Ould Debab, Djafena, Zouimilia, Hassi Ali Baki et les Ksours du nord du Hodd ; quelques autres sont installés au sud-Ouest, à Regueiba :

On compte quatorze fractions importantes :

1e **El Heula** ayant pour chef **Sidi El Mokhtar Oul Mahmoud** ;

2° **El Aïmar** ayant pour chef **Mohammed Ould Aïmar** ;

3° **El Balek** }
4° **Adjilat** } ayant pour chef **Sidi Ahmed Barick** ;

5° **Essaïam** ayant pour chef **Mohammed El Lamine Ould Aleb Youcef** ;

6° **Mbouga** ayant pour chef **Mokhtar ould Brahim** ;

7° **Oulad Atmane ben Ali** ayant pour chef **Ould Atmane ben Ali** ;

8° **Ahmed Aati** ayant pour chef **Sidi Ould Mokhtar** ;

9° **El Mehadjéri** ayant pour chef **Marmar Ould Mohammed khaï** ;

10° **Medjachta** ayant pour chef **Abdallah ould Kihal.**

11° **Ibouilen** ayant pour chef **Cheikh ould Aleïat** ;

12° **Ikfami** ayant pour chef **Chaib Ould Djeddou** ;

13 **Abdel Kader** ayant pour chef **Mohammed Ould Abdelkader** ;

14° **Oulad Mohammed Radi** ayant pour chef **Renahi ould Sidi Mahmoud ould Sidi Mohammed Radi.**

— **Tribu des Oulad Naceur.** — Les oulad naceur représentent une population assez dense d'une dizaine de mille d'individus. On estime leurs forces guerrières à mille cavaliers et à quinze cents fantassins si toutefois elles étaient susceptibles de pouvoir se mobiliser sous un commandement unique.

Leur origine est douteuse et bien qu'ils affirment descendre de la grande Tribu des **Beni Hachem ben Abdallah ben Kossaï ben Kilab ben Maratu**, leurs caractères anthropologiques les classent parmi les individus d'origine berbère pure. Leurs marabouts prétendent qu'ils viennent de la famille des arabes **El Corredji** où Mahomet prit naissance. De toutes les peuplades limitrophes de notre Colonie, celle des Oulad Naceur peut être, à juste titre, considérée comme la plus batailleuse et la plus turbulente. Elle est continuellement en lutte avec toutes les autres et se livre particulièrement aux vols et aux pillages. Par sa situation aux environs de Tichit et de Oualata, elle tient la plupart des routes suivies par les caravanes.

Les Oulad Naceur, réunis en petit groupes de cinquante à soixante individus, partent en campagne et dévalisent tout ce qui tombe sous leurs mains. Leur chef **Bakar Ould Ahmed El Habib**, malgré sa grande influence et son aversion profonde

pour l'européen, ne commande que difficilement ; il est aidé par un
cad ietunc Djemmaa. Une fraction de la tribu, les **Oulad Abder-
ken**, moins turbulente, est partie chez les Oulad Sidi Mahmoud,
emmenant avec elle les **Tachencha** ou **Aal El A Kik** et les
Ouled Amor Taleb, sortes de Marabouts qui ne se livrent qu'à
l'enseignement de la religion musulmane et au commerce. Ce sont
elles d'ailleurs qui entreprennent les diverses transactions commerciales que leurs congénères ne peuvent faire à cause de la
crainte qu'elles imposent par leurs coups d'audace à main armée.
Ce sont elles aussi qui organisent des pélerinages ou **zerdas** aux
tombeaux de saints vénérés tel que ceux de :

Sidi El Hassein Ould Sidi Mahmoud, à Tougba :
Sidi El Zamber, à Makanet ;
Sidi Diaghdane à Bunbira près d'Aloula ;
Sidi Abderrahman.

Il existe douze fractions d'Oulad Naceur réparties ainsi qu'il
suit :

1° **Aal Sidi Bou Bakeur**.

2° **Ghuaba** ;

3° **El Aïssate** ;

4° **Oulad Chebaïchib** ;

5 **Oulad Saïd** ayant pour chef **Mohammed Ould Mohammed** ;

6° **Djoghdane** ayant pour chef **El Mami Ould Djoghdane** ;

7° **Aal Abdel Ouali** ayant pour chef **Rachid Ould Salah
ould Abdel Ouab** ;

8° **Auxtra** ayant pour chef **Sidi Lamine** ;

9° **Oulad Mohammed Seghir** ayant pour chef **Baba Ould
Ali Mahmoud** ;

10° **Imaatou** ayant pour chef **Bouma ould Laskaré**;

11° **Kémaméra** ayant pour chef **Mohammed Ould Mohammed** ;

12° **Oulad Amor** ayant pour chef **Sid Ahmed Ould Amor
Taleb** ;

— **Tribu des Meshdouf.** — Les Meshdouf, eux aussi, dans leur fanatique orgueil, veulent être des descendants du grand prophète Mahomet. Malgré leur assertion, il n'en est rien, car ceux d'entre eux, et ils sont rares, qui ne sont pas alliés à l'élément nigritien, offrent tous les caractères berbères. Au contraire de leur version, il ne semble pas douteux qu'ils tirent leur origine d'une variété berbère serve, plus communément connu sous le nom de **kedman**. Il y a peu d'années encore ils étaient tributaires des Oulad Naceur, et ils ne possèdent pas de marabouts. Ils vivent à nos frontières nord, répandus aux environs de Goumbou, Bodjiguiré, Kassakaré jusqu'à Oualata.

Ils auraient, d'après eux, été refoulés vers le sud, au cinquième siècle de l'hégire en même temps que les Touareg, par l'émir **Abou Bakeur ben Amor ben Aïn ben Tourkit**, du groupe des **Lemtouna** et fondateur de la ville de Maroc. Quelques auteurs leur ont assigné comme origine le Messoula et comme tribu-mère les Samhadja dont l'ancêtre vénéré fut **Lemto**.

Les Meshdouf sont plus pasteurs que commerçants. Ils sont pillards mais ne se réunissent plus en bandes armées pour commettre leurs méfaits. Ils sortent furtivement, munis de fusils, sous prétexte de chasser de grands gibiers et s'attaquent aux voyageurs isolés ou aux troupes de Dioulas mal gardées. Ils sont ennemis des Oulad Naceur et des Bérabiches et peuvent mettre sur pied environ quinze cents guerriers. Ils possèdent de bons chevaux et de bons chameaux ainsi que de nombreux troupeaux de bœufs et de moutons. Ils appartiennent au rite maleki et sont affiliés aux sectes des Hadria et Tidjania, ces derniers étant beaucoup plus nombreux. En outre de leur chef, **Mokhtar Ech Cheikh**, ils ont un cadi et une Djemmaa. Les principales fractions sont :

1° **Oulad Meham** ayant pour chef **Mokhtar Ech Cheikh** ;
2° **Djenabdja**) ayant pour chef **Sidi Ould Ahmed Bra-**
3° **El Abelat** (him ;

4° **El Hamenat** ayant pour chef **Mohammed Ould Brahim** ;

5° **El Oulaïdat** ayant pour chef **Sidi Ould Sidi Ahmed Brahim** ;

6° **El Tedjar** ayant pour chef **Ali Ould Chaïn** ;

7° **Oulad Melouk** ;

8° **Oulad Salah**.

— **Tribu des Oulad Mahmoud**. — Les Oulad Mahmoud, qu'il ne faut pas du tout confondre avec les Oulad Sidi Mahmoud, sont aussi connus sous le nom de **Ladoum** (individus sans race, sans origine) qui leur fut donné par les Oulad M'barek dont ils furent longtemps les tributaires. Ils sont surtout pasteurs et occupent les régions nord comprises entre le Bassikounou et le Ouagadou. Ils ont pour chef **Ely Ould Ziden ould Zeine** dont ils supportent assez difficilement le joug et plusieurs familles l'ont déjà abandonné pour devenir sédentaires dans nos régions.

Peu guerriers, les Oulad Mahmoud peuvent néanmoins lever une petite armée de onze à douze cents hommes.

— **Tribu des Chioukh**. — Les chioukh sont d'origine berbère pure et ne forment qu'un tout petit groupe d'une dizaine de tentes commandé par **Zanoun ben Monak**. Ils ont sous leur domination, des Ibergaz, Izenbelouten et des Foulane Konia, sortes de familles mélangées de Peulhs et de Berbères qui se livrent surtout à la culture et à l'élevage de quelques troupeaux.

Les Chioukh sont aussi appelés **Koulkoussoubés** : ils ne s'occupent que de questions religieuses et, depuis un temps immémorial, ils vivent au milieu des Irreganaten qui non-seulement les protègent mais encore leur paient une sorte de dîme, comme le font d'ailleurs tous les musulmans pour leurs prêtres. Ils sont en outre alliés à ces mêmes Irreganaten par les femmes. Venus depuis longtemps dans l'Haribourghi, ils sont considérés comme propriétaires des terrains de cette région que les Kounta leur louent moyennant l'impôt **zekkat** (établi sur les cultures).

Tribu des Tenouadjou. — Les Tenouadjou sont originaires du Maroc, des régions du Souss et, sous la conduite de **Sidi Yahia El Talebi**, ils vinrent s'installer à Tombouctou où se trouve encore debout la mosquée dite de « **Sidi Yahia** » renfermant le tombeau de l'ancêtre. Peu guerriers, paisibles, ils furent tracassés par les Touareg et durent émigrer vers Tichit et Oualata où ils campent actuellement à côté des Oulad Sidi Mahmoud et des Meshdouf.

Ils sont divisés en deux grands groupes distincts, vivant séparément dans le Hodd, le premier au nord, le second au sud.

Les Tenouadjou appartiennent au rite maleki et sont affiliés aux Hadria et aux Tidjania ; les premiers ont **Ahmed Babana ould Cheikh** pour mokhadem et les seconds **Mohammed Lamine Ould Mohammed Leghier.**

La justice est rendu par deux cadis, le **Taleb Ahmed Djeddou** et **Bane Ould Baba Ahmed** originaire de la fraction des **El Djadj Bourka.**

Très pieux, les Tenouadjou font tous les ans de grandes zerdas et visitent, en apportant des offrandes, les tombeaux de nombreux saints dont les plus connus sont :

Sidi Yahia, à Tombouctou :
Sidi El Hadj, à Bou Lakhlal près de Termessa ;
El Cheikh ould Atmane. à Tadert.

Il peuvent lever une petite armée d'un millier d'hommes. Le premier groupe sous les ordres d'**Ismaïl Ould Cheikh Chérif,** comprend les fractions suivantes :

1° **El Djadj Bourka** ayant pour chef **Ismaïl Ould Cheikh Chérif** ;

2° **Aal El Habib** ayant pour chef **Mohammed Moadi** ;

3° **Aal Yentête** ayant pour chef **Brahim ould Sidi Leban** ;

4° **Ibrahim Ould Cheik** ayant pour chef **Babana Ould Mohammed** ;

5° **Oulad Mayentés** ayant pour chef **Taleb Ahmed Ould Sidi** ;

6° **Aal Baba** ayant pour chef **Mohammed Lamine ould Abdel Daim** ;

7° **Aal Sidi Ould Cheikh** ayant pour chef **Sidi Mohammed Cheikh** ;

8° **Oulad Bou Mahmed** ayant pour chef **Sid Oulia Sidi Mohammed Lamine.**

Le second groupe, commandé par **Touroud Ould Cheikh Mohammed Fodel**, se divise en trois fractions :

1° **Aal El Hadj** ;
2° **Tafelalet** ayant pour chef **Mohammed Ahmet ould Lamine** ;
3° **Aal Taleb Mokhtar** ayant pour chef **Touroud ould Cheikh Mohammed Fodel.**

Tribu des Oulad Yahia ben Atmane. — Les Oulad Yahia sont des berbères originaires du Maroc bien que prétendant descendre de **Beni Hachem ben Abdallah ben Kossaï ben Kilab ben Maratu**, à l'instar des Oulad Naceur dont ils seraient alors frères. Ils sont répandus dans l'Adrar occidental ainsi que dans la **Sebkha d'Idjil** qui approvisionne toutes les régions du sud en sel, en employant Tichit comme entrepôt.

Au milieu d'eux vivent quelques fractions religieuses et sédentaires telles que les Idao-ali et les Smassid. Ils appartiennent au rite malcki et sont affiliés aux sectes des Hadria, des Darkaoua et des Tidjania. Ils sont totalement indépendants, ils ne connaissent pas l'autorité du sultan du Maroc et peuvent mettre sur pied une armée de plus de trois mille hommes. Ils ne sont pas essentiellement guerriers quoique ennemis des Reguibat et des Tadjakant et font leurs migrations annuelles entre l'Iguidi et le Djaif, jusqu'à l'Adrar où ils ne pénètrent guère qu'au moment de la récolte des dattes.

Ils sont divisés en six groupes principaux commandés par **Ahmed Ould Sidi Ahmed ould Aïda :**

1° **Oulad ghilan** ;
2° **Oulad djeafria** ;
3° **Meshdouf** ;
4° **Tizegui** ;
5° **Midecheli** ;
6° **Behihat.**

— **Tribu des Oulad Bou Sebaa.** — Les Oulad Bou Sebaa
sont des berbères venus du Maroc qui se disent charfa descendus
de la Saguia El Hamra; on les désigne aussi sous les noms
d'Oulad Amor et d'Omran. Quoiqu'il en soit leurs ancêtres sont
encore au Maroc, placés sous l'autorité du sultan. Ce sont des
nomades intrépides à cause de l'élevage considérable auquel ils se
livrent et de l'étendue de leur commerce. Ils voyagent presque
toujours côte à côte des Oulad ben Atmane : ils siègent de préférence dans l'Adrar occidental, à Tiris Amestague. Ils appartiennent au rite maleki et sont affiliés aux sectes des Hadria et des
Tidjania ; ils n'ont pas plus de cinq cents combattants. Ils pratiquent leur commerce du nord du Hodd jusqu'à Saint-Louis. Ils
sont divisés en six fractions indépendantes n'obéissant pas à un
chef unique mais seulement chacune à un chef particulier. Ce
sont :

1º **Aal Sidi Abdallah** ayant pour chef **Baba Ould Hortani** ;

2º **Oulad Omran** ayant pour chef **Ould El Kalakhi** ;

3º **Oulad El Begar** ayant pour chef **Mohammed El Bre-
him** ;

4º **Demissat** ayant pour chef **Ould El Mokhtar** ;

5º **Aal Sid es Sied** ayant pour chef **Ali Ould Mohammed
Mokhtar** ;

6º **Oulad El Hadj.**

II

TRIBUS DE SOURCE ARABE

Dans cette section nous comprenons les tribus dont l'origine
arabe semble certaine. Beaucoup d'entre elles se sont alliées soit
aux Berbères, soit aux familles nigritiennes, soit aussi aux Touareg
et ont acquis de par ce fait des caractères particuliers qui en font
pour ainsi dire des races nouvelles, mais nous reviendrons sur ces
points en temps opportun.

Tribu des Oulad M'Barek. — Les Oulad M'Barek sont d'origine arabe. Ils s'installèrent d'abord dans la région d'El Mabrouk mais, constamment harcelés et dévalisés par des voisins inhospitaliers, ils durent venir rejoindre le Hodd. Là, ils n'ont pas trouvé une hospitalité meilleure, chez les Oulad Naceur et les Meshdouf, et leur nombre et leur importance n'ont fait que décroître. Aujourd'hui ils se sont relégués sur nos frontières, au nord du Kingui et du Boghena, aux environs de Foka, etc. Ils sont surtout pasteurs et s'approvisionnent en grains presque en totalité sur notre territoire. Ils sont partagés en huit fractions de bien faible importance commandées par **Ali Ould Amor el Mokhtar.** Ce sont :

1° **Aal Bou Saïf** ;
2° **Aal Oukarat** ;
3° Les **El Modiat** ;
4° Les **Oulad Almien** :
5° Les **El Khadara** ;
6° Les **Oulad Mamour** ;
7° Les **El Hamanda** ;
8° Les **Oulad Mazoug**.

Tribu des Oulad Allouch. — Les Oulad Allouch sont aussi d'origine arabe. Ils sont partagés en trois groupes distincts :

1° Les **Aal El Begar** ;
2° Les **Oulad Daoud Charguia** ;
3° Les **Aal El Bel**.

Le premier et le deuxième groupe ne forment pour ainsi dire qu'une seule confédération d'individus nomades, paisibles qui depuis quelques années déjà se sont soumis à notre influence. Réunis aux environs de Sokolo, ils occupent les villages de Néré, de Koundjela et de Madallah : ils se subdivisent ainsi qu'il suit :

Groupe A :

1° Les **Aal Tiki** ;
2° Les **Aal El Moadji** !
3° Les **Kat-Kata** ayant pour chef **Ould Bakar**.

Groupe B :

1° Les **Djeafra** ayant pour chef **Maoïa Ould Kounté** ;
2° Les **Oulad Saïd** ayant pour chef **Mohammed Lahmed** ;
3° Les **Chebahin** ayant pour chef **Salah ould Hamou-mou**.

Le troisième groupe, celui des **Aal El Bel**, n'est au contraire formé que de fractions pillardes. En réalité établis aux environs de Bassikounou, ils commettent des vols et des exactions de toutes sortes sur une vaste étendue de terrains, surtout dans la région des Biar (puits). Ils s'en vont jusque dans le Daouna, dans l'Azouad, à Sumpi et aux alentours de Tombouctou même. Ils sont en luttes continuelles avec les bérabiches, les Kel Antassar et les Oulad-Naceur

Une fraction de ce dernier groupe, celle des **Oulad Bou Rada** s'est rendue indépendante et campe entre Araouan et le lac Faguibine. Les autres fractions sont :

1° Les **Deboussat**
2° Les **El Bérabiche** ayant pour chef **Ould El Manden** ;
3° Les **El Kénakat**
4° Les **El Mekhatra** ayant pour chef **Ould Atoug** ;
5° Les **El Attamna** ayant pour chef **Salem ould Ahmed El Haïma**.

— **Tribu des Bérabiches**. — Les Bérabiches, également arabes d'origine, vivaient au Maroc, dans l'**Ouad Draa** à une époque reculée. D'autres auteurs affirment que leur tribu aurait été formée d'**Oulad Sliman**, arabes de la Tripolitaine chassés du Fezzan avec d'autres familles arabes venues d'Egypte et de Maures indépendants.

Sous la conduite d'**Ims ben Jaïs** une partie des Bérabiches quitta le Maroc, à la suite de discussions intestines, et vint s'installer dans l'Azouad. Peu de temps après cette émigration, une fraction nouvelle vint se joindre à eux, les **Ouled Ameur** commandés par le chef **Iaïch**. De là la formation d'une tribu très importante où la bonne intelligence régna d'abord dans toutes les familles puis dégénéra en discussions de toutes sortes. Pour augmenter la force réelle et morale de sa fraction Ims Jaïs fit demander du secours à ses frères du Maroc. mais Laïch en fit autant. Il fut répondu à leur appel réciproque et on vit arriver les **Ouled Abderrahman** d'une part et les **Oulad Ameur** d'autre part, sortant tous du Maroc. Une nouvelle tribu prit encore formation plus importante que la première, et conserva son nom originel, celui de Bérabiche (Barbouche au singulier). Au bout de peu de temps, non seulement elle acquit la possession complète et intégrale de l'Azouad mais encore elle fut la terreur de la plupart des tribus voisines dont plusieurs petites fractions. impuissantes à se défendre. vinrent se joindre à elle en prenant également le nom de Bérabiches. C'est ce qui explique la puissance acquise par la tribu entière à une époque peu éloignée encore. Cette puissance est d'ailleurs encore considérable car elle détruit la plus grande partie du commerce et elle peut mettre en ligne une armée supérieure à celle de tous ses voisins.

Les Bérabiches occupent tout l'Azouad et s'étendent depuis Tombouctou jusqu'à trois ou quatre journées de marche au nord d'Araouan, ainsi que dans la région des Hessiane. Maîtres de Bou Djebiha, d'Araouan et des principales routes des caravanes. ils sont aussi les maîtres indiscutables de tout le commerce de la « ville mystérieuse. »

Au point de vue religieux, les Bérabiches appartiennent au rite maleki et sont affiliés à la secte des Hadria. Ils sont riches en troupeaux de bœufs et de moutons ; ils possèdent aussi beaucoup de chameaux. Leur région est assez peu fertile cependant et ils se livrent surtout au commerce. C'est eux qui transportent le sel des mines de Taodéni à Tombouctou, tout comme ils le faisaient autrefois des mines abandonnées de Taghaza ou même point. Ils conduisent les caravanes à plusieurs jours de marche au nord d'Araouan moyennant rétribution. Ils approvisionnent Tombouctou en sel, c'est cette ville même qui leur fournit les grains et les étoffes dont ils peuvent avoir besoin. Ils nous paient un droit d'importation et un droit d'exportation.

Malgré leurs nombreux ennemis, soit Touareg, soit arabes comme eux ou maures, ils ont su conserver leur région intacte et imposer une sorte de respect autour d'eux. Ils peuvent lever plus de trois mille guerriers mais avec beaucoup de difficultés par ce fait même qu'ils sont très nomades et répandus sur toutes les routes du désert. Ennemis déclarés des Meshdouf, des Oulad Allouch, des Reguibat et des Hoggar, ils, paient un impôt annuel aux Aoullimiden.

Il y a quelques années, en 1887, quand la canonnière Caron fit son apparition dans les eaux du Niger à Kabara, les Touareg décidés à pousser une vigoureuse attaque contre nous si on tentait de faire une descente à terre, avaient demandé aux Bérabiches un contingent pour les aider dans l'exécution de leur projet et ceux-ci avaient envoyé une troupe de cavaliers. Quand cette troupe se disposa à rentrer dans sa région, elle fit un séjour à Tombouctou et un des siens commit un vol important aux préjudices d'un riche arabe, **Brahim ould Somlen**, de la tribu des Tekna campée au Cap Juby. **Salsabil**, un membre influent de la tribu des Tenguériguif, se trouvant par hasard à Tombouctou, reçut la plainte et après avoir réuni son escorte, renforcée par des habitants de la ville et aussi par d'autres Tenguériguif répandus dans les environs, se porta contre les Bérabiches réunis tout près d'Agmar, à quelques kilomètres au nord de Tombouctou. Un engagement eût lieu aux environs du marabout Sidi Mahmoud et la paix fut conclue deux jours après entre les belligérants. C'est depuis cette époque que Tenguériguif et Bérabiches n'entretiennent plus de relations franchement cordiales.

Ils sont restés longtemps en lutte avec les Oulad Allouch et c'est faute du déploiement réel de leurs forces qu'ils ne sont jamais arrivés à aucun résultat. En effet, les Oulad Allouch, bien que fort peu nombreux, ont eu Bassikounou comme place forte et lorsque les Bérabiches venaient en faire le siège, une partie de leurs guerriers se dirigeaient sur l'Azouad pour razzier, en passant par le chemin le plus court, c'est-à-dire chez les Kel Antassar avec qui ils vivaient en bonne intelligence. De cette façon, l'envahisseur, l'assiégeant se trouvait envahi et obligé de s'en aller rapidement au secours de son propre bien sans pouvoir passer chez les Kel Antassar qui, par inimitié, ne voulaient pas les laisser circuler chez eux. Actuellement, Bassikounou étant tombée entre nos mains, les luttes des deux ennemis ne pourront que prendre un autre théâtre moins favorable évidemment aux Oulad Allouch.

Les Bérabiches sont forts mais à cause de la région qu'ils habitent et qui ne peut suffire à tous leurs besoins, à cause des voyages commerciaux qu'ils doivent entreprendre, il est bien certain que des tribus inférieures peuvent impunément venir opérer des razzia chez eux, en choisissant le moment opportun. Ils furent aussi en lutte avec les Iguadaren, mais après le combat indécis et sanglant de Bamba, ils sont retombés en bonne intelligence. Ennemis également des Kounta ils n'ont cependant pas osé engager de guerre ouverte ; ils se contentent de pillages réciproques et évitent avec soin de se rencontrer en nombre sur le terrain des armes. Le fait est même poussé si loin, qu'au moment de l'azelay, c'est-à-dire au moment de la formation des grandes caravanes de sel, les deux partis cherchent réciproquement à ne pas se rencontrer aux mines de Taodéni.

Les Aoullimiden et leurs tribus serves, ainsi que les Hoggar font de fréquentes incursions chez les Bérabiches quand ils les savent partis en grandes caravanes.

Ils ont été quelque temps en guerre avec les Tormos, une de leurs fractions qui les quitta après un combat sanglant de part et d'autre.

Auteurs de l'assassinat de l'explorateur Lamg. entre Trouan et Tombouctou, quand il quitta Oualata, ils ont toutefois demandé à vivre en paix avec nous par l'intermédiaire de leur chef **Mohammed ould Mehemed** et refusé de s'adjoindre aux Touareg. Ils ont tenu leur promesses jusqu'à ce jour malgré les observations de **N'Gouna**, le chef des Kel Antassar.

Obligés de venir faire toutes leurs transactions à Tombouctou, entourés d'ennemis de tous cotés, les Bérabiches pourront devenir de précieux auxiliaires pour nous si on veut suivre vis-à-vis d'eux une politique adroite et éclairée.

Les Bérabiches reconnaissent pour chef unique **Mohammed ould Mehemed** et sont divisés en deux groupes importants :

Groupe A : Les Oulad Sliman ;
Groupe B : Les Batel El Djemel.

Les oulad Sliman comprennent les fractions suivantes :

1° Les **Gouanine El Beid** ayant pour chefs :
El Kitel ould En Mas ;
Ahmed ould El Haïma ;

2° Les **Gouanine El Rokl** ayant pour chef **Hamaïdi ould Ben Bakeur** ;

3° Les **Bakan** ayant pour chef **Djelaadou** ;

4° Les **Oulad Omran** ayant pour chef **El Kounti** ;

5° Les **Skakna** ayant pour chef   ?   ;

6° Les **Tormos** ayant pour chef **Sid El Mokhtar ould Sidi el Kelhaïfa** ;

7° Les **Tormos** (dissidents) ayant pour chef **Sedik ould Sidi** ;

8° Les **Neharat** (ayant pour chef **El Mokhtar ould El**
9° Les **Nehafid** (**Djakani** ;

10° Les **Oulad Sliman** ayant pour chef **Mohammed ould Mehemed** ;

11° Les **Yadas** ayant pour chef **Mohammed ould El Mokhtar** ;

12° Les **Oulad Dris** ayant pour chef **Brahim ould Hamadi** ;

13° Les **Oulad Bou Heuda** ayant pour chef **Arouata ould Sidi Mohammed El Habib**.

Les Baten El Djemel ne se partagent qu'en quatre fractions qui sont :

1° Les **Oulad Bou Heeib** ayant pour chef **Mimi ould Zeinta** ;

2° Les **Oulad Ghilan** ayant pour chef **Ali ould Hamma** ;

3° Les **Oulad Ghanem** ayant pour chef **Amar ould Sidi Bou Dia** ;

4° Les **Oulad Iaïch** ayant pour chef **El Hiba ould Mohammed Brahim**.

Tribu des Laghelal. — Les Laghelal sont d'origine arabe. Placés sous les ordres du chef **Ahmed Taleb ould Abderrahmann**, ils se trouvent partagés en deux groupes d'individus paisibles, le premier composé essentiellement de nomades et le second de pasteurs.

Le premier groupe séjourne dans les régions comprises entre le Tougba et l'est du Tagant et se partage en plusieurs fractions :

1° Les **Oulad Ahmed Taleb**, chef : **Ould Abderrahmane Khelifa** ;

2° Les **Raouba**, chef ;

3° Les **Aal El Hadj Lamine**, chef : **Khatri ould Abdallah** ;

4° Les **Yabouia**, chef : **Taleb ould Abderramann Kelifa** ;

5° Les **Oulad Moussa**, chef : **Ahmed Lamine Ould Djeïb** ;

6° Les **Aal Abdallah ould Sidi**, chef : **Bou Bakeur ould Abdallah** ;

7° Les **Aal Taleb Djeddou**, chef : **Khelifa ould Gaouta** ;

8° Les **El Boghadija**, chef : **Mohammed Lamine** ;

9° Les **Aal Taleb Sidi Attamed**, chef : **Mohtar ould Sidi Ahmed** ;

Le second groupe campe aux environs de nos frontières, à Boghena, à Kassambara, à Ioffra. Il comprend trois fractions :

1° Les **Oulad Moussa**, chef : **Abderrahmann ould Obna** ;

2° Les **Aal Ghali**, chef : **Khatri ould Ali** ;

3° Les **El Khoula**, chef : **Sidi Abdallah**.

Les Laghlal sont peu guerriers et voyagent même presque toujours sans armes. Il y a quelques siècles cependant, à la suite d'heureux combats, ils avaient imposé les Meshdouf ; aujourd'hui les rôles sont intervertis. Ils sont souvent pillés par les Oulad Naceur et, dans leurs routes, ils sont obligés de se dissimuler ou de faire de longs détours pour les éviter.

Ils occupent les territoires situés à l'est du Tagant et au nord du Kaarta sur nos frontières ; ils récoltent beaucoup de gomme qu'ils viennent vendre soit à Nioro, soit à Médine.

Tribu des Oulad El Ghouizi. — Les Oulad Ghouizi proviennent de la tribu des Oulad M'Barek dont nous avons parlé plus haut. Il y a quelques siècles déjà, par suite de guerres avec les

Oulad Naceur ils se trouvèrent isolés et, plus tard, durent s'établir dans les états d'Ahmadou, dans le Séro. Réduits à la misère et désormais à ne plus jouer aucun rôle dans l'histoire du Sahel, ils vivent chez nous, sédentaires au milieu des Rhassonké à Mamémora et à Dar Es Slam. Ils ont totalement perdu leur type originel à cause de leurs alliances continuelles avec l'élément nigritien au point que leur nez est devenu aplati, leurs yeux noirs, leurs lèvres épaisses et leur teinte de peau foncée.

Ils sont fanatiques et appartiennent au rite Maleki ; ils sont affiliés aux Tidjania et aux Hadria dont le Mokadem se trouve être maintenant **Salek ould ben Bakeur El Moudeb.**

Ils font tous les ans d'importantes zerdas à :

Sidi Ahid ould El Hadj Ali, enseveli à Taïdouma près Kraidja ;

Sidi Maloouno ould Sidi Mohammed Vegui, enseveli à Toumbo ;

Sidi Djeli ould Mohammed Modjibou, enseveli à Tazekraïa.

La justice est rendue par **Salek ould Bou Bakeur,** jeune homme lettré qui a pris la succession de son oncle **Djeli ould Mohammed El Moudeb,** mort récemment.

Les Oulad Ghouizi, bien qu'impuissants et soumis à notre entière domination, n'en sont pas moins dissimulés, fourbes et menteurs. Ils nous servent difficilement de guide dans le Sahel et préfèrent chercher à nous tromper que de trahir leurs frères mêmes ennemis. Leur chef **Mohammed Fall ben Sidi Ahmed Fall,** a été employé à titre d'interprète de langue arabe par le Gouvernement, à Kayes. Dans ces fonctions, il a joué un rôle déplorable et même nuisible à nos intérêts en n'inscrivant, dans les lettres qu'il écrivait que sa pensée propre et jamais la nôtre.

Les Oulad Ghouizi sont divisés en trois groupes comprenant plusieurs fractions, à savoir :

Groupe A	El Heula El Guendia El Fardi Ould M'Barek	Chef : Mohammed Fall ben Sidi Ahmed Fall ;

Groupe B	⎧ Oulad Bou Selif ⎫ ⎨ Aal Sidi Ali ⎬ ⎩ Aal Eloudaïka ⎭ Oulad N' Biga	Chef : Hamel El Abidi ;
Groupe C	Ed Debaoune Oulad El Faghi Djenibdj El Guelaguena	Chef : Ould Berata.

Tribu des Idiléba. — Les Idiléba sont arabes d'origine et leur tribu mère habite le Maroc, actuellement encore. Religieux fanatiques, représentants d'un groupe peu important, ils ne sont pas guerriers et ne se livrent uniquement qu'au commerce. Ils vivent au milieu des Oulad Allouch qui perçoivent sur eux un 'droit de protection, répandus dans la fraction des Aal El Bel. Ils voyagent en petites caravanes entre Bassikounou, Ras El Ma et le Daouna. Ils ne comprennent que quatre petites fractions commandées par **El Menati ould Bellouti** :

1° Les **Aal Baba**, chef : **Hamadi Ould Sidi** ;
2° Les **Abdel Moumen**, chef : **Sidi Ould Sidi Mokhtar** ;
3° Les **Aal M'Boba**, chef : **Ould Moulaud** ;
4° Les **Aal Melha**, chef : **Sidi Mohammed ould Djeddou**.

Tribu des Reguibat. — D'origine arabe, les Reguibat sortent du Maroc où se trouve enterré, dans le Saguia El Hamra, leur ancêtre **Sidi Ahmed El Reguibat**. Composés de hardis pillards, ils forment une tribu assez nombreuse et vivent campés aux environs des mines de Taodéni, à Zemour, au Bir El Abbès et dans l'Erguechade. Ils sont ennemis des Tadjakant depuis fort longtemps. Ces derniers en effet assassinèrent un Reguibat en 1313 de l'hégire et c'est de cette époque que datent tous les conflits.

Il y a quelques années, en 1895, les Tadjakant harcelés et pillés sans cesse s'unirent aux berbères du Tafilalet pour attaquer les Reguibat, les battirent et emportèrent un lourd butin. Un an après, ces derniers, pour se venger, vinrent assiéger Tendouf qu'ils ne prirent pas mais tuérent beaucoup de monde. A la même époque, ils s'emparérent d'une forte caravane de plus de 200 chameaux des Tadjakant venant de Taodéni et se dirigeant sur Tombouctou.

Ils appartiennent au rite maleki et sont affiliés aux sectes des Darkaoua, des Hadria et des Tidjania. Ils sont alliés aux Yahia ben Atmane. aux Tekna et aussi aux Kounta El Meteghambérine. Ils sont partagés en deux groupes renfermant plusieurs fractions :

Groupe A : 1° Les **Tchalat** ;
2° Les **Oulad Moussa** ;
3° Les **Sasaad** ;
4° Les **Oulad Daoud** :
5° Les **Oulad Es Cheikh** ;
6° Les **Ouled Rou kehim** :
7° Les **Oulad Taleb** :
8° Les **El Mouedjérine**.

Ce premier groupe est celui des **Reguid Es Sahel** (Réguibat des régions nord).

Le second groupe. celui des **Gouassen** ou **Reguibat es cherg** (Reguibat du sud), ne comporte que trois fractions :

1° Les **Aal Brahim** ou **Daoud** :
2° Les **Rouhat** :
3° Les **Fokra**.

— **Tribu des Ouled Mouleit**. — Les Ouled Mouleit sont d'origine arabe mais aujourd'hui ils se trouvent former une tribu mixte par suite de leurs alliances avec les berbères. Essentiellement nomades, ils voyagent dans l'Eguerchade. le Touat et fréquentent aussi Taodéni. Ils établissent toutefois leurs campements de préférence dans le Touat ou chez les Hoggar.

C'est une tribu assez paisible, commerçante. qui peut néanmoins lever quatre à cinq cents guerriers. Ses principales fractions sont :

1° Les **El Hamaïdah** ;
2° Les **Oulad Bou Kouzia** ;
3° Les **Oulad Chaker** :
4° Les **Oulad Salem**.

— Tribu des **Oulad Amor Melouk**. — Cette tribu n'est guère plus importante que la précédente ; elle est aussi d'origine arabe, mais elle n'a pas conservé non plus ses caractères essentiels de race. Elle serait apparentée, paraît-il, aux Oulad M'Barek du Hodd. Elle voyage dans le Touat et le Tafilalet, au milieu des Ouled Mouleit. Elle obéit à **El Hadj el Mahadi ould El Hadj Abdelkader** et ne comprend que trois petites fractions :

1º Les **Ouled Ba Hamou**, chef : **Bou Amama** ;
2º Les **Aal El Aazi**, chef : **?**
3º Les **Oulad Mokhtar**, chef : **Abou Ould El Hadj Abou.**

— Tribu des **Oulad Delim**. — Peu nombreux, les Oulad Delim sont d'origine arabe et descendent d'**Iben Delim**, du Maroc. Ils obéissent d'ailleurs encore au Sultan qui leur désigne un caïd actuellement nommé **El Aroussi**. Ils sont surtout commerçants ; ils habitent l'Adrar occidental et l'oued Noun : ils fréquentent nos escales du Sénégal et du Soudan. Ils sont alliés aux Tekna et aux Reguibat et comportent sept fractions qui sont :

1º Les **Oulad El Khéliga** ;
2º Les **Serhama** ;
3º Les **Oulad El Ouarran** :
4º Les **Oulad Taguedi** ;
5º Les **Ouled Ba Amor** ;
6º Les **Oulad Remifla** ;
7º Les **Oulad El Labi.**

— Tribu des **Tekna**. — Originaires du Touat, les Tekna sont depuis longtemps déjà mélangés à de nombreuses familles berbères. Ils ont envahi les territoires de l'Oued Noun et du Cap Juby sous la conduite de **Sidi ben Abdallah**, encore désigné sous le nom de **Sultan Lakhal**. Ils sont soumis à l'autorité du sultan du Maroc à qui ils paient un impôt et qui leur désigne un cadi. A Glimin, où réside le caïd de toutes les fractions, **Dalmane ould Birouk**, se trouve une garnison marocaine composée de trois cents soldats.

Alliés aux Reguibat, ennemis des Tadjakant, les Tekna sont surtout commerçants ; ils se rendent à nos escales de Saint-Louis et de Médine et vont même jusqu'à Tombouctou. S'ils étaient sus_ ceptibles de se mobiliser, ils pourraient lever une troupe de plus de six mille combattants.

Ils comprennent trois groupes considérables ayant chacun à peu près quinze cents tentes. Ce sont :

1° Les **Aït Brahim** ;
2° Les **Aït El Djemel** ;
3° Les **Aït Bela.**

Le premier groupe, celui des Aït Brahim, a pour chef le nommé **Tamanari.**

Le second groupe, celui des Aït El Djemel, se divise en neuf fractions qui sont :

1° Les **Yagant** ;
2° Les **Toubalet** ;
3° Les **Lanneir** ;
4° Les **Goundouz** ;
5° Les **Sharna** ;
6° Les **Medjat**, chef : **Mohammed Ahmer** ;
7° Les **Aït Moussa** ou **Ali**, chef : **Brahim ould Leban** ;
8° Les **Zarguiem**, chef : **Babo ould Ahmed ould Sidi Youcef** ;
9° Les **Aït El Hassein**, chef : **Brahim ould Leban.**

Le troisième groupe enfin, celui des Aït Bela, commandé par le chef **Youcef ould Mohammed El Hiba**, se subdivise en dix fractions qui sont :

1° Les **Aal Haïn** ;
2° Les **Oulad Bris** ;
3° Les **Oulad Selam** ;
4° Les **Idao Legane**, chef : **Amghar Baha** ;
5° Les **Aït Khemeuss**, chef : **Youcef Alunen** ;
6° Les **Aït Messaoud**, chef : **Zerouan** ;
7° Les **Aït Mehemed**, chef : **Ahmed ould Mohammed El Hiba** ;

8° Les **Aït Yassin**, chef : **Ould Amane ould Chelga** ;
9° Les **Aït Ahmed ou Ali**, chef : **Ould Maati** ;
10° Les **Oulad Bel Houilat**, chef : **Ould Ahmed Semba** ;

— **Tribu des Tanoazit**. — Au même titre que les Oulad
Naceur, les Tanoazit qui sont d'origine arabe, prétendent descendre
des **Béni Hachem ben Abdallah ben Kossaï ben Kilab
ben Maratu** de la grande famille des **El Corredji** où Mahomet
prit naissance. Ils se divisent en deux groupes vivant indépendants
l'un de l'autre mais obéissant quand même aux ordres du même
chef, **Babana ould Mohammadou Srir**, résidant dans le Ragh.

Le premier groupe, encore appelé celui de l'Ouest, sous les
ordres de **Mohammed Meïdi**, campe dans l'Afoula, excepté en
saison sèche où il envahit notre territoire dans les régions du
Guidimahra et du Diafounou.

Les Tanoazit du second groupe, ou groupe de l'est, sous les ordres
directs de **Babana**, sont également nomades. Ils habitent le nord
du Bakounou, entre les Oulad M'Barek et les Mesdhouf durant la
saison sèche. Ils font paître leurs troupeaux dans le Bakounou et
le Ouagadou ; ils vont commercer avec Sokolo, Bodjiguiré, Kassakaré et Goumbou.

Les Tanoazit ne sont ni guerriers, ni cultivateurs. Ils élèvent des
troupeaux, des chevaux, des chameaux, dressent des bœufs porteurs. Comme les Oulad M'Barek, ce sont des convoyeurs qui,
pour le compte d'autres maures ou d'indigènes font le métier de
transporter les marchandises de notre colonie au Sahel et inversement. Ils sont paisibles et ne prennent guère les armes que pour
se défendre contre les incursions des Oulad Naceur qui ne cessent
de les piller.

III

TRIBUS DE SOURCES DIVERSES

Ils ne nous reste plus que quelques tribus, d'origine souvent
très discutable, à indiquer sommairement à cause du rôle peu
actif qu'elles semblent jouer dans la machine animée du Sahara.

— **Tribu des Talib Mokhtar.** — Les Talib Mokhtar ont une origine inconnue mais semblent se rapprocher plus particuliérement du type berbère. Leur fondateur, **Sidi Mohammed Fadd** qui, paraît-il, avait le don d'opérer des miracles, est enterré dans le nord de Goumbou, aux environs des puits de Diadié près d'une mosquée qui a reçu le nom de **Dar Es Slam** ou maison de la prière, du salut.

Uniquement composés de lettrés, de religieux, les Talib Mokhtar sont entourés d'une très grande vénération et respectés généralement par les tribus les plus pillardes connues. Ils font tous les ans une grande zerda à Dar Es Slam et emportent de nombreux cadeaux qu'ils laissent aux gardiens du saint asile. Ils habitent le Hodd et vivent de leurs troupeaux de moutons et de chèvres qu'ils font pâturer dans le Ouagadou principalement. Ils sont répandus au milieu des Meshdouf avec qui ils vivent en bonne intelligence.

— **Tribu des El Bourrada.** — Les El Bourrada sont d'origine berbère à n'en pas douter. Etablis depuis très longtemps dans les environ de Ras El Ma, ils vivent mélangés au touareg dont ils ont pris un peu la physionomie extérieure. Trop peu nombreux pour jouer un rôle quelconque, ils se contentent de payer un impôt de protection aux touareg et de commercer entre Ras El Ma, Tombouctou. Araouan et la région des Lacs : dans l'ouest, ils viennent parfois jusqu'à Sokolo. Ils vivent aussi de leurs troupeaux de bœufs de moutons et de chèvres. Ils obéissent aux ordres de **Cheikh ould Mohammed Barsa.**

— **Tribu des Meshouma.** — Les Meshouma, commandés par **Sidi ould Bayet,** sont répandus en très petit nombre au nord du Tagant à proximité des Idao-aïch et des Kounta. Bien que ce soit une petite tribu essentiellement religieuse, elle est aussi composée de commerçants hardis qui vont jusqu'à Banamba et de pasteurs riches en troupeaux de bœufs et de moutons.

— **Tribu des Roman.** — Les Roman sont d'origine marocaine et datent de la conquête de Tombouctou par les troupes du sultan. Vers le 17 Djounad Tani 999, le chérif **Moulaï Ahmed,** étant sultan du Maroc, envoya son pacha **Djoudar** s'emparer de la ville de Tombouctou connue partout sous le nom de Teubekt. L'influence marocaine ne dura pas plus d'un siècle et fut remplacée par celle des touareg et des peulhs. C'est alors seulement que certains marocains, après s'être créé une famille dans le pays et se trouvant trop éloignés de leur mère-patrie, restèrent soit à Tombouctou, soit à Djenné, soit encore à Karounga pour former la tribu qui est appelée aujourd'hui tribu des Roman ou Arroman.

Les Roman sont sédentaires, pasteurs et surtout chasseurs ; ils obéissent au chef **Abderrahmann ould Abdallah** et ne jouissent d'aucune influence bien marquée. Ceux de Karounga nous paient un impôt annuel porté à 1 fr. 50 par individu.

— **Tribu des Daoualit**. — En relations avec les Brakna et les Idao-aïch, les Daoualit ne forment qu'une tribu sans importance, fréquentant le Tagant et allant commercer le sel jusqu'à Banamba. Divisés en deux fractions, l'une commandée par **Abderrahmann ould Makali**, l'autre par **Mohammed ould Abdi ould Abderrahmann**, ils travaillent surtout pour le compte des voisins et profitent de l'ignorance dans laquelle on les laisse pour jouer une sorte de rôle de contrebandiers.

— **Tribu des El Tenaguit**. — Les Tenaguit, la plupart marabouts fanatiques, font le commerce du sel et des moutons ; ils sont en nombre infime, deux ou trois cents à peine. Ils obéissent à Ahmed ould Talel Bouna et n'utilisent, dans leurs opérations commerciales que les ânes et les bœufs porteurs. Ils fréquentent le nord de Sokolo, à Farabougou, le Monimpré et les environs de Bodjiguiré.

— **Tribu des El Zouman**. — Les Zouman habitent le Hodd d'une façon presque permanente ; quelques-uns cependant font paître leurs troupeaux jusque dans le Ouagadou. Leurs fractions guerrières sans influence aucune, vivent de pillages clandestins et vont parfois camper jusque dans les environs de Oualata. Les fractions religieuses ne vivent ouvertement que de l'élevage des troupeaux, mais leurs enfants adultes prêtent largement leur concours aux coureurs de grands chemins.

Tribu des El Deyliba. — Les Deyliba, sous les ordres de **Sidi Mohammed Bou Goufé**, ne représentent qu'une tribu de malheureux campant presque toute l'année dans la région des puits d'Aïn Rhama, à proximité des Glagouma avec qui ils vivent en bonnes relations. Ils font le commerce des moutons, du sel et introduisent une assez forte proportion de gomme dans notre escale de Médine.

Tribu des El Glagouma. — Les Glagouma sont réputés comme les plus pauvres des régions sahariennes. Ils n'élèvent que des troupeaux de bœufs et de moutons ; en saison sèche ils viennent jusque sur nos frontières, à Boubonné près de Goumbou et, à la saison des pluies, ils campent à Aguemouhoun à proximité de Néma.

IV

TRIBUS TOUAREG

N'ayant eu que des rapports très restreints avec les touareg, c'est à l'interprète militaire Mohammed Ben Saïd, homme fort érudit, que nous empruntons tout ce que nous allons dire, et, pour simplifier, nous le reproduisons textuellement :

« **Saadou ben El Habib Baba**, auteur d'une histoire de Tombouctou, s'exprime ainsi au sujet des touareg :

« Les touareg sont des Messoula faisant remonter leur origine aux Lemtouma qui sont les descendants de **Lemta, Lemtou, Djidalou, Lemto** et **Messoul.** Tous sont les descendants des **Sanhadja** qui sont des **Hamira.**

« **Lemta** est l'ancêtre des **Lemtouma** ;
« **Djidalou**   id.   **Djidala** ;
« **Lemto**   id.   **Lemta** et des **Messoula.**

« Les touareg sont le fléau du Sahara ; ils ne peuvent demeurer
nulle part et ils n'ont aucune ville. Leurs campements sont situés
dans le désert, à deux mois de marche des noirs et des pays
musulmans.

« Ils appartiennent à la religion musulmane et ils se conforment aux usages de la Souna.

« Les Sanhadja se disent des Hamira ; ils n'ont aucun rapport
avec les Berbères. Ils ont quitté le Yamen ou Arabie heureuse
pour venir dans le Sahara, vers l'ouest, avec le motif suivant :

« Un grand roi de l'époque, qui régnait dans le Yamen, s'étant
converti à la religion musulmane, les Hamira l'avaient suivi dans
cette voie. A sa mort, le Yamen fut envahi par des infidèles qui
massacrèrent les musulmans. Les Hamira, pour ne pas subir le
même sort, mirent le voile, comme leurs femmes, et prirent la
fuite. Ils se dispersèrent dans le pays, et, à force de changements de
domicile, ils arrivèrent dans le Maghreb El Aksa (ouest extrême),
pays des Berbères. Ils s'installèrent dans le pays, et le voile qui
les avait sauvegardés devint pour eux un signe de beauté dont ils
ne se séparèrent plus.

« Vivant côte à côte avec les Berbères, ils apprirent leur langue.
Ils demeurèrent ainsi jusqu'à l'époque où **El Amir Abou Baker
ben Amor ben Brahim ben Tourlsit El Lemtoumi**, le
fondateur de la ville de Maroc, les refoula vers le Sahara. Cet
événement se passait à l'époque où les Djedala attaquèrent les
Lemtouma et où **Amor ben Tachefin** devint le Khalife du
Maghreb. »

« Chassés du Maghreb el Aksa, ils se répandirent dans le Sahara
en se divisant en un grand nombre de branches.

« Les touareg habitant la région de Tombouctou vers la fin du
ve siècle de l'hégire étaient les Makcharen qui fondèrent la ville de
Tombouctou. Ces touareg se tenaient, au moment de la saison
sèche, sur les bords du Niger, dans les environs d'Amtaguel et,
pendant la saison des pluies, ils habitaient entre Tombouctou et
Araouan.

« Quoique appartenant à la religion mahométane, les touareg ne sont pas fanatiques ; ils acceptent, mais sans beaucoup de conviction, l'influence religieuse des marabouts qui vivent avec eux.

« Les hommes sont d'une belle taille ; leur teint est assez clair et leurs traits sont réguliers.

« Leur physionomie respire l'audace et le courage. Doués d'une agilité et d'une très grande vigueur corporelle, ils sont craints partout.

« D'un tempérament insouciant qui leur permet de jouir gaiement de la vie, ils éprouvent une inclinaison assez forte pour les femmes.

« Leur costume consiste en une blouse ample, toute bleue et en un long pantalon qui leur descend jusqu'à la cheville.

« La tête est entourée d'un turban de même couleur qui passe par dessus le cou et sert en même temps de litam (voile). Le sommet de la tête, nu, montre une touffe de cheveux assez longs et lisses. Des plaques de cuivre ornent le turban ; leur poitrine est garnie de hedjab (talismans) couverts en cuir jaune et rouge. Les femmes ont les traits passablement agréables et réguliers, les formes arrondies; leurs cheveux sont tressés sur les côtés et ramenés en arrière, laissant une raie au milieu de la tête. Elles sont enveloppées dans une melhefa en toile bleue ou blanche passant par dessus la tête, serrée aux reins et descendant jusqu'aux chevilles. Elles portent quelques bracelets en cuivre aux mains et aux pieds.

« L'armement des touareg consiste en une ou plusieurs lances, un poignard adapté au bras gauche et un bouclier. Les nobles ont, en outre, une grande épée. La lance en fer n'est pas portée par les vassaux.

« Leurs habitations se composent de tentes en peaux de bœufs ou de huttes recouvertes avec des nattes.

« Les touareg ne sont pas de grands nomades, comme les arabes et les maures. Ils ne se déplacent que pour permettre à leurs nombreux troupeaux de trouver de meilleurs pâturages, sans toutefois s'éloigner des bords de l'eau. Ils possèdent peu de chameaux et

leurs moyens de transport sont principalement les bœufs porteurs
et les ânes. Ils aiment beaucoup le cheval et ils en ont encore suffisamment quoiqu'ils en aient perdu pendant l'épidémie de 1892.

« Comme les arabes et les maures, les touareg se divisent en
grandes tribus, lesquelles se subdivisent en fractions et en campements. Le mot *kel*, qui précède presque toujours le nom d'un
groupe, veut dire peuple. Ils se partagent en nobles, en vassaux
ou **lmghad** (au singulier amghid). Le chef de la confédération
ou de tout une tribu gouverne avec l'assistance des chefs des
principales fractions et porte le nom d'**amenoukal** ; ses fonctions
sont héréditaires. Les fractions de la tribu sont administrées directement par des chefs particuliers qui portent le titre d'**amrar**.

« Chaque tribu noble possède des tribus vassales qui sont leur
propriété. Ils les possèdent soit à la suite de donations, soit à la
suite de conquêtes. Les vassaux comprennent des pasteurs et des
guerriers qui marchent avec la tribu en cas de guerre, mais qui
ne peuvent être forcés de suivre les migrations. Les tribus vassales
campent souvent loin de la tribu noble.

« Chaque année, lorsque les pâturages sont abondants, les tribus imghad ou vassales fournissent un certain nombre de brebis
ou de chèvres à l'amenoukal qui les leur rend lorsqu'elles ne
donnent plus de lait. Elles lui donnent en outre continuellement
des cadeaux, ordinairement des vetements ou une belle monture.

« De son côté, l'amenoukal confie presque tous ses troupeaux
aux tribus vassales.

« Chaque targhi (singulier de touareg) de race noble est maitre
d'un ou de plusieurs imghad qui l'entretiennent et lui fournissent
tout ce dont il a besoin. Les imghad sont donnés souvent comme
cadeau à la fiancée au moment du mariage.

« Les femmes touareg s'intéressent aussi aux questions administratives ; elles donnent quelquefois leur avis.

« Au point de vue judiciaire, ce sont l'amenoukal et l'assemblée
des notables qui font exécuter les articles de leur Code particulier,
suivant leurs usages.

— « Tribu des **Ihneden**. — La confédération des Ihneden, plus communément appelés Aouallimiden ou Aoullimiden, occupe la région située entre l'extrémité orientale du massif de l'Adghagh à l'est, Essouk au nord, Mabrouk, El Hille et Tosaye à l'ouest et Fogo au sud ; elle est actuellement, sans contredit, la plus influente et la plus puissante de la région.

« Donner exactement l'origine et dire comment les Ihneden se trouvent installés dans le pays serait difficile, leur histoire n'ayant pas été écrite ; nous sommes donc obligés de nous en rapporter aux légendes.

« A l'époque de la domination de la grande confédération des Tademaket et avant sa désagrégation, vivait sous leur protection, dans l'Adghagh, une petite fraction appelée **Aal Djardjir**. (La Dardjira, dans les monts Atlas d'Algérie, est appelée en arabe Djardjera et est habitée par une population kabyle ; les Aal Djardjir seraient probablement originaires de cette contrée) : cette fraction fut attaquée et pillée par les tribus voisines auxquelles elle payait des redevances.

« Un certain **Ouar Ihned** (en langue tademaket, Ouar veut dire qui ne connaît pas une langue), d'origine arabe, commerçant de profession, dit-on, s'installa avec cette fraction et la suivit dans ses migrations. A cette époque, menacés d'une attaque, les Aal Djardjir prirent en partie la fuite avec leurs familles et leurs troupeaux, tandis que Ihned resta sur les lieux avec quelques hommes plus décidés que les autres. Les assaillants arrivèrent ; Ihned, quoique commerçant, organisa la défense et la dirigea si bien que l'ennemi fut mis en fuite en perdant un nombre considérable de combattants.

« Le chef des Aal Djardjir, heureux du succès remporté, voulut récompenser Ihned pour son courage et lui demanda ce qu'il pouvait lui offrir comme faveur. Ihned exprima le désir d'épouser sa fille déjà mariée à un notable de la fraction. Le chef des Aal Djardjir accéda à sa demande, fit venir sa fille, la fit divorcer et la lui donna. Ihned ne pensa plus alors à se séparer de la fraction qui devint de plus en plus importante grâce à ses bons conseils.

« Le chef des Aal Djardjir, avant sa mort, déclara à son assemblée qu'Ihned le remplacerait ; c'est ce qui arriva, et dès lors la tribu prit le nom d'Ihneden (Aouallimiden). Ihned devenu chef, chercha à s'affranchir des tademaket et à ne plus payer de redevances.

« Vêtu de beaux habits, dit la légende, et monté sur un cheval superbe, il se rendit auprès du chef des tademaket, avec ses notables, pour lui offrir deux chameaux en cadeau. Pendant la conversation, il proposa au chef tademaket d'exempter sa tribu des impôts ; celui-ci lui répondit d'un ton fier qu'il paierait comme par le passé. Dans la même journée le chef des tademaket lui envoya son forgeron lui dire que son maître désirait avoir ses beaux habits et son cheval. Ihned lui répondit qu'il les lui offrirait volontiers, mais seulement en dehors du campement, pour ne pas partir nu devant les gens de la tribu, et que, pour cela, le chef tademaket n'avait qu'à faire une partie de chemin avec lui. Le lendemain Ihned se mit en route accompagné du chef des tademaket et de son forgeron. Arrivés à la limite du territoire de Brom et de celui de Gogo, Ihned se précipita sur le chef des tademaket, le tua, et dit au forgeron d'aller informer les tademaket que les rôles étaient intervertis et qu'ils auraient à l'avenir à lui payer des redevances.

« Les tademaket, prévenus, vinrent en masse attaquer les Ihneden ; ces derniers les repoussèrent en leur faisant subir des pertes considérables. Ils demeurèrent en guerre jusqu'au moment où les tademaket furent chassés de tout le pays de Gogo et de Brom.

« La fraction des Aal Djardjir ou Kel Helouat existe encore aujourd'hui et fait partie de la confédération : elle habite la vaste plaine de l'Affilila, entre El Mabrouk et l'Adghagh. Quelques tentes de cette fraction ont dû quitter l'Afilila pour venir camper dans l'Aouza avec les Igouadaren, à la suite d'un combat qu'elles livrèrent à la fraction des Ifoghas de cette confédération et dans lequel elles furent battues et pillées.

« Les Ihneden sont p'us pillards et plus guerriers que les touareg du sud ; ils perçoivent l'impôt ghefar des autres tribus touareg et arabes. Ils se divisent actuellement en plusieurs fractions ; leurs tribus serves et les groupes d'arabes agrégés sont très

nombreux. Trois familles se partagent le commandement héréditaire, conformément à l'usage touareg. Ces trois fractions sont :

1° Les **Aal El Ansar**, chef : **Madidou ould Kotbou** ;
2° Les **Aal El Gassen**, chef : **El Gassez og Lagoui** ;
3° Les **Aal El Meklem**, chef : **Lazzi**.

« La confédération entière n'a qu'un seul amenoukal ; actuellement c'est le nommé **Madidou ould Kotbou**, appartenant à la
première famille.

« **Fractions nobles** :

1° Les **Harbanassen** ;
2° Les **Taraïtamout** ;
3° Les **Idéragaden** ;
4° Les **Tahabanet** ;
5° Les **Kel Agaïs** ;
6° Les **Ifoghad** de l'est ;
7° Les **Ifoghad** du nord ;
8° Les **Tabenkourt** ;
9° Les **Tenaguerguidèche** ;
10° Les **Kel Djardjir** ou **Kel Helouat**.

« **Fractions serves** :

1° Les **Doura** ;
2° Les **Idobakar** ;
3° Les **Ido Asschak** ;
4° Les **Chemelemas** ;
5° Les **Idenan** ;
6° Les **Imededghen** ;
7° Les **Imakelkalen** ;
8° Les **Kel Essouk** ;

« **Groupes d'arabes agrégés** :

1° Les **Touadj** ;
2° Les **Touabir** ;
3° Les **El Kenakat** ;
4° Les **El Mouazil** ;

5° Les **Ibdoukel** ;

6° Les **El khemchat** ;

7° Les **El Torchane** ;

8° Les **El Mehar** ;

9° Les **Ladem** ;

10° Les **Oulad Melouk** ;

11° Les **Yadas** ;

12° Les **Bermechaka** ;

13° Les **Hagat**.

« Les groupes d'arabes agrégés ci-dessus ont presque tous leurs fractions mères à l'étranger et principalement chez les bérabiches ; elles servent à former cette grande tribu. Ils se sont séparés soit à la suite de mésintelligence, soit à cause de leurs nombreux troupeaux. Ils reçoivent le mot d'ordre des chefs kounta avec lesquels ils sont continuellement en relations. Ils suivent les touareg dans toutes leurs migrations.

« Toutes les fractions nobles, serves et les groupes d'arabes agrégés forment la grande et puissante tribu des Ihneden.

« La confédération pourrait mettre sur pied, en tenant compte des dissentiments qui se produiraient au moment d'une réunion, 600 à 800 cavaliers ou méhéristes et jusqu'à 5.000 piétons, tous armés de la lance et du sabre. Les arabes seuls sont armés de fusils. Les Ihneden sont en guerre continuelle avec les Hoggar, les touareg Deneg et ceux de l'Aïr ; ils tiennent en suspicion et à l'écart nos touareg de l'ouest.

« Vivant en bonne intelligence avec la tribu des kounta ils veulent bien accepter, mais sans la subir, l'influence religieuse de cette tribu. Ils habitent un pays fort riche qui leur fournit le riz et le miel et offre beaucoup de pâturages à leurs troupeaux. Ils ne sont ni commerçants ni convoyeurs.

« Ils ont autorité sur tous les villages noirs situés sur les deux rives du Niger où leurs bellats font des lougans. Les villages les plus importants sont ceux de Gogo, Brom, Gaigourou, Dairatakou, Abenghen et Afoughah.

« Les principaux points où ils franchissent le fleuve sont Saleta, à l'est de Gogo et Toussa, à l'ouest, sur le territoire de Brom.

« **Tribu des Igouadaren.** — Répandus sur les deux rives du Niger, l'une Aribinda, l'autre Aouza, les Igouadaren se disent chérifs, nobles venus de la Saguia El Hamra, affluent de l'oued Drao (Maroc).

« Ils prétendent que leur ancêtre **Es Saada** en arrivant dans le pays se maria à une femme touareg de laquelle il eût quatre enfants : **Ladja, Akhaïou, Mansour** et **Silla.**

« Les descendants de ces quatre enfants forment les quatre grandes fractions de la tribu actuelle :

1° Les **Kel Tabenkourt,** ayant pour ancêtre **Ladja** ;
2° Les **Aal Gogui,**   id.   **Alakhaïou** ;
3° Les **Tarbanassen,**   id.   **Mansour** ;
4° Les **Aal Silla,**   id.   **Silla.**

« La fraction des Aal Gogui est celle qui fournit encore actuellement les amenoukal. Placés autrefois sous la domination des tademaket, maîtres absolus du pays, ils leur payaient une redevance. Ceux-ci furent chassés de l'Adghagh et du pays de Brom par les Aouallimiden : les Igouadaren, profitant de cet événement, s'affranchirent en attaquant et repoussant les divers groupes disséminés de la confédération des tademaket. Ils acceptèrent la suzeraineté des Aouallimiden, suzeraineté qu'ils reconnaissent encore aujourd'hui.

« Les Igouadaren, jusqu'à la mort d'Afouas ne reconnaissaient qu'un seul amenoukal ; mais, à la disparition de ce dernier, **Sakhaoni** ayant été choisi par la tribu pour le remplacer, il fut abandonné peu de temps après par la majorité des chefs de tente, grâce aux manœuvres habiles de son parent et rival, **Sakib.** Cette tribu se trouve donc, à l'heure actuelle, divisée en deux groupes importants :

1° Les **Aal Sakhaoni** ;
2° Les **Aal Sakib.**

« Le premier groupe est formé des fractions suivantes :

1° Les **Aal Gogui**, amrar : **Sakhaoni** ;

2° Les **Kel Takenkourt**, amrar : **Aouletou** ou **Aïhmoud** :

3° Les **Youraghen**, amrar : **Ibnou** ;

4° Les **Kel Dalagui**, amrar : **Makha az Mimi** ;

5° Les (Une partie des **Tarbanassen**) ;

6° Les **Kel Hehikane**, amrar : **El Moardi az Sassena.**

« Le second groupe se compose ainsi :

1° Les **Ifartatin**, amrar **Talhata** ;

2° Les **Itakaïtakaï**, amrar **Kaabou Mohammed** ;

3° Les **Taguessat**, amrar **Galou Idjehar** ;

4° Les **Kel Ichdgaghen**, amrar **El Hazi** ;

5° Les **Kel Chaoni**, amrar **Tafus** ;

6° Les **Ideghouassen**, amrar ..... ? ;

7° Les **Kel Taderboukit**, amrar **Ghazi.**

« Tribus imghad ou serves des deux groupes :

1° Les **Imteha**, amrar **Hilaï** ;

2° Les **Idenan**, amrar **Chanaïou** ;

3° Les **Kel Kelouan**, amrar **Choughib** ;

4° Les **Kel Tebenek.**

« Les Igouadaren réunis, y compris les imghad, pourraient mettre, en tenant compte des dissentiments qui se produiraient au moment d'une réunion, sur pied, de 200 à 300 cavaliers ou méhéristes et 3.000 piétons armés de lances et de sabres.

« Ils sont, d'ailleurs, en guerre continuelle entre eux depuis longtemps, pour des motifs très divers qui permettent de supposer que cette lutte aura encore une longue durée. Les rivalités et les questions de famille sont les principales causes de cet état de choses.

« Ces deux groupes sont en outre tenus à l'écart par les Aouallimiden et les Hoggar qui ne perdent aucune occasion pour les piller. Les Igouadaren sont actuellement en paix avec les Irreganaten quoique, antérieurement, ils aient eu avec eux de grands dissentiments. Il y a une vingtaine d'années des Igouadaren de la fraction des Kel Héchikane tuèrent **El Mesbaurgh**, père d'**Es Salim**, chef de cette tribu. Aussi les Irreganaten, en 1888, sous les ordres d'**El Bakhain ag Attoual**, frère d'**Es Salim**, prirent part à la colonne que **Mounirou**, roi du Macina, envoya par eau. sous les ordres d'un certain **Atmane**, contre les Igouadaren. Ceux-ci, prévenus, eurent tout le temps de passer le fleuve, mettre leurs familles et leurs biens à l'abri et Atmane se contenta simplement de détruire Ghergo et de le livrer au pillage. Ils eurent aussi des démêlés avec les Kel Témoulaï ; dans un combat, ils firent prisonnier le chef **Madoma** de cette dernière tribu.

« Les Igouadaren vivent actuellement en bonne intelligence avec les autres tribus touareg et les bérabiches, quoique dans le temps ils aient livré quelques combats malheureux à ces derniers, entre autres le combat de Bamba.

« A Tombouctou, les Igouadaren jouissaient de la même autorité que les Tenguériguif, maitres du sol, mais sans s'immiscer dans les questions administratives.

« Vivant côte à côte avec les Kel Antassar de l'est. il subissent l'influence religieuse de cette tribu, mais ils sont peu fanatiques. Ils possèdent de nombreux captifs ou bellats et des lougans très étendus.

« Ils ont autorité sur tous les villages compris entre Takouit et Taouna (Tosaye). où ils prélèvent leurs moyens de subsistance. Possesseurs de nombreux troupeaux ainsi que leurs imghad. ils campent aux points suivants : Naghenagha, Gergho. Ouaghi, Aben Ghaben, Qui-Katin et El Gaba.

— « Confédération des **Tademaket**. — Les Tademaket ou touareg du sud formaient, avant leur désagrégation, une confédération très importante. Parmi les Kroumir de Tabarka, cercle d'Aïn Braham (Tunisie). on trouve une fraction appelée les Tademaket ou Atatfa.

« Leur ancêtre **Allal**, originaire du nord-est. vint à une époque inconnue s'installer dans le pays de l'Adghagh, Gogo et Brom. Il commandait toute la contrée et se faisait payer des droits de protection. Les quatre fils : **El Mokhtar**, **Hamel**, **Ghoumar** et **Hamaïti** formèrent les trois grandes fractions suivantes :

1° Les **Tenguériguif** (ancêtres · **El Mokhtar** et **Hamel**);
2° Les **Irreganaten** (ancêtre : **Hamaïti**);
3° Les **Kel Temoulaï** (ancêtre . **Ghoumar**).

« Les Tademaket, chassés du pays par les Ihneden, s'avancèrent dans l'Aribinda, battirent les touareg Istafel qui régnaient alors dans cette région et s'y installèrent. Ces trois grandes fractions vécurent longtemps côte à côte, mais l'extension qu'elles prirent les força plus tard à se séparer en continuant à vivre en bonne intelligence ; elles s'entendirent même pour réduire les touareg Makcharen et Imedeghersen dont l'autorité s'étendait de Tombouctou à Araouan.

« Ces deux dernières tribus qui constituaient jadis une famille très importante, dont le chef était **Akal**, sont tombées dans une si profonde misère et leur nombre est devenu si restreint, qu'il n'y a plus chez eux, prétend-on, qu'une quinzaine de familles vivant actuellement mélangées aux Kel Antassar et dans le Mafounké ; elles subissent encore aujourd'hui la domination des Tenguériguif. Quant aux familles touareg indigènes, elles furent réduites à l'état de serfs et sont les imghad des Tademaket.

« En faisant la conquête du pays, les Tademaket n'exterminèrent pas la race noire qui s'y trouvait, mais vécurent côte à côte avec elle ; le roi songhaï leur payait une redevance sous forme de cadeau.

« En 999 de l'hégire, lorsque le sultan du Maroc . **Moulaï Ahmed**, envoya son pacha **Djoudar** pour occuper Tombouctou, les Tademaket firent de l'opposition en fournissant un contingent à l'armée de **Hadj Mohammed Askia**, chef songhaï qui commandait Tombouctou.

« Les Marocains, devenus les maîtres du pays, se retournèrent vers les Tademaket, les poursuivirent sans merci. Le pacha nommé **Nehoum El Fil** fit arrêter, à Tombouctou, **Abatit ben Mohammed El Mokhtar ag Ghoumar**, chef des Tademaket, le fit tuer et remplacer par **Hamaïka** qui fut lui-même remplacé par **El Komaïri**.

8

« Pendant toute l'occupation les gouverneurs marocains eurent des démêlés avec les Tademaket qui infestaient sans cesse la région et commettaient des actes de pillage ; les routes n'étaient plus sûres et on ne pouvait s'y aventurer. Les chefs marocains furent obligés de demander au chef des Kounta, campé dans l'Azouad et dont l'influence religieuse sur les populations était connue dans le désert, de servir d'arbitre entre eux et les touareg. Ce chef, **Sidi Mokhtar**, arriva pour la première fois à Tombouctou et arrêta définitivement l'impôt qui devait être payé annuellement aux touareg par les arma.

« Deux siècles environ après, lorsque les peulhs vinrent accuper Tombouctou, les Tademaket, devenus les maîtres absolus du pays, inquiétèrent tellement la région par leurs pillages que les peulhs les laissèrent percevoir l'impôt comme autrefois, sous forme de cadeau. Malgré cela, ils n'en continuèrent pas moins à prélever à leur guise, et finalement l'impôt devint arbitraire. Le chef du groupe le plus important, celui des Tenguériguif, se déclara le vrai maître du pays, et, sur les conseils du chef des Kounta, **Sidi Ahmed El Bakaï**, il nomma un représentant noir à Tombouctou, comme cela se faisait du temps des touareg Makcharen. Le représentant fut **El Kalna Ahmed Brahim**, mort il y a une quinzaine d'années. Celui-ci fut remplacé par son fils aîné **Yahia** qui mécontenta les gens de Tombouctou par sa rapacité.

« D'abord allié aux Tademaket auxquels il signalait les gros commerçants de la ville qui ne voulaient pas se laisser rançonner, il devint leur ennemi quand ceux-ci s'aperçurent qu'il gardait tous les profits de ses rapines pour lui.

« Environ trois mois avant notre arrivée à Tombouctou, les gens de cette ville, fatigués des agissements de Yahia, allèrent trouver les touareg, et, dans une réunion qui eut lieu au campement du chef des Tenguériguif, **Mohammed ould Ouab**, il fut décidé que Yahia serait révoqué et remplacé par son frère **Hamza.**

« Yahia s'était enfui à Araouân à notre arrivée ; il est revenu à Tombouctou au commencement de juillet 1896.

— « Tribu des **Tenguériguif**. — La tribu des Tenguériguif, dont l'ancêtre fut **Hamel ag Allal**, est d'origine targhi. Elle constitue le groupe le plus important de la confédération des Tademaket. Elle est sans contredit la plus forte et la plus belliqueuse de toutes celles de la région.

« Avant notre arrivée, cette tribu dominait dans la région ; après avoir vécu côte à côte avec les autres tribus de la confédération, elle s'en sépara, passa le Niger, chassa les touareg Makcharen qui habitaient jadis la région et devint la maîtresse de Tombouctou. Vers l'an 1100 de l'égire, son chef **Abatit ben Mohammed El Mokhtar ag Ghoumar**, qui s'était opposé à l'occupation marocaine, fut arrêté à Tombouctou par le pacha **Nehoum El Fil**, gouverneur de cette ville, qui le fit tuer.

« Malgré cette mesure violente, les Tenguériguif, avec leurs frères de la confédération des Tademaket, continuèrent à commettre des actes d'hostilité et de pillage. Les chefs marocains ne pouvant mettre fin à ces agissements, se virent dans l'obligation de reconnaître l'influence des Tenguériguif et de leur payer un impôt annuel sous forme de cadeau.

« En 1260 de l'hégire, les Tenguériguif voyant l'influence des peulhs diminuer de jour en jour et poussés par le chef des Kounta se décidèrent à leur faire quitter le pays et à se déclarer les vrais possesseurs. Un combat eut lieu entre eux près de **Koriomé**, à l'endroit appelé Toma des noirs et Inagharen des touareg. Les peulhs furent battus complètement ; ils perdirent près de 700 combattants ; les survivants durent se jeter à l'eau pour échapper au massacre. L'eau du Niger, dit la légende, était rouge de sang.

« En 1288 de l'hégire, sur la demande de Kalma, chef de Tombouctou, les Tenguériguif, pour réprimer les pillages que les peulhs du Macina commettaient à l'égard des habitants de Tombouctou voyageant par le fleuve, allèrent assiéger la ville de **Sarayamou**, commandée par le chef peulh **Abdallah amir ould Mahmoud Sember**, où se réfugièrent tous les pillards. Le village fut complètement détruit et la majeure partie des habitants emmenés en captivité. Les touareg étaient commandés par

Fandagouma, père de **Chebboul**. amenoukal actuel des Tenguériguif.

« En 1293, les Tenguériguif ayant pris fait et cause pour les Kel Antassar. se réunirent aux deux autres tribus des Tademaket et sous les ordres de Fandagouma. franchirent le Niger. pillèrent complétement les Kounta de l'Aribinda à l'endroit dit **Gour Zgaï**.

« En dehors des faits relatés ci-dessus, les Tenguériguif, qui jouissent dans la région d'une excellente réputation. n'ont aucun démêlé avec les tribus voisines ; ils ont toujours, au contraire, rétabli l'ordre et soutenu leur représentant à Tombouctou. Ils percevaient en plus de l'impôt annuel de 200 vêtements et 5 chevaux fournis par les gens de Tombouctou et des animaux fournis par leurs vassaux. des droits d'oussourou.

« Ils avaient placé deux postes de douanes, l'un à Koura. commandé par le targhi **Tériste**. l'autre à Kabara. Chaque pirogue, après avoir acquitté le droit de deux vêtements à l'aller et au retour. était escortée par un forgeron à l'aller jusqu'à Issafaï où s'arrêtait la limite du territoire touareg.

« Dans toutes les réunions publiques tenues à Tombouctou ou ailleurs. soit à cause d'utilité générale ou pour trancher des contestations, la présidence était donnée de droit au chef de cette tribu dont toutes les autres reconnaissaient la supériorité. néanmoins, dans les derniers temps. le chef cédait sa place à un certain **Abdel Madjill**. de la tribu des Kel Témoulaï, réputé pour sa sagesse et son honnêteté.

« Les Tenguériguif. très nombreux il y a quelques années, ne peuvent mettre actuellement sur pied de guerre plus de 150 cavaliers et mille fantassins armés de sabres et de lances.

« Comme tous les touareg. ils voient notre présence d'un mauvais œil. Lors du voyage du lieutenant de vaisseau Caron, ils avaient réuni du monde pour s'opposer à son débarquement à Koriomé. En 1893. lors de l'arrivée du lieutenant de vaisseau Boiteux, ils en firent autant. mais ils perdirent beaucoup de monde. Dans l'affaire de Tacoubao, dirigée par eux, ils eurent une trentaine de morts, et enfin, à Diré, le capitaine Gauthron leur tua une centaine d'hommes, dont le chef de la tribu **Mohammed Ouab**.

« Depuis cette époque la tribu des Tenguériguif n'a fait aucune opposition ; elle est restée cantonnée dans la région des lacs Daouna.

« Enfin, en février 1896, lors du voyage de Monsieur le général de Trentinian, lieutenant-gouverneur du Soudan français, à Tombouctou, l'amenoukal de cette tribu, qui n'était jamais venu nous voir, se présenta à lui, à Goundam, et lui fit complètement sa soumission ; depuis, cette tribu nous paie un impôt annuel, et leur chef vient fréquemment voir l'autorité française à Tombouctou. Les Tenguériguif, nomades et pasteurs, possédant de nombreux troupeaux, ont les terrains de parcours suivant :

« Saison des hautes eaux : depuis Léri jusqu'à Goundam, y compris les lacs Daouna et le lac Faguibine ;

« Saison des basses eaux : depuis le lac Horo, à Tombouctou, en suivant les inondations, et le marigot de Goundam.

« Les années de forte sécheresse, ils traversent le Niger et suivent les pâturages de l'Aribinda. Cette tribu possède de nombreux captifs qui font d'immenses lougans, surtout dans le Daouna ; elle a de plus des bozos qui pêchent dans le Niger.

« La tribu des Tenguériguif se divise en cinq fractions et leurs tentes sont très nombreuses. Le chef de la tribu est **Chebboul ould Fandagouma**.

« **Fractions nobles** :

1° Les **Tenguériguif**, amrar **Chebboul ould Fandagouma** ;
2° Les **Tellémidès**, amrar **Moghou ould Sala ag Mechetab** ;
3° Les **Ibzaouen**, amrar **Madidou ag Aguelid** ;
4° Les **Ihimel**, amrar **Kangaï** ;
5° Les **Arkassidji**, amrar **Mohammed ould Sebaoui**.

« Tribus imghad ou serves :

1º Les **Aberchechout**, amrar **Indjel**, campés dans le Fermagha ;

2º Les **Tarouna**, amrar **Mohammed Ahmed**, campés dans le Niafouké ;

3º Les **Akotef**, amrar **Gambéza**, campés dans l'Arakouna ;

4º Les **Ikomedane**, amrar **Zaïgallah ag Aourtarin**, campés dans le Tadaïna ;

5º Les **Imtcha**, amrar **Tchatcha**

6º Les **Zenaten**, amrar **El Moktar**   ⎰ campés à

7º Les **Kel Ticheghaï**, amrar **Sidi Bou Bakeur** ⎱ Raz-el-Ma

8º Les **Idenam**, amrar **Tembellou**, campés à Gallaga.

— « **Tribu des Irreganaten.** — Les Irreganaten, appelés Soudoubalérou (famille noire) par les Foulbés et Houbibi par les Djennenkès et les Songhaï descendent de la même souche que les Tenguériguif et les Kel Temoulaï.

« Leur ancêtre fut Hamaïdi ag Allal. Ils forment une fraction importante de la confédération Tademaket ; ils sont djouad, nobles mélangés de touareg Istabel qui habitaient jadis l'Aribinda. Lorsque les Tenguériguif se séparèrent d'eux pour occuper la rive gauche du Niger, ils étaient encore réunis aux Kel Témoulaï et commandés par un seul amenoukal. Ils se séparèrent des Kel Témoulaï à la suite de compétition de pouvoir. **Assanki**, oncle d'**Es Salim** de la tribu des Irreganaten ayant été nommé chef à la place d'**Assaoui** des Kel Témoulaï, ces derniers vinrent sur les bords du Niger, en aval de Kabara. Depuis, ces deux tribus sont restés indépendantes. Chacune est commandée par un chef particulier. Il y a encore une trentaine d'années les Irreganaten, sous les ordres d'**El Mesbourg**, père du chef actuel de cette tribu, étant allé attaquer la fraction des Kel Hélikane. de la tribu des Igouadaren furent battus et repoussés. **El Mesbourg** trouva la mort près d'Arnecy.

Une dizaine d'années après, en 1214 de l'ère hérigienne, les Irréganaten s'emparaient d'un nommé **El Ouadjeb**, notable influent des Igouadaren, qui voyageait sur le fleuve et le tuèrent.

Les Igouadaren formèrent un fort rezzou commandé par le chef **Tinas** et vinrent piller les Irreganaten qui prirent la fuite. Ces derniers demandèrent du secours à **Mounirou**, roi du Macina qui envoya une forte colonne commandée par un certain Atmane. Aidée par les Irreganaten sous les ordres d'**ElBekaoui ag Attoual**, cette colonne marcha contre les Igouadaren qui, prévenus, prirent la fuite ; le village de Ghego fut détruit.

« En 1889, une fraction importante des Irreganaten ayant à sa tête **El Khadir**, neveu d'Es Salim, se mit en révolte contre ce dernier qui réclama l'intervention de Mounirou. Celui-ci envoya une colonne de cavaliers qui attaquèrent les insurgés près de Bouroumaka, les mit en fuite avec quelques fusils et enleva les troupeaux. En 1893, lors de l'arrivée du lieutenant de vaisseau Boiteux à Kabara, les Irreganaten envoyèrent un contingent pour s'opposer au débarquement. Un des fils d'Es Salim, **Ghali**, âgé d'environ 35 ans, fut tué avec quelques Irréganaten. Au commencement de 1874, poursuivis par une petite colonne commandée par le capitaine Puypéroux, ils prirent la fuite en abandonnant leurs troupeaux.

« Possesseurs de nombreux troupeaux, surtout de bœufs, ils habitent la riche contrée de l'Aribinda. Ils vont dans leurs migrations jusqu'au Hombori et suivent les rives des lacs Haribougho et Garou.

« Leurs principaux campements sont :

Bou Noarï, en face de Nanga ;
Djendaboumou, en face de Koïratagho ;
Tagaïkour, Danga, Houra.

En été, ils habitent près de **Secondou, Kirsamba, Fango, Kongho, Diagara, Haïbougho, Sinem, Doukouradjou** et **Biri Goubeur**.

« Les Irréganaten réunis, y compris les imghad, pourraient mettre sur pied, en tenant compte des dissentiments qui se produiraient au moment d'une réunion, 150 cavaliers et de 800 à 900 fantassins armés de lances et de sabres.

« Vivant côte à côte avec les Kel Témoulaï et passant une grande partie de l'année sur le territoire du Macina, ils s'entendent très bien avec leurs voisins.

« A Tombouctou, les Irréganaten jouissaient de la même autorité que les Tenguériguif, mais sans s'immiscer dans les affaires administratives, quoique dans le temps ils percevaient un léger impôt.

« Les Irréganaten se divisent en plusieurs fractions et leurs imphad sont nombreux. Le chef de toute la tribu est **Es Salim ag El Mesbourg**.

« **Fractions nobles :**

1º Les **Kel Houa**, amrar **Es Salim ag El Mesbourg** ;
2º Les **Kel Taguioualet** ;
3º Les **Kel Brom**, amrar **Ida ag Nassala** ;
4º Les **Kel Nafés**, amrar **Es Salim ag El Mesbourg** ;
5º Les **Kel Insatafen**, amrar **Djendir agaouan Essera** ;
6º Les **Irreganatem ouandjéri**, amrar **El Hadirag Guechali**.

« **Tribus serves :**

1º Les **Haouan Nadegagh** ;
2º Les **Imetel Katen** ;
3º Les **El Ouanada**, amrar **Djarboti** ;
4º Les **Touboudi** ;
5º Les **Akotif**, amrar **Nadji** ;
6º Les **Ouska**, amrar **El Arbi** ;
7º Les **Imedegharen** ⎰
8º Les **Mezguerassen** ⎱ **Mounouni**.

« **Tribu des Kel Temoulaï.** — Les Kel Témoulaï séparés des Irreganaten à la suite d'une compétition de pouvoirs, forment actuellement la tribu la moins nombreuse de la confédération Tademaket.

« L'ancêtre est **Ghaumour ag Allal**. Les Kel Témoulaï sont pasteurs, nomades et surtout pillards. Il sont la terreur des villages de la région. Leurs esclaves habitués au vol, infestent l'Aribinda. Ennemis des Igouaderen, ils ont toujours été battus. A la bataille de Dakéné leur ancien chef **Madouid** avait été fait prisonnier par les Igouadaren.

« A Tombouctou, ils étaient ceux qui commettaient le plus de pillages dans la ville. A notre arrivée, ils prirent part à tous les coups de mains dirigés contre nous et ils ne se tinrent tranquilles qu'à la suite de la petite colonne dirigée contre eux en 1896, commandée par le capitaine Puypéroux. Actuellement ils sont complétement soumis.

« Les Kel Témoulaï réunis ne peuvent mettre sur pied qu'une vingtaine de cavaliers et 200 fantassins ; les nobles sont au nombre de 100 environ. Possesseurs de nombreux captifs, ils font assez de lougans. Ils campent ordinairement près du Niger, dans les environs de Billasao, Kagha, Ganto et Aghelal.

« Pendant la saison des hautes eaux, ils vont jusqu'au Hombori et restent souvent près des lacs Hariboughi et Garou, dans l'Aribinda.

« Leur chef Madoma est mort il y a environ six mois. Son successeur **El Abbas**, ayant renoncé au commandement, **Ifesten** fut désigné pour le remplacer.

« Les Kel Témoulaï vivent côte à côte avec la tribu maraboutique des Kel Antassar et subissent l'influence de cette dernière.

« La tribu comprend les fractions suivantes :

1º Les **Ichegaghon**, amrar **Ifesten ag Gachgouch** ;
2º Les **Kel Sinder**, amrar **El Abbas** ;
3º Les **Kel Saom**, amrar **Alif** ;
4º Les **Kel Tabourit**, amrar **Ghali** ;

Tribus serves :

1º Les **Imteha** :
2º Les **Kel Gochi**.

« Le chef de toute la tribu est **Ifesten ag Gachgouch**. Il est venu à Tombouctou le 2 juillet 1096 pour y faire sa soumission ; depuis, aucun pillage n'a été commis dans le pays.

« **Tribu des Kel Houlli.** — La petite tribu des Kel Houlli se divise en deux grands groupes : les **Kel Agouss** et les **Kel Affela.**

« Elle est imghad ou serve des Ihneden et des Iguouadaren. C'est une tribu guerrière qui s'adonne à l'élevage. Ses terrains de parcours sont depuis le Niger jusqu'au pays d'Affela, dans le nord. Les Kel Agouss ayant pour chef **Legaï** et **Assoura** vivent côte à côte avec les Igouadaren. Les Kel Affela ayant pour chef **Kenad Donguez** vivent avec les Ihneden.

« Leurs deux groupes réunis peuvent mettre sur pied 300 combattants.

Tribu des Imededghen. — Les Imededghen sont originaires des Imededghen qui habitent encore le pays de Brom et de Gogo. Ils appartiennent aux fractions des Kel Gatchu et Inchegaghen. Ils avaient été donné comme imghad aux Tenguériguif par les Ihneden.

« Ils forment une tribu très importante qui possède les plus beaux troupeaux de la région. Leurs terrains de parcours s'étendent entre Tombouctou et Goundam.

« Cette tribu a continuellement été avec nous. Lorsque les Tenguériguif ont fait leur soumission ils ont été déclarés indépendants de cette tribu sur leur demande. Ils forment trois fractions :

1º Les **Arakounou**, amrar **Mohammed Akhane** ;
2º Les **Kel Gola**, amrar **Mohammed ag Touahmi** ;
3º Les **Kel Taboura**, amrar **Sied.**

« Cette dernière fraction est mélangée d'arabes. Les Imededghen peuvent mettre sur pied de guerre 250 combattants.

« Le chef de toute la Tribu est **Mohammed ag Touahmi.**

« **Tribu des Kel Es Souk.** — Les Kel Es-Souk sont à peu près indépendants à raison de leur caractère maraboutique.

« Originaires des Kel Djadjir, anciens habitants de l'Adghagh, ils se disent descendants d'arabes.

« L'appellation de Kel-Es-Souk ou peuple de marché leur a été donnée parce qu'ils habitaient le pays du Souk (marché), au centre de l'Adghagh où se trouvaient autrefois une ville et un grand marché.

« Les gens qui composent cette tribu sont semi-sédentaires et semi-nomades ; ils s'emploient dans les tribus pour enseigner le Coran ; ils sont imanes et secrétaires.

« Une partie de cette fraction, sous la conduite d'un des leurs, **Sidi Ahmed Es-Souki**, étudiant d'Araouan, vint se placer sous la protection des bérabiches et construisit le village de Bou Djebiha.

La Tribu des Kel Es-Souk comprend les fractions suivantes :

1° Les **Teugakh**, amrar **Laïkh Sobo** ;
2° Les **Kel Kekranat**, amrar **Saïa** ;
3° Les **Kel Tmaksane**, amrar **Mohammed Lamine ag Motada** ;
4° Les **Kel Guimchechi**, amrar **Mohammed Ahmed** ;
5° Les **Kel Attarab**, amrar **Mohammed Lamine ag Abdel Baghi** ;
6° Les **Aal Khouzimata**, amrar **Ounissoun** ;
7° Les **Kel Tagaïet** amrar **Aali** ;
8° Les **Kel Toukinaten**, amrar **El Mostepha**.

« Cette tribu peut mettre sur pied près de 300 combattants. Ses terrains de parcours se trouvent dans l'Adghagh. Les points principaux sont **Inefès-inefès** et **Amagaz** au sud de l'Adghagh.

« **Groupe des Iguellade.** — 1° **Kel Antassar** (Aal el Ansar). — Vers le milieu du XIᵉ siècle, une fraction connue sous le nom des Béni Ouldane de la tribu des Lemtouma, des Ansar, des Béni Kenana forma les groupes :

1° Les **Kel Ghazal** (ancêtre **El Hasseim ould Ali**) ;
2° Les **Tinekonat** (ancêtre **Natali ould Hachem**) ;
3° Les **Kel Inegouzma** (ancêtre **Oula**), et, sous la conduite de

Kateb ben Mohammed el Mokhtar Anef ben Ahmed ben Mezemel ben Mohammed Ahmed ben Aïr ben El Medafar ben Ouldane ben Abi Bakeur ben Zonal ben Addel Hassem ben Abi Bakeur ben Yahia ben Ali ben Moad ben Had ben Tadka ben Mektour ben Nenouane ben Narer ben Lemtoun ben Sen ben Yakia ben Mansour ben Abi Bakeur bel El Arbi ben El Amar des Beni Henana, arrivait dans la région des Hessiane, située entre Tombouctou et Araouan, après avoir habité dans le Touat. Elle creusait la majeure partie des puits et s'installait avec les touareg Makcharen et Inedghersin, déjà dans le pays.

« L'arrivée de cette fraction dans la région eût pour résultat l'introduction complète de la religion islamique déjà répandue dans certaines parties. Favorablement accueillie, cette fraction qui avait pris le nom de Kel Ansar (Kel Antassar) acquit bien vite une grande influence religieuse sur les tribus touareg qu'elle dirigea à sa guise. Plus tard, lorsque les autres tribus maraboutiques vinrent dans le pays, les Kel Antassar les placèrent sous leur protection.

« Vers l'an 1200 de l'hégire, la tribu des Kounta qui habitait dans l'Azouad, prenait de jour en jour de l'influence sur toute la population du désert. Son chef **Sidi El Mokhtar ben Ahmed ben Abi Bakeur**, acquit bien vite la sympathie de toute la population, au point qu'il devint l'arbitre incontesté dans la région. Les manœuvres des Kounta devenant de plus en plus dangereuses pour les Kel Antassar, ces derniers se déclarèrent contre eux et firent une guerre acharnée, guerre de religion qui dura jusqu'à nos jours. Dans les nombreuses luttes qu'ils eurent à soutenir, ils changèrent de part et d'autre leur rôle de marabouts contre celui de guerriers et de pillards.

« Vers 1860, les Kel Antassar reprirent enfin le dessus ; les touareg retombèrent sous leur influence religieuse et les aidèrent à combattre les Kounta qui furent pillés au combat de Gour-Zgaï, dans l'Aribinda, en 1298 de l'hégire.

« Les Kel Antassar, mélangés aux touareg Makcharen et Imedghersin, prirent les mœurs de ces derniers. Ils habitent les rives du lac Faguibine et du Daouna.

« Les Kel Antassar sont très nombreux et peuvent mettre sur pied jusqu'à 2000 combattants. Ce sont eux qui ont mis le plus d'opposition à notre occupation. Ils avaient infesté la région de leurs pillages et de leurs vols, croyant que nous étions incapables de les atteindre dans leur pays. Ils n'ont fait complétement leur soumission qu'à la suite des colonnes de Sumpi et du lac-Faguibine, au mois de décembre 1895. Ils se tiennent maintenant tranquilles et nous paient un impôt annuel. Leur chef, **Mohammed Ali ben Mohammed Ahmed ben Haoula** dit **Ngouna**, a été entièrement abandonné par la tribu et remplacé par son frère cadet **Mohammed El Moulaud Loudegh** dit **Allouda**. Possesseurs de nombreux troupeaux de bœufs et de moutons, n'ayant pas de moyens de transports suffisants, les Kel Antassar ne peuvent supporter la vie des grands nomades. Ils sont tenus de rester toujours au bord de l'eau, dans les environs des lacs. Ils sont les ennemis des Oulad Allouch et des Kounta.

« Les Kel Antassar se divisent en quatre groupes :

1° Les **Kel Antassar Guébélia** ou de l'ouest ;
2° Les **Kel Daoukoré** :
3° Les **Kel Antassar Tilia** ou de l'est ;
4° Les **Kel Antassar Aal Halaï**.

« Le chef de tous les groupes est **Mohammed El Moulaud Loudegh** dit **Allouda**.

« Chaque groupe comprend une ou plusieurs fractions.

« Premier groupe :

1° **Aal Sidi Kotbou**, 100 tentes environ, chef : **Mohammed El Moulaud Loudegh** dit **Allouda** ;
2° **Kel Tichkoïa**, 40 tentes environ, chef : **Mohammed ould Gazoun** ;
3° **Kel Ghazal**, 300 tentes environ, chef : **Mohammed ould Keuta** ;
4° **Kel Tentekoun** ;
5° **Kel Farch**.

« Ces fractions campent au nord du Faguibine.

« Deuxième groupe :

1° **Kel Tébérimet** :
2° **Kel Abekakh** ;
3° **Kel Tegaï** ;
4° **Kel Hamel** ;
5° **Cherifen**.

« Troisième groupe : comprend deux fractions commandées par **Tahar Fnès** :

1° **Kel Inegouzma**, chef : **Tahar Fnès** ;
2° **Kel Keuda Heuda**, chef : **El Boukhari El Heuda**.

« Qutrième groupe : comprend les **Kel Aal Heulaï** ou **Kel Antassar** du Tagant, chef : **Brahim ould Heulaï**.

« Tous les Kel Antassar appartiennent au rite maleki et sont affiliés à la secte des Hadrya. La justice est rendue dans les différents groupes par le cadi et la Djemaa.

1er groupe, cadi **Mohammed El Moulaud Loudegh** dit **Allouda** :
2e   id..   id. **Mohammed Tahar** dit **Hamma** ;
3e   id.,   id. **Mohammed ould Madhi** ;
4e   id.,   id. **Brahim ould Heulaï**.

« **Tribu des Aal Sidi Ali**. — Les Aal sidi Ali sont des nomades faisant partie des Iguellade, mais complétement séparés d'eux. Ils sont originaires des Oulad Hassein ben Ali ben Abi Taleb, des Lemtouma, des Ben Kenana. Cette fraction quitta son pays d'origine sous la conduite d'**Aïta ben Brahim ben Mahmoud ben Saïd ben Abderrahman ben Abdel Djebar ben Termine ben Hamouz ben Hachem ben Kossaï ben Yomel ben Ouard ben Batal ben Ahmed ben Mohammed ben Aïssa ben Mohammed ben El Hassem ben Ali Taleb** et vint s'établir dans la région d'El Mabrouk et de l'Adghagh, près de Tassalit, où se trouve aujourd'hui le tombeau de **Sidi Aïta**.

« Après avoir habité ces régions. ils se séparèrent de leurs frères, les Kel Incheria et vinrent s'installer dans la région d'El Hessiane sous la conduite de leur ancêtre **Sidl Ali ben Nedjib ben Mohammed Akenan ben Chouaïb ben Benit ben Ali ben Mohammed ben Moussane ben Aïta.**

Ils creusèrent, dès leur arrivée. les puits d'Inalahi, puis ceux d'El Hadjou, Teneg El Haï. Tentchoune et Ourouzil.

« Placés sous la protection des Kel Antassar, ils ont acquis une grande influence religieuse dont ils profitent aujourd'hui. D'un caractère essentiellement religieux. ils ne sont pas guerriers. Ce sont des gens paisibles adonnés à l'élevage des troupeaux et au commerce.

« Ils sont en relations constantes avec Tombouctou et ses environs immédiats pendant la saison sèche.

« Ils sont les protégés des bérabiches qui leur font des cadeaux. Les Aal Sidi Ali ne sont pas nombreux ; ils se composent de cent tentes et de trois cents âmes environ. Ce sont les premiers qui ont demandé à faire leur soumission dès notre arrivée.

Le chef se nomme **Mohammed Ahmed El Bokhari.**

« **Tribu des Kel Incheria.** — Les Kel Incheria. frères des Aal Sidi Ali. appartiennent. comme ces derniers, à la fraction des Oulad Hassein ben Ali ben Abi Taleb.

« Ils sont arrivés dans la région sous la conduite de Aïta. Le séjour dans le pays de l'Adghagh ne convenant pas à leurs nombreux troupeaux. ils quittèrent leurs frères. les Aal Sidi Ali, pour venir s'installer dans les environs de Tombouctou et Goundam. Quoique peu nombreux. ils possèdent les plus beaux troupeaux de bœufs de la région. Ils ne sont pas guerriers.

« Ils ont été les premiers qui aient fait leur soumission. Leur chef est **Imellen ben Doudou.**

« **Kribu des Kel Nekounder.** — Les Kel Nekounder font partie du groupe des Iguellade. Ce sont des religieux nomades, mais vivant isolément.

« Sous la conduite de leur ancêtre **Faïtaoua**, ils vinrent dans la région à l'époque des Makcharen, premiers touareg habitant le pays. Ils creusèrent le puits de Nekounder, à 60 kilomètres au nord-est de Tentchoune et infestèrent le pays par leurs pillages. **Mohammed Askia**, roi songhaï, marcha contre eux et les battit. A partir de cette époque, les Kel Nekounder renoncèrent à porter leurs armes. Ce sont maintenant des pasteurs pacifiques. Avant l'occupation de Tombouctou par nos troupes, les Kel Nekounder habitaient dans le nord-est et dans le Tagant. Depuis, ils se sont installés entre Tombouctou et Goundam.

« Ils habitent principalement à Tacoubao, Tinbradja et El Macheraa.

« En outre des nombreux troupeaux qu'ils possèdent, ils ont un nombre considérable de captifs ou bellats installés à Tombouctou avec un chef. Ces bellats cultivent énormément de lougans et ap provisionnent la ville en bois et charbon.

« Avec les Kel Inchéria, ce sont les deux fractions qui possèdent le plus de bœufs dans la région, malgré l'épidémie de 1892. Les Kel Nekounder ne sont pas nombreux ; ils se composent d'environ cent tentes. »

(Mohammed ben Saïd. Notice.)

CHAPITRE DEUXIÈME

Principaux centres des régions nord
du Soudan français.

On ne peut pas dire que les centres du nord du Soudan français soient fixes d'une façon absolue, et il ne peut d'ailleurs en être autrement chez des peuplades continuellement en lutte les unes contre les autres et presque toujours nomades. C'est plutôt chez les nigritiens limitrophes du Sahara, constamment en rapports commerciaux avec l'élément nomade que le besoin de se réunir en gros groupes, en villages et même en villes, s'est fait particulièrement sentir dans le but de se défendre en commun contre les invasions et les rapines de leurs voisins. L'arabe, le maure, le targhi n'éprouvent pas la même nécessité de se fixer dans un point donné ; il leur faut de l'espace, de grandes régions pour y découvrir les pâturages nécessaires à leurs nombreux troupeaux.

Parmi les villes du nord du Soudan, il en est une qui depuis longtemps a attiré l'attention du monde civilisé et qui fut désignée sous le nom de « **ville mystérieuse des centres africains** » : nous voulons parler de Tombouctou. Avant la conquête récente de ce point remarquable ou plutôt important par nos troupes, peu d'explorateurs étaient parvenus à le visiter ; ils s'étaient, la plupart, heurtés au fanatisme sanguinaire des touareg, ces hommes à instinct si farouche quand il s'agit de sauvegarder leur vagabonde indépendance.

10

Tombouctou a été fondée vers la fin du ve siècle de l'hégire par le groupe de touareg Makcharen. Elle prit alors le nom de Teubekt, nom qui, reproduit par les nègres, devint Teubektou, puis finalement Tombouctou. Il est à remarquer, en effet, que les nègres n'emploient que des mots à terminaisons douces et jamais muettes ; ainsi ils ne pourront pas dire le mot **soupe**, ils diront **soupi**, **soupo**, etc. etc.

La ville acquit très vite dé fortes proportions.

Voici d'ailleurs de quelle façon **Saadou ben El Habib Baba** raconte l'histoire de Tombouctou, dans un mémoire qu'il a laissé :

« Teubekt a été fondée à la fin du ve siècle par les touareg Makcharen, venus au lieu qu'elle occupe pour faire paître leurs troupeaux.

« L'été ils s'installaient sur le bord du Niger à **Amtagha** (probablement **Amtaguel**) et, en automne, ils portaient leurs campements vers le nord sans dépasser l'emplacement actuel d'**Araouan**. Ils choisirent l'endroit où se trouve Teubekt comme centre de leurs approvisionnements et y emmagasinèrent leurs biens et leurs grains. Cet endroit devint un lieu de parcours pour les partants et les arrivants. La garde de leurs approvisionnements avait été confiée à une femme de leur race s'appelant **Teubekt** qui, dans leur idiome, veut dire « **la vieille** » ; l'endroit prit son nom. Les gens s'y installèrent peu à peu, venant de toutes parts et Teubekt devint alors un marché commercial.

« Avant cette époque le marché était Birou (Oualata).

« Des savants, des saints et des gens riches de toutes nations, d'Egypte, du Fezzan, de Ghadamès, du Touat, du Tafilalet, du Draa, du Fez, du Souso, etc., émigrèrent peu à peu pour venir habiter Teubekt.

« La population devint de plus en plus nombreuse et s'augmenta des Sanadja et de leurs fractions. Le peuplement de Tombouctou fut la ruine de Birou.

« Les premières constructions furent des huttes entourées d'épines, puis des constructions tellement basses que de l'intérieur des cours on apercevait ce qui se passait à l'extérieur. On construisit d'abord une mosquée d'une dimension proportionnelle au nombre des croyants de la ville, puis la mosquée de **Sankoré**. Ce n'est qu'à la fin du ixe siècle que Teubekt devint florissante mais elle ne le fut réellement qu'au milieu du xe siècle, sous le règne de **Askia Daoud** fils de l'émir **Askia El Hadj Mohammed**.

« Les premiers conquérants de Teubekt furent les Malé qui envahirent le pays en 737 de l'hégire ; leur domination dura 100 ans.

« En 837 vinrent les touareg Makcharen qui restèrent 40 ans. Les rois songhaï les remplacèrent et **Sen Ali**, l'un d'entre eux, régna 24 ans. La dynastie se continua par le prince des croyants **Askia El Hadj Mohammed** du 14 Djoumad Treni 899 au 17 Djoumad Tani 999, date à laquelle le chérif **Moulaï Ahmed**, sultan du Maroc, envoya son pacha **Djoudar**. s'emparer de Teubekt. »

Aux temps de sa prospérité, Tombouctou avait une cinquantaine de milliers d'habitants. si on en juge seulement par l'examen des ruines actuelles. Elle avait alors dix-sept mosquées, toutes d'un très grand renom. Depuis notre conquête, sa population n'a encore fait que décroître et les ruines s'ajoutent aux ruines. Au moment même de notre occupation, cet immense amas de maisons en pisé produisait encore une vive impression sur le visiteur. Au centre d'une vaste dune, à pentes lentes et adoucies. sous le soleil brûlant du pays. on voyait un fouillis de maisons tantôt de teinte terreuse, tantôt grises, tantôt blanches, serrées les unes contre les autres, reliées en petits groupes par un mur en terre. L'accès de chacun de ces groupes ne pouvait avoir lieu que par une habitation carrée, spacieuse, dont l'entrée munie d'une porte, donnait sur la rue. On pénétrait dans une cour étroite où des poules microscopiques fuyaient le soleil, où des piquets d'attache de chevaux, d'ânes, de bœufs, entravaient la marche. De place en place une habitation à un étage surplombait les autres et elle était précédée ou suivie d'une plate-forme où le religieux maître du logis lançait aux heures des prières son lamentable « **Allah il Allah ! Moham-**

madou raçoul Allah », Dieu est Dieu ! Mahomet est son prophète ! De grandes mosquées, toutes en terre aussi, émergeaient au milieu de la ville ; on y pénétrait par des ouvertures étroites et on se trouvait dans une sorte de soubassement mal éclairé qui contrastait violemment avec le soleil du dehors et qui semblait comme une invitation à la prière.

Dans les jours de chaleur, l'horizon éternellement jaune, éternellement lui-même, avec quelques asclépiades rabougries, quelques dattiers isolés, quelques marchands arpentant silencieusement les rues étroites, tortueuses et creusées par le ruissellement des eaux, des hommes et des femmes accroupis à l'ombre, des enfants nus, quelques ânes amarrés par les membres antérieurs, le cri lointain et monotone des cigales : et voilà Tombouctou. De temps à autre la prière des marabouts trouble ce silence accablant de soleil, prière qui s'en va lentement, lentement, dans le lointain infini des sables du désert.

Aujourd'hui Tombouctou meurt et s'éteint ; ses habitants, les tribus voisines, qui s'étouffent sous notre domination pacifique, fuient au loin. Que leur importe nos sentiments de justice et d'équité, puisque nous ne sommes que les perturbateurs de leur société qui, après tout vaut bien la nôtre. Ils s'en vont, ils nous fuient parce qu'ils veulent garder leur indépendance avec l'intégralité de leur société et il en sera ainsi jusqu'au jour où la conquête de l'Afrique généralisée les astreindra, les forcera à l'obéissance absolue. Ça n'est pas de cet état de choses, comme on le croit trop aveuglément que naîtra pour nous une colonie de rapports commerciaux et industriels. Partout où l'islamisme a passé, partout où il est vaincu, il ne laisse que des esprits pauvres, attendant l'intervention d'Allah et vivant, de ce fait, dans la paresse et dans l'hébétude religieuse. Mais nous reviendrons sur ce sujet en parlant de la religion musulmane, plus loin.

Actuellement, Tombouctou n'a pas une population de 10,000 âmes. Le commerce y est insignifiant et encore quel genre de commerce ! On ne voit que des caravanes apportant du sel, des cuirs, des peaux, des dattes, qu'elles échangent contre du blé, du mil, des vivres en un mot. En fait de productions industrielles, rien. Elle ne comprend plus guère que trois grands quartiers : un central, celui de **Badjinbé** ; un à l'ouest, celui de **Djénguériberr** ; enfin, un à l'est, celui de **Sarra Kaïna**. Trois mosquées, celle de **Djénguériberr**, la plus grande, celle de **Sidi Yahia** et celle de **Sankoré** représentent les seuls monuments de la ville, si toutefois on peut donner cette appellation à de grotesques amas de terre délayée, battue et ensuite séchée au soleil.

Les constructions de Tomboctou sont établies sur le modèle des constructions arabes, mais avec cette différence essentielle qu'elles ne comportent ni chaux, ni ciment, ni pierres, toutes sortes de matériaux qui font totalement défaut dans la région saharienne. On y délaye de la terre, on y mélange parfois de la paille hâchée pour la rendre desséchable; sous l'action du soleil, sans être exposée à se fendre. Avec ce mortier on construit une petite hauteur de mur : on laisse sècher, on construit une nouvelle hauteur et ainsi de suite. Les portes sont étroites et basses ; les fenêtres sont presque toujours remplacées par d'étroits créneaux. Les plafonds se font à l'aide de morceaux de bois et de branchages qu'on recouvre de terre délayée ; on les incline légèrement pour donner écoulement aux eaux des pluies ; quand ils ont une certaine étendue, ils sont soutenus à l'aide de piliers intérieurs. Les constructions en pisé, de forme circulaire, des nègres, y sont rarement utilisées.

Le chef actuel de Tombouctou est **Alfa Seïdou ould Gadadou**, de la famille des **Tolba**.

Goundam. — Goundam, le **Sassaouali** des touareg, est une ville de 1500 habitants environ, située sur le marigot de Goundam, à proximité du lac Faguibine et à une centaine de kilomètres au sud-ouest de Tombouctou. Jadis très florissante, bien que ville ouverte, on n'y fait pas aujourd'hui d'autre commerce que celui du sel et des grains provenant des riches régions du Daouna, le blé principalement.

Sur la route de Tombouctou à Goundam, on rencontre les petits villages de Korioumé, de Kabara et enfin de Tacoubao resté malheureusement trop célèbre par l'assassinat du brave colonel Bonnier et la destruction de sa vaillante troupe.

Bou-Djebiha. — Bien que d'une importance très secondaire, puisqu'il renferme tout au plus 400 habitants, ce village doit être connu de tous ceux qui se rendent de Tombouctou à Araouan. Situé à près de 200 kilomètres au nord-est de la ville mystérieuse, il possède deux puits pour son alimentation propre et une vingtaine d'autres au dehors, précieux pour les caravanes de passage.

Fondé par les Kel Essouk, il est encore peuplé par des individus de cette tribu puis par quelques bérabiches et hératine.

El Mamoun. — Ce village représente une seconde étape de Tombouctou ; il ne se trouve qu'à 60 kilomètres au nord de Bou-Djebiha. La population n'est composée que d'une centaine de hératine, de nomades et de plusieurs commerçants. Il y existe quelques habitations en pisé et un petit réduit ; il doit son origine aux Kounta Regagueda auxquels il appartient encore du reste. Bien que pourvu de deux puits seulement on y trouve une eau abondante et de bonne qualité.

El Mabrouk. — Cette ville, autrefois considérable, est presque totalement tombée en ruines aujourd'hui. On y voit encore un réduit avec un puits à son entrée et un autre dans son intérieur, le tout gardé par une vingtaine d'individus. Située à cent kilomètres au nord-est d'El Mamoun, elle fut édifiée en 1233 de l'hégire par une fraction des Kounta, celle des Ouled-El-Ouafi.

Araouan. — Araouan qui date de 100 ans à peine, fut fondée par un marabout vénéré **Sidi Ahmed Agada** dont le tombeau se voit encore au milieu de la ville même. Elle se trouve à plus de 200 kilomètres au nord de Tombouctou. C'est une remarquable localité de passage pour les caravanes, par suite de sa situation aux portes des centres sahariens. Sa population ne se compose que d'un millier d'habitants presque tous marabouts, du groupe des **El Habib**, enseignant la Grammaire, le Coran et le Code musulman. Les puits y sont nombreux, l'eau bonne et abondante. C'est au moment des azalaï ou caravanes annuelles de sel qu'y règne la plus grande activité.

Taodéni. — A Taodéni il existe un petit village de cinquante habitants, muni d'une enceinte et d'un puits et commandé par un chef portant le titre de gardien de sa mine de sel. Il faut donc considérer ce point plutôt comme un petit-poste que comme un centre réel d'habitations.

Téléïa. — Située dans l'Adghagh, au nord-est d'El Mabrouk, cette enceinte fortifiée flanquée d'une tour et d'une porte au nord d'une porte à l'est, construite par le cheikh **Sidi Amor El Kounti** de la tribu des Kounta de l'Est, ne renferme qu'une centaine d'habitants.

Ouaddan, Ech Chenguité, El Guédin et Attar. — Ce sont des petits villages ou ksour situés dans l'Adrar de l'ouest, pourvus de puits, de palmiers dattiers et d'abondants troupeaux de moutons ; bien que construits par les Oulad Sidi Mahmoud, ils sont aujourd'hui la propriété des Kounta.

Talmist. — Il ne s'agit encore là que d'un petit village de cinquante habitants jouant, comme les autres, le rôle de point d'eau.

Rachid. — C'est une sorte de petite oasis peu peuplée, pratiquée par des individus de la tribu des Kounta El Meteghamberine, par les Oulad Sidi Mahmoud et les Idao-aïch.

Ksar El Barka. — C'est aussi une petite oasis sans autre importance que de posséder de l'eau en abondance et de bonne qualité.

Tidjikdja. — Peuplé de hératine, ce village de cent habitants offre de l'eau en assez grande quantité et quelques palmiers dattiers.

Tichit. — Le village de Tichit, situé à la mine de sel du même nom, doit être très ancien, car l'historien **Saadou** que nous avons cité plus haut en parle et dit que les gens du Macina actuel en sont originaires. Peuplé de près de 500 habitants, pourvu de beaucoup d'eau, c'est un grand marché de sel provenant du lieu même ou de la Sekha d'Ijil. Il est habité surtout par des noirs des environs de Ségou puis par de petites tribus maures telles que les **Aal Macina** et les **Aal Tichit**. Une partie de ces derniers a émigré chez nous et s'est installée à Nioro.

Aguéridjit. — Ce petit village d'une centaine d'habitants est situé à proximité de Tichit ; il n'est considéré que comme un point d'eau pour les caravanes.

Oualata. — Oualata est une ville plus ancienne que Tombouctou qui, jusqu'au moment de la fondation de cette dernière, a joui d'une immense prospérité. Ce fut le siège des lettrés enseignant la grammaire et le Coran ; El Hadj Omar, le père d'Amahdou, y prit, dit-on, ses premières leçons. Elle fut connue anciennement sous le nom de Birou.

Depuis notre prise de possession de Tombouctou, Oualata est redevenue florissante et par sa population, et par l'importance de son marché ; elle compte au moins 3000 habitants, presque tous marabouts appelés **Mehadjib**. Située sur le territoire des Mehedoul elle est particulièrement pratiquée par les Oulad Naceur, les Oulad Allouch, les Oulad Bou Sebaa. etc.

Naama. — C'est un village peuplé de marabouts Mehadjib, comme à Oualata, mais d'une importance très secondaire ; il est fréquenté par les Laghelal, les Meschdouf, les Tenouadjou, les Allouch, les Oulad Naceur, etc.

Tougba. — Tout petit village habité par les Tadjakant. Tougba est peu fréquenté parce qu'il y a peu d'eau et qu'elle est en outre de mauvaise qualité.

Bassikounou. — Bassikounou, actuellement en notre possession, ne peut plus être considérée comme une ville mais plutôt comme un village abandonné. Ce fut un point fort important, il y a peu d'années encore ; il est peuplé d'un mélange de captifs, de noirs et d'individus de races très diverses. Ça n'est plus en somme qu'un point d'eau qu'on ne fréquente que quand on y est obligé : il n'y a qu'un puits de plus de 50 mètres de profondeur donnant de l'eau saumâtre.

Sokolo. — Aujourd'hui petit poste français, dépendant de la région dite du Sahel, Sokolo est un assez gros village situé dans une plaine sablonneuse où, en saison sèche, ne restent plus vivantes qu'une multitude d'asclépiades ; il est peuplé de sarracolets. On y récolte du mil en grande abondance dans certains fonds marécageux restant humides longtemps encore après la terminaison des pluies. Beaucoup de maures s'y approvisionnent en échange de sel et de moutons ou de chèvres.

Goumbou. — C'est encore un petit poste français, de la région du Sahel, situé à l'ouest de Sokolo. Le village est assez grand, peuplé de sarracolets et divisé en deux fractions séparées l'une de l'autre par une mare qui se dessèche une grande partie de l'année mais où on peut établir des puits. Les environs sont tantôt sablonneux, tantôt rendus rocailleux par des phyllades ardoisifères. La végétation n'est représentée que par des asclépiades et, dans les points marécageux, par des tamariniers : il existe quelques gommiers dans les environs (**Acacia vereck**).

Le commerce y est étendu par le passage des caravanes chargées de sel, de gommes, de cuirs, de peaux en échange du mil, des étoffes, etc.

Kassakaré, Kassambara et **Tourourou.** — Ce sont de grands villages sarracolets, situés entre Goumbou et Nioro et placés sous notre domination. Ils ont une grande importance en ce sens qu'ils sont limitrophes des régions sahariennes et que les maures y viennent commercer où y vivent quelquefois en sédentaires. Les régions qu'ils représentent, c'est-à-dire le Ouagadou, le Bakounou et une partie du Kingui sont très riches en mil, en troupeaux de bœufs, de moutons et de chèvres.

Nioro. — C'est la capitale de la région du Sahel. C'est une ville fort ancienne, chef-lieu de la province du Kingui, construite en terre par les Bamana (bambara du vulg.) sur le modèle des villes arabes, à l'instar de Tombouctou. Les toucouleurs sous la conduite d'El Hadj Omar, s'en emparèrent et, plus tard, ce fut la capitale du roi Ahmadou Cheikhou. Quand ce dernier en fut chassé par nos troupes commandées par le général Archinard le 1er janvier 1890 la ville était encore considérable. Etendues sur une longue éminence sablonneuse de plus d'un kilomètre, les habitations y étaient serrées les unes contre les autres ; à l'extrémité nord une vaste mosquée sans minaret, puis le **dionfoutou** du fama (tata des toucouleurs) ou résidence royale. C'était un vaste quadrilatère flanqué d'une tour à chaque coin et bordé d'énormes murs en pierres plates (phyllades ardoisifères) agglomérées avec de la terre délayée ; on y pénétrait par une porte ouverte à l'est et suivie d'une sorte de labyrinthe où la lumière ne pouvait pénétrer. Dans l'intérieur, les habitations, du même type que celles du village mais plus soignées, étaient tellement serrées les unes contre les autres qu'il en résultait une sorte de dédale qu'une longue fréquentation seule pouvait arriver à bien faire connaître.

Aujourd'hui Nioro est en partie détruite. Le commerce y est resté important parce que c'est là que reste le commandant de la région, que se paient les impôts, que se règlent les grandes questions judiciaires, etc. Les environs sont fort peuplés, de sarracolets surtout, puis de toucouleurs et de quelques peulhs. Les caravanes maures y passent fréquemment pour aller rejoindre l'escale de Médine avec leurs chargements de gommes.

Yélimané, Tambacara, Selibaby sont encore de forts villages frontières, peuplés de sarracolets, limitrophes des peuplades maures et s'étendant entre Nioro et Bakel. **Dar-Es-Slam**, situé sur une ligne un peu plus au sud, est un village assez important occupé par des maures devenus sédentaires, les **Oulad El Ghouizi**.

CHAPITRE TROISIÈME

Arabes.

Caractères ethniques et physiques en général. — Le vêtement et la
parure. — La coiffure. — Mutilations. — Circoncision, excision. —
L'habitation. — L'alimentation. — Le sort de la femme. — Le mariage.
— L'enfant. — La famille et l'héritage. — L'esclavage. — L'état
politique. — Les castes. — Les associations. — L'industrie. — Le
commerce. — L'agriculture. — Le bétail. — La chasse. — La pêche.
— La navigation. — Les armes de guerre. — La musique. — La
danse. — Les musiciens. — Les funérailles. — La religion. — Les
épreuves. — Prêtres et sorciers. — La future vie. — Les esprits. —
Caractère et morale.

Les caractères ethniques des arabes ont été assez bien étudiés
dans ces dernières années. Les données craniométriques peuvent
se résumer ainsi :

Indice céphalique (d'après Broca) 74,00
Indice céphalique (d'après Lagneau) 75,60
Capacité cranienne (hommes) 1,510
    —   —   (femmes).................... 1,355
Indice vertical de hauteur-largeur 101.6
    —   —   de hauteur-longueur 72,7
Diamètre frontal minimum 99
Diamètre stéphanique 115
Indice facial 58,5

Indice de prognathisme	79,4
Indice orbitaire	87,3
Indice nasal	45,2
Indice palatin	75,7
Angle occipital de Daubenton	$+5°2$
Angle orbito-occipital	$12°8$

Les courbures de la colonne vértébrale sont un peu plus étendues que celles des Européens.

Le thorax n'offre rien de particulier et l'indice thoracique atteint le chiffre de 88,7.

Le bassin n'est pas très large mais, par contre, son diamètre antéro-postérieur est normal.

L'indice scapulaire serait de 63,5 d'après Broca et l'indice sous-épineux de 85,0 suivant le même auteur.

L'angle de torsion de l'humérus atteint le chiffre de $143°3$.

Le système musculaire est en général peu développé et les organes splanchniques n'offrent aucun intérêt particulier.

Le pénis est très développé, presque autant que chez les races nègres et les vésicules séminales sont d'une grande capacité. Chez la femme, les **grandes lèvres** sont moins fortes que chez les européennes et les **petites lèvres** quelquefois fort volumineuses. Le clitoris peut acquérir un volume considérable et le vagin être très long. Les mamelles presque toujours hémisphériques sont pendantes de très bonne heure.

Les hommes, au contraire des femmes, sont maigres ; la peau est douce et peu épaisse. La conjonctive est légèrement teintée et jaunâtre ; l'œil est petit bien que largement ouvert.

La peau est d'un blanc laiteux dans ses parties couvertes, brune partout ailleurs ; celle des femmes, moins exposée au hâle, est toujours plus claire. Les cheveux et la barbe sont noirs, lisses et brillants.

Leur taille moyenne est de 1 m. 68 et le rapport de leur grande envergure à cette taille ramenée = 100 est de 101,3.

Maigres et d'une apparence peu robuste, les arabes supportent cependant les grandes fatigues et les privations que leur imposent les interminables routes dans le désert. Le visage étroit et allongé présente des lignes d'une finesse remarquable, chez les femmes surtout. Leurs yeux petits, largement ouverts, surmontés de longs cils noirs et brillants, expriment une intelligence développée. Le nez est aquilin, comme chez tous les sémites, long et étroit. La bouche est petite, les lèvres minces, les mâchoires sans saillie prononcée et le menton fuyant. Les mains et les pieds sont d'une finesse remarquable chez toutes les femmes. La démarche est fière et cadencée.

En Arabie vraie, l'arabe est un peu moins grand que celui que nous venons de décrire et son système musculaire est plus développé. Dans le Sud algérien, dans les régions désertiques du Sahara, l'arabe est d'une maigreur exagérée ; la teinte de sa peau est bronzée ; il porte de grands cheveux mal soignés et une barbe inculte.

Malgré toutes les vicissitudes de leur histoire, malgré quelques croisements, les arabes ont gardé leur type caractéristique dans toute sa pureté. L'arabe à la recherche de pâturages dans le désert est resté semblable à celui de l'Yémen qu'on considère comme le type parfait du groupe.

*
* *

Le vêtement de l'arabe est simple et admirablement approprié aux régions qu'il habite. Le riche porte un pantalon très ample, se serrant à l'aide d'un long cordon et descendant jusqu'au mollet : il est soit en drap, soit en toile blanche et fine, suivant la saison. Souvent il porte une sorte de gilet avec de nombreux boutons, assez semblable à celui des Egyptiens et des Ottomans. Tout le haut du corps est couvert par la **grandoura**, sorte de grande chemise, ample, avec de larges fentes pour donner passage aux bras. Quelquefois on le voit porter plusieurs grandoura l'une sur l'autre. La tête est couverte d'une chéchia rouge ou blanche entourée d'un

long turban blanc, sur laquelle il rabat fréquemment le capuchon
de son bernouss ou une partie de sa grandoura. Les pieds sont
chaussés de simples sandales (sbatt) ; dans la haute société algé-
rienne les chaussettes sont en usage.

Le bernouss est l'indispensable manteau de l'arabe ; c'est une
pélerine très longue, munie d'un capuchon, cousue à l'encolure
au lieu d'être fermée par une agrafe. Il est en drap épais mais le
plus souvent en poils de chameau ; il garantit du froid et de la
pluie.

Chez le pauvre, les vêtements sont sordides ; il n'a pas toujours
de pantalon et une misérable grandoura suffit à le garantir, même
par les temps froids. Dans le Sahara où la température est toujours
extrêmement chaude, l'usage du pantalon n'est plus réservé qu'aux
nobles et aux chefs.

Les femmes arabes ne portent pour ainsi dire que la **melhefa**.
C'est un long morceau de toile blanche ou de cotonnade bleue,
très rarement de drap qu'elles fixent à la ceinture et dont elles
s'enveloppent ensuite le haut du corps, puis la tête, en le con-
tournant plusieurs fois ; elles se cachent ainsi tout le bas du
visage et on n'aperçoit plus que les yeux. Dans les villes d'Algérie
et dans quelques grands centres, la femme chausse le bas et des
sandales, porte un pantalon flottant, se serrant à la ceinture et
au-dessus des chevilles, et recouvre le haut du corps à l'aide d'un
simple corsage. Elle se revêt ensuite d'un haïk (sorte de voile en
toile) de petites dimensions qu'elle drape sur le haut du corps et
sur la tête.

La femme arabe ne porte point partout le voile et il est beaucoup de campagnes où cet usage n'est réservé qu'aux femmes
riches ou de haute noblesse.

L'arabe ne porte point de bijoux ou de parure, si ce n'est toutefois quelques bagues. Il recherche les vêtements d'une blancheur
éclatante, une riche ceinture avec un ou plusieurs poignards
artistement montés, un bernouss à glands d'or, des bottes finement travaillées et de magnifiques éperons. Profondément vani-

teux, il aime paraître dans tous les cas où cela lui est possible et, pour cela même, il subit les plus grandes privations.

Les femmes aiment la parure à un suprême degré et elles passent à leur toilette un temps dont on ne peut se faire une idée.

Leurs cheveux sont tressés en nattes multiples et courtes ; elles agrémentent le sommet de la tête d'une couronne de perles ou de médailles variées en forme et en richesse. Elles portent de grands et fins anneaux aux oreilles et de longs colliers au cou. Pour ces derniers elles aiment bien utiliser les pièces de monnaie et surtout les pièces d'or. Les poignets sont chargés de bracelets et les pieds quelquefois de lourds anneaux plus ou moins artistement travaillés. La parure est en honneur même chez la femme pauvre qui, à défaut de l'or ou de l'argent, porte des ornements de bronze, de cuivre et même de fer. Nous laissons de côté, bien entendu, les amulettes, les gris-gris qui ont plutôt un caractère religieux, comme nous le verrons plus loin.

La femme arabe, exception faite de la femme du pauvre, reste pour ainsi dire cloîtrée, accroupie sur des nattes ou des tapis et, durant ces longues heures d'oisiveté elle ne songe plus qu'à sa parure. Elle se noircit les paupières avec le **koheul** ou de la poudre d'antimoine, se rougit les lèvres avec le **souak** (écorce de noyer) et colore ses ongles et la paume de ses mains avec des feuilles de **henné (Lawsonia inermis)**, cuites et pilées. Cette dernière opération que nous verrons étendue jusqu'aux nègres du centre de l'Afrique est longue car la pâte de henné doit rester de quatre à cinq heures en application pour teindre convenablement. Elle aime les parfums et, dans les habitations, elle brûle l'encens et la myrrhe.

Dans quelques régions du Sud algérien, elle se pique les lèvres et les gencives à petits coups répétés et fort souvent jusqu'à ce que ces régions-là aient pris une teinte ardoisée très foncée.

Ses oreilles sont souvent percées en de nombreux endroits et supportent des anneaux si lourds que leur poids seul suffit pour les déchirer d'une façon lente et progressive. Elle se pratique des tatouages sur les bras, la poitrine et très exceptionnellement au visage.

La circoncision est mise en pratique chez l'arabe au moment de sa naissance ou plus tard suivant les tribus.

*
* *

On croit, d'une façon générale, que l'arabe vit sous sa tente, pour ainsi dire en permanence. C'est une erreur, car il ne l'utilise que quand il pratique la vie nomade ou qu'il entreprend un grand voyage avec sa famille. Il possède des villes et des villages qui ont un cachet d'originalité des plus remarquables.

Les grandes villes arabes sont construites à la façon des villes européennes en ce qui concerne les matériaux utilisés et avec cette différence que le style n'y ressemble jamais. Ce style arabe, cet indéfinissable style punique, ce style empreint d'un caractère propre, ce style surtout joint aux styles grec et romain, volés dans les villes prises ou détruites, donne aux cités arabes un aspect bizarre et imposant.

Au centre, se trouve la **Kasbah**, avec ses coupoles et ses hauts minarets. C'est l'habitation fortifiée du maître, la citadelle, c'est le siège du gouvernement ; c'est là que sont les prisons et l'arsenal. Le palais est en marbre blanc et formé de vastes salles carrées, aux murs blancs et nus, quelquefois ornés cependant de mosaïques aux couleurs variées ; de grandes vérandahs soutenues par des colonnes de marbre sculptées par d'autres, par des romains surtout, permettent de fuir l'ardente chaleur du soleil ; de grandes cours avec des bassins pleins d'eau, amènent un air frais et pur ; des arabesques ornent les plafonds ; pas de meubles, mais des tapis d'Orient, des coussins en cuir qui permettent de s'accroupir et de s'étendre pour prendre le thé et le café.

Dans la ville, les maisons sont construites sur le même type mais pas aussi richement. En général la demeure a comme entrée un grand vestibule où le maître reçoit et donne l'hospitalité ; plus

(Figure 16)

BEN DRISS — TYPE ARABE

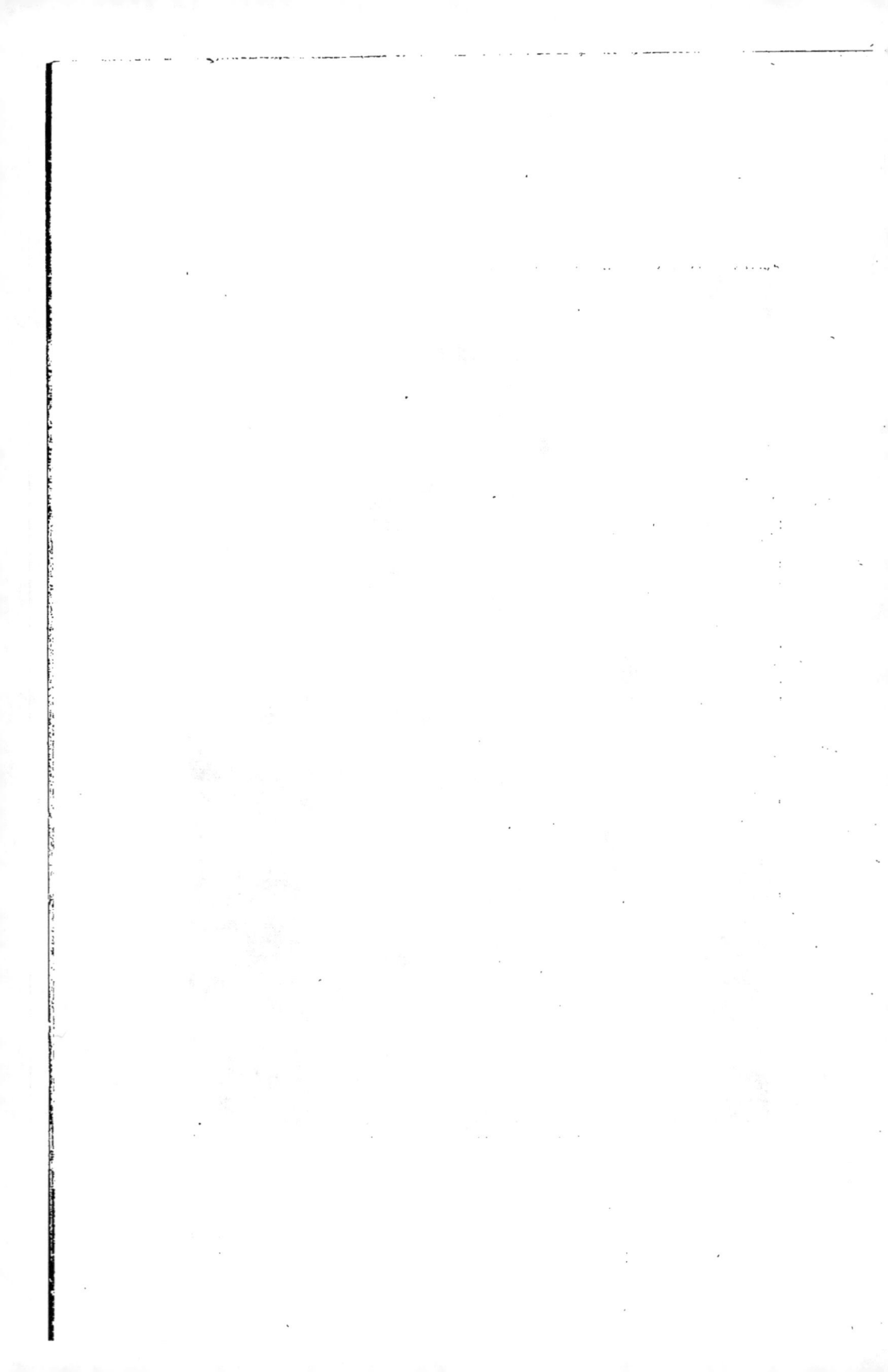

loin, se trouve l'habitation des femmes, habitation où elles sont pour ainsi dire cloîtrées et d'où elles ne peuvent sortir que voilées. Ces sortes de maisons sont quelquefois à plusieurs étages et presque toujours surplomblées de terrasses qui permettent de respirer l'air frais des nuits.

Les rues sont étroites, tortueuses, souvent en escaliers, la plupart des villes arabes étant construites sur des mamelons à pentes très raides. On y voit circuler des marchands, des femmes cachées sous le **Kaïk** blanc, des hommes aux grands bernouss flottants ; on y voit des vieillards, accroupis à l'ombre, déroulant leurs chapelets avec un perceptible mouvement des lèvres, puis des mendiants, puis des enfants et des hommes réunis qui jouent leur argent gagné avec une sorte de passion frénétique.

Au milieu de toutes ces habitations, s'élèvent des mosquées, vastes temples de la prière, surmontées de hautes coupoles et du croissant symbolique. C'est dans ce genre de constructions que le peuple arabe a déployé toutes les ressources de son art.

La mosquée représente une salle immense, pouvant contenir plusieurs milliers de personnes ou moins, suivant les villes. Paul Arène nous décrit la mosquée de Kairouan de la façon suivante :

« C'est comme une ville dans la ville avec son enceinte de remparts accolés d'épais et lourds contreforts pareils à ceux de nos églises du XIe siècle. » Dedans un enchevêtrement de colonnes que relient des poutres en bois transversales ; un plafond bas ou plutôt une collection de petits plafonds bizarrement variés et de coupoles, le demi-jour, des nattes qui éteignent le bruit des pas ; ça et là quelques formes blanches prosternées.

« Vue ainsi, la mosquée paraît féérique.

« Il faut la réflexion pour secouer l'enchantement et s'apercevoir que les fûts en marbre précieux portent parfois, quand ils sont trop courts, deux chapiteaux superposés, et que ces chapiteaux, dont chacun mériterait une étude à part, et dans les ornements desquels l'art grec et romain semble parfois rejoindre le

11

mystérieux art punique, n'ont d'arabe que le badigeon blanc qui
en empâte les détails.

« Ces colonnes furent volées à des ruines, aux ruines de Sabra
où il en reste deux encore qui saignèrent quand on voulut les ren-
verser, dit la légende..... L'ensemble ne manque pas d'une
certaine grandeur barbare, et sent la prodigalité fastueuse du pillard armé, l'improvisation de la conquête. Mais l'orient pur s'y
révèle surtout dans la chaire ciselée curieusement avec une enfan-
tine richesse d'imagination ; et aussi, pour ne rien oublier, dans
les grands lustres de bois violemment coloriés, dont les degrés en
pyramides portent une infinité de vulgaires lampions en verre, débordant d'huile épaisse et mal odorante.

« La cour, grand cloître où l'herbe pousse, car la ruine se met
dans ce monument fait de ruines, s'entoure, elle aussi, des mêmes
colonnes.

« Le pavé est tout en débris antiques : frises, rosaces, caissons
de plafonds. Sur le mur à côté de la porte qui conduit à l'escalier
du minaret, je remarque deux inscriptions latines, l'une scellée la
tête en bas et que je n'essaye pas de lire, l'autre parfaitement con-
servée et portant une dédicace à Nerva. »

En dehors de l'enceinte des villes, quelquefois dans leur intérieur, on rencontre des **Koubba**. Ce sont des tombeaux élevés à
la mémoire de saints vénérés et dont nous aurons l'occasion de
reparler au sujet de la religion musulmane.

En outre des grandes villes qui tendent aujourd'hui de plus en
plus à disparaître devant notre invasion lente et progressive, il
existe des villages arabes plus communément connus sous le nom
de **Ksour**. Les habitations y sont construites sur le même type
que dans les villes, mais elles sont en pisé. Leur durée est courte
quand on n'a pas soin de les crépir souvent d'une couche de terre
délayée et mélangée soit à de la paille hachée, soit à de la bouse de
vache. Les **Ksour**, peuplés en général de quatre à cinq cents
habitants, sont entourés d'une enceinte en pisé, flanquée de place
en place de tours rondes ou carrées destinées à favoriser la défense. Ces sortes de villages s'étendent très loin dans le Sahara.

C'est même de cette façon que Tombouctou fut installée et nous verrons encore, plus loin, en parlant des Bamana, que leurs constructions ont été copiées sur celles des Ksour arabes ou berbères. On y trouve des mosquées en pisé, étroites et sombres, souvent crépies et blanchies par les fidèles. Dans ces villages à rues étroites et rendues creuses par le ruissellement des eaux, la propreté est loin de régner ; les troupeaux logent dans les cours des habitations; quelquefois même dans les habitations ; les immondices et les débris de cuisine sont jetés aux portes des villages où ils finissent par faire d'énormes amoncellements ou bien simplement déposés aux coins des rues et aux portes mêmes des habitations.

Le mobilier arabe est réduit à sa plus simple expression : pas de chaises, par de meubles, pas de tables pour les repas. Le riche vit accroupi sur des tapis, le pauvre sur des nattes ou peaux de bœufs et de moutons. Des coussins en cuir rembourrés d'alfa lui servent pour s'accouder. C'est accroupi à la façon orientale qu'il prend ses repas, qu'il boit le thé ou le café. Quelques candélabres en bois supportant des bougies ou des veilleuses éclairent la maison du riche ; une simple mèche jetée dans une coupe remplie d'huile ou de graisse illumine le foyer du pauvre. L'arabe dort sur des sortes de sofas couverts de nattes ou de tapis ; il n'enlève point ses vêtements et repose sa tête sur un coussin en cuir. En général, il s'installe d'une façon plus rustique ; une natte et un coussin posés suffisent pour prendre son repos.

L'arabe est loin d'être partout sédentaire : il aime aussi la vie nomade, la vie errante, les longs voyages à travers les sables brûlants du désert. C'est en menant ce genre de vie qu'il couche sous la tente emmenant avec lui sa famille, et presque toujours tout ce qu'il possède.

La tente ou **Khétma** est grande et spacieuse, formée de tissus très variables, tantôt de palmier nain, de laine, de poils de chèvres, tantôt de poils de chameaux, de peaux de moutons, de chèvres, de bœufs, cousues ensembles. Ces vastes et lourdes toiles sont soulevées par un piquet central et fixées au sol par leur pourtour, à l'aide de petits piquets en bois. C'est en rampant qu'on pénètre dans ces abris imperméables à la pluie et au soleil. Une toile tendue divise presque toujours la tente en deux compartiments, l'un réservé au maître et l'autre à ses femmes. Dans l'intérieur, rien pour ainsi dire ; les armes sont suspendues au support de cette singulière maison ; au centre, les sacs de vivres ou les marchandises transportées ; quelques mortiers en bois et leurs pilons ; quelques marmites et quelques écuelles ; des peaux de boucs ; la malle ou **senndouk** renfermant les vêtements, les parures et les objets précieux. Malgré cette grande simplicité, l'arabe est heureux ainsi. Vient-il à être attaqué, sa demeure est vite pliée et chargée avec ses bagages : ses chameaux et ses chevaux sont toujours à proximité. Il est facile de concevoir que, dans des conditions de vie semblables, il ne lui faille rien de trop, mais seulement le plus strict nécessaire. Il est heureux sous sa tente, la maison de poil comme il l'appelle encore, **bite echaar.**

L'arabe commerçant, celui-là même qui s'en va dans les régions les plus éloignées, faisant partie des grandes caravanes de chameaux, n'emporte pas de tente avec lui. Il couche à la belle étoile et, si la saison est mauvaise, si la végétation aussi du pays lui permet, il se construit un gourbi. Ce genre d'abri est généralement composé d'une trentaine de perches souples qu'on plante dans le sol sur une ligne circulaire, qu'on courbe pour les réunir toutes par leurs extrémités en un nœud central. On recouvre de paille qu'on maintient avec des cordes d'écorces d'arbres et on a ainsi un abri contre la pluie et contre les rayons trop ardents du soleil. Nous verrons plus loin que les maures, les peulhs et même les indigènes nègres utilisent ce mode d'habitation.

*
* *

L'alimentation de l'arabe n'est guère variée.

Si les femmes sont dérobées soigneusement à la vue du public, c'est à elles cependant que revient le soin de préparer la nourriture de leurs maris ou de la faire préparer sous leurs yeux par leurs esclaves ou leurs serviteurs. Malgré le chapitre du Koran parlant de la lumière et des femmes et qui dit : « Dis, ô Prophète !

aux femmes croyantes que les hommes leur sont supérieurs, parce que Dieu l'a ordonné ; qu'elles doivent obéir à leurs volontés, garder leur secret, et qu'un mari peut les frapper si elles désobéissent. Dis leur encore qu'elles doivent contenir leur vue, ne rien montrer de leur beauté que ce qu. doit paraître. couvrir leurs seins, se voiler le visage et vivre chastement ». La femme arabe aime à voir, à travers le rideau qui la sépare des convives, d'un œil furtif. tout ce qui se passe et entendre tout ce qui se dit.

Le kousskouss ou kesskessou peut être considéré comme un plat national. C'est de la farine de blé, obtenue soit par sa mouture dans un moulin composé de deux pierres dont la supérieure roule sur l'inférieure, soit en l'écrasant à la main sur une grosse pierre à l'aide d'un moellon, comme cela se fait encore dans les centres sahariens, puis légèrement humectée d'eau et ensuite cuite à la vapeur. Le kousskouss est arrosé de bouillon de mouton fortement pimenté et aromatisé. puis on ajoute les morceaux de viande à la surface du plat. Les hommes mangent isolément et puisent dans le même plat après s'être lavé les mains. Ils roulent le kousskouss au bout de leurs doigts. en boulettes. qu'ils lancent rapidement dans leur bouche et déchirent avec leurs dents les morceaux de viande épars dans le plat. Ils commencent leurs repas par une formule sacramentelle à Dieu : « **Bisimillah** (au nom de Dieu), » et le terminent en disant : « **Hamdoullah** (louange à Dieu) ». Ils ne boivent jamais en mangeant. mais seulement à la fin du repas. et se lavent les mains à nouveau. Les femmes mangent à la suite des hommes, puis les esclaves.

La viande. lorsqu'elle est en trop grande abondance pour les besoins domestiques. est découpée en longues lanières dentelées, puis mise à sécher aux rayons solaires ou, à défaut. au-dessus de brasiers ardents. Quand cette opération est menée avec soin, la viande se conserve bien, mais il est loin d'en être toujours ainsi et, quelquefois, des accidents septiques ou dyssentériques peuvent survenir par suite de son usage. C'est surtout sur les viandes tirées de la chasse, à de grandes distances des villages et des ksour, qu'on pratique cette sorte de dessication rapide, plus connue sous le nom de **boucanage**.

Les galettes de farine de blé, sans levain, de farine de maïs, de farine de mil, sont aussi d'un commun usage. Le riz n'est guère consommé que dans les régions nord du Soudan et toujours arrosé de sauces fortement pimentées.

Dans le désert, la vie de l'arabe est plus rude et il est souvent obligé de se contenter de dattes, de jujubes et de pistaches ; les hasards de la chasse lui permettent, mais rarement, de manger un peu de viande. Dans les moments de grande détresse, il vit de la gomme des arbres, de leurs bourgeons, de sauterelles grillées au feu.

Dans les tribus nomades, voyageant généralement avec leurs troupeaux, on se nourrit beaucoup de laitage aigri, de beurre, peu en importe la provenance : vaches, brebis, chèvres, chamelles ; le lait de chèvre semble toutefois plus apprécié que les autres.

La chair du porc, celle du sanglier et des animaux du même groupe sont bannies d'une façon formelle par le Coran.

Chez l'arabe, l'hospitalité est de rigueur et de source aussi ancienne que l'origine même de leur religion. Si l'on veut jeter un instant un regard sur la vie errante que mène l'arabe, sur la même vie qu'ont menée ses ancêtres, on conçoit aisément qu'obligé d'être un peu partout, souvent sans moyens directs d'existence, il ait aimé à être reçu, à être aubergé au passage. En outre, les peuplades qu'il visite dans ses longs déplacements sont nomades aussi, pour la plupart, et éprouvent les mêmes besoins. Ne voyons-nous pas dans la Genèse déjà, Loth s'agenouiller devant des anges ayant pris la forme humaine et les supplier de s'arrêter chez lui, leur offrir de laver leurs pieds, puis bon gîte et bonne nourriture ? Ne voit-on pas Sarah partir préparer de ses mains le repas des hôtes d'Abraham et Rebecca, ne court-elle pas à la source voisine chercher l'eau nécessaire aux émissaires de Dieu.

Cette hospitalité ancienne, si nécessaire aux besoins du voyageur, s'était imposée d'elle-même et Mohhammed, le Prophète, en a tellement compris l'importance, qu'il l'a érigée en vertu religieuse. Lui-même en sentait d'autant plus le besoin qu'il avait beaucoup voyagé et qu'il connaissait tous les déboires et toutes les exigences de la vie nomade ; aussi il fit une consécration divine de l'hospitalité, et la réglementa d'une façon tout exceptionnelle. Il a dit : « Ce qui constitue la foi, c'est l'exercice constant de l'hospitalité et la stricte obligation de rendre le salut à celui qui vous l'a adressé. » Plus loin, il ajoute : « Le meilleur pèlerinage, celui dont on peut espérer le plus de fruit, consiste à donner à manger, ainsi qu'à parler toujours avec bonté. Les anges ne hantent pas la demeure de ceux qui n'admettent pas les hôtes. »

L'hospitalité arabe est de trois ordres : 1° ou elle est publique, nationale en quelque sorte, et c'est le gouvernement qui pourvoit à tous les frais ; 2° ou elle est religieuse et offerte aux pauvres, aux malheureux par ce qu'on appelle les **zaouyas**, sortes de corporations religieuses établies soit auprès d'une mosquée, soit auprès du tombeau d'un saint renommé, soit érigées en écoles de religion ; 3° ou enfin privée.

Sans l'hospitalité la société arabe serait vite détruite : c'est un des pivots essentiels de son existence. On la trouve mise en pratique partout, à la guerre, à la chasse, dans les villages, dans le Sahara même, en un mot dans toutes les circonstances de la vie.

L'hospitalité publique mise en vigueur par l'installation de caravansérails où on ne paie que des prix minimes, n'a en rien diminué l'institution de l'hospitalité privée. Les gens riches ont une tente de campagne, — **bite ed diyaf** —, pour recevoir leurs hôtes, pour les laisser plus libres, mais surtout pour qu'un regard indiscret ne soit pas jeté dans leur demeure.

La sobriété de l'arabe est extraordinaire et on en cite des exemples presque incroyables ; sa vigueur et son énergie ne sont pas moindres.

*
* *

La femme arabe compte bien peu dans la société : elle est inférieure et subordonnée à l'homme. Elle ne sort que pour rendre visite à ses parents ou aux tombeaux de quelques saints vénérés ou bien encore pour aller au **hammam**.

Dans l'intérieur, elle s'occupe de préparer ou de faire préparer les repas de son mari et de ses hôtes. Malgré les doctrines arabes qui ne veulent lui concéder aucun droit, la femme prend souvent une forte autorité dans la famille et quelquefois même dans toute la tribu.

> *Consulte toujours ta femme ;*
> *Et fais ensuite à ta tête.*
> **Chaour martek**
> **Ou dir rayek.**

Dans ce proverbe, les arabes en disent beaucoup plus qu'ils ne pensent en réalité et souvent bon nombre d'entre eux sont, à leur insu, sous la domination de leurs femmes. Si la femme est obligée d'appeler son mari **Sidi**, monseigneur, si elle lui baise les mains et lui lave les pieds après un long voyage, il n'en est pas moins vrai qu'elle est consultée même quand il s'agit de prendre une décision futile.

On ne doit pas pénétrer dans les habitations des femmes, si ce n'est le mari seul ; elles vivent tout à fait isolées le jour, à l'ombre de leurs vérandahs, le soir sur les terrasses des maisons. Dans certaines familles pauvres, elle vit à côté des hommes mais jamais elle n'est autorisée à prendre ses repas avec eux. Le voile n'est point non plus de rigueur partout ; les Omanites ne le portent pas toujours et les Bédouines ne s'en servent jamais.

L'arabe est polygame. Il achète sa femme à son père ; il a le droit de vie et de mort sur elle ; il peut la répudier quand elle a cessé de lui plaire.

Quand il est riche il lui donne des esclaves pour l'aider dans ses travaux domestiques.

Dans le Sahara, jusqu'au nord du Soudan, l'esclavage se pratique en grand, mais il disparaît petit à petit partout où notre autorité s'est étendue.

Cette sorte de mariage qui n'est en somme que l'achat pur et simple de l'épousée, est une des grandes erreurs morales de la religion musulmane parce que c'est une vraie négation de la famille. Si on excuse un homme d'avoir épousé une femme déjà vieille en disant que :

« *Le raisin sec n'est bon à manger que quand il est ridé.*
El zebib ma itkel ghér mekemmech. »

On ajoute que :

« *La femme fuit la barbe blanche*
Comme la brebis fuit le chacal.
El mra therob menn echib,
Kif en naadja menn ed dib. »

Quand, dans une religion, le mariage n'est point laissé au libre arbitre de la sélection naturelle, sa valeur morale est nulle et on conçoit ainsi que la femme arabe ne puisse avoir aucune vertu domestique.

Nous venons de dire que l'esclavage était mis en pratique dans le Sahara ; dans ces régions en effet, les maures, les touareg ont des esclaves ou captifs qu'ils font travailler. On croit généralement en France, dans un légitime élan de civilisation, que les esclaves sont battus, maltraités, vendus et qu'ils vivent dans le plus épouvantable état de misère. Il n'en est rien du tout, car dans ces régions, l'esclavage est une véritable institution sociale, non-seulement regardée comme naturelle mais comme tout à fait indispensable. Les maîtres pensent que sa destruction sera une vraie ruine pour la société et, qui plus fort est, les esclaves eux-mêmes, émettent le même avis ; lorsqu'ils sont devenus libres pour une raison ou pour une autre, leur premier souci est de pouvoir acquérir un esclave à leur tour. Nous nous sommes considérablement exagéré la condition du captif et il n'est pas aussi malheureux qu'on pourrait le croire. En parlant des peuplades nigritiennes nous reviendrons longuement sur cette intéressante question généralement incomprise par notre civilisation moderne.

La société arabe a pour base fondamentale la famille où le père jouit d'une autorité absolue et dès que plusieurs familles, liées par un peu de parenté, viennent à se réunir, la tribu est dès lors constituée. La hiérarchie est assez compliquée et M. le général Daumas la résume de la façon suivante :

« **Soultane.** — Sultan, chef d'empire.

Amir. — Emir, prince musulman.

Amir el moumenlne. — Le commandeur des croyants. Nous en avons fait le « **Miramolin** ».

Ouzir, pluriel **Ouzera.** — Vizir, ministre.

Mersoul. — Ambassadeur, consul, envoyé.

Khelifa. — Kalifa, calife, lieutenant du sultan.

Sous l'émir Aabd-el-Kader, les Kalifas étaient gouverneurs d'une province.

Tout principal fonctionnaire indigène a, pour l'aider, un Khelifa lieutenant.

Bach agha. — Ce mot est turc ; il veut dire chef des agas.

Dans l'ordre hiérarchique, le **bach agha** vient après le Kalifa ; il est d'ordinaire le chef d'une circonscription de pays très étendue.

Agha. — Aga, chef qui est placé sous les ordres du bach-agha.

Du temps de l'émir Aabd-el-Kader, il répondait d'un grand nombre de tribus.

Kaïd el Kiyad. — Le Kaïd des Kïads. Il commande à plusieurs tribus et relève directement de l'aga.

Kaïd. — C'est le chef d'une tribu plus ou moins grande. Selon son importance, la tribu se divise en un certain nombre de fractions — **ferka.**

La fraction, à son tour, se divise en douars, ronds de tentes qui forment des villages arabes dont les maisons, au lieu d'être en pierres, sont faites avec une étoffe composée de laine et de poils de chameaux. Cette maison, on l'appelle **kheima,** — tente — ou bien encore **bite echaar** — la maison de poils.

Kaïd el aachour. — Est une fonction qui n'est ni politique ni religieuse. Elle a pour but de veiller à la perception des impôts et de s'opposer au gaspillage.

Chikh. — Chef d'une fraction de tribu, — fer<u>ka</u>.

Ce mot s'applique aussi aux hommes âgés et considérés. Dans ce cas, il est synonyme de vénérable.

La réunion des Cheiks d'une tribu forme la **djemaa** ou conseil municipal.

Kebir ed douar. — Chef de douar, espèce de village arabe dont j'ai parlé plus haut.

Hhakem. — Chef d'une ville ou d'un village arabe. Il remplit, à l'égard de cette ville ou de ce village, les mêmes fonctions que le Kaïd à l'égard de sa tribu.

Amine. — C'est le nom donné au chef d'une tribu Kabyle.

Dans les villes, on donne encore le nom d'amine aux chefs des corporations musulmanes. Dans ce cas il est synonyme de syndic.

Amine el oumena. — L'amine des amines, c'est-à-dire le chef des amines. Cette fonction est tout à fait spéciale à la Kabylie.

Khoudja. Kateb. — Secrétaire. Les chefs arabes, ne sachant pour la plupart ni lire ni écrire, se font toujours accompagner par un Khoudja qui prépare la correspondance sur laquelle ils apposent eux-mêmes leur cachet. On en trouve de très habiles et de très intelligents.

« A déclaré ne pas savoir signer attendu qu'il était chevalier. »
Kateb es-serr. — L'écrivain du secret, de confiance. Seuls, les grands chefs possèdent des secrétaires de cette espèce.

Khaznadar. — Trésorier.
Oukil. — Chargé d'affaires, intendant, administrateur.
Kebir el mehhalla. — Le chef de l'armée.
Bach-tobdji. — Le chef de l'artillerie.
Kaïd el mouna. Et aaouïne. — Le chef des vivres.
Āghete el aasker. — L'agha de l'infanterie.
Aghete el Khiyalas. — L'agha de la cavalerie.
Bach-hhammar. — Chef du convoi.

Siyaf. — Officier.

Kebir le Kheba. — Sous-officier, chef de tente.

Chaouch, au pluriel **chaouach.** — Ses fonctions varient suivant l'autorité arabe auprès de laquelle il est placé. En réalité, exécuteur des décisions de cette autorité.

Hharssi. — Agent de police.

Makhzenn. — On appelle ainsi l'ensemble des cavaliers de certaines tribus qui sont liées au service et qui jouissent, à ce titre, de privilèges particuliers. Un cavalier du Makhzenn s'appelle **mekhazini.**

Goumm. — Réunion des cavaliers d'une ou de plusieurs tribus, cavalerie irrégulière.

Kkiyalas. — Cavalerie régulière. Chez l'émir **Aabd-el-Kader** elle était vêtue de rouge.

Aaoulama. — Pluriel du mot **aalem,** savant. On se sert de ce mot pour désigner les docteurs de la loi.

Chérif, pluriel **Cherfa.** — Descendant du Prophète. Personnification de la noblesse religieuse. Seul, le chérif a le droit de porter la couleur verte dans ses vêtements.

Merabete, pluriel **merabetine.** — Marabout ; membre de la noblesse religieuse. Elle est héréditaire. L'influence des marabouts est immense.

Djiyed, pluriel **djouad.** — Descendants des premiers conquérants arabes ; noblesse d'épée.

Mufti. — Juris-consulte et chef de la religion dans une certaine circonscription.

Imam. — C'est celui qui dans les mosquées exécute les prostrations voulues par la loi et lit le koran aux fidèles.

Kadi. — Juge qui, d'après la loi musulmane, a le droit de prononcer sur les litiges civils ainsi que sur les crimes et délits.

Aadel, pluriel **aadoul**. — Assesseur du Kadi. Pour qu'un jugement soit valable, il doit avoir été prononcé devant deux aadoul.

Taleb, pluriel **Tolbas**. — Lettré, plus ou moins savant. Il y a de bons et de mauvais tolbas. Ils sont en général très fanatiques.

Chikh. — Instituteur primaire. Il apprend aux enfants de la tribu à lire, à écrire, à prier ; il leur enseigne, en outre, un certain nombre de versets du koran. Son école s'appelle **messid**.

Mederress. — Est un lettré qui enseigne la langue et la loi. Son école prend le nom de **mederssa**.

Mouddenn. — Crieur des mosquées. Du haut du minaret, il convoque les fidèles à la prière au son de la voix. Pour ces fonctions on choisit toujours un homme doué d'un organe sonore.

El mouakkett. — L'homme de l'instant. Dans les mosquées, il est chargé de faire annoncer les prières à l'heure exacte. On le veut instruit et très honorable. On désire, en outre, qu'il ait quelques notions d'astronomie.

El hhadj. — Le pèlerin. C'est-à-dire celui qui a fait le pèlerinage de la Mecque. » (Général Daumas, **La vie arabe**).

Les arabes sédentaires sont les plus industrieux de tous. Ils travaillent le cuir qui est exporté dans tous les coins du Sahara et qui est bariolé de mille couleurs. Ils font des vases en terre émaillés et d'une tournure parfois fort élégante. Ils savent sculpter le bois et leurs dessins ont une originalité sans pareille. Des tapis, des toiles en laine, en poils de chèvre ou de chameau sont fabriqués en maints endroits. Leur métallurgie et leur orfèvrerie sont encore restés rudimentaires.

Les nomades vivent en pasteurs ; ils se nourrissent de lait et de fruits ; ils n'ont aucune industrie bien particulière.

L'agriculture est peu en honneur. Les labours s'exécutent à l'aide de charrues tout à fait primitives tirées par le mulet, le bœuf, l'âne et même par des femmes et des enfants. Les céréales les plus cultivées sont le blé, l'orge et le seigle.

L'arabe, nomade ou sédentaire, est presque aussi commerçant que le juif. Dans les villes, il voyage avec des tapis, des toiles, des babouches, des couteaux, des selles, des bijoux qu'il sait vendre avec beaucoup d'adresse. Les caravanes qui traversent le désert portent une grande quantité de marchandises de toutes sortes que l'arabe va trafiquer au loin. Il ne faut donc pas ne lui reconnaître uniquement, comme on l'a fait souvent, que des vertus pastorales et guerrières.

Les arabes nomades emmènent avec eux des troupeaux considérables. Le bœuf zébu est le plus répandu dans les centres sahariens : pour son étude et pour celle des moutons, des chèvres, des chevaux, des mulets et des ânes nous renvoyons à notre troisième volume traitant de la faune en général au Soudan.

La chasse est très en honneur chez les arabes et, dans certaines tribus, on trouve des chasseurs remarquables par leur endurance et leur profonde connaissance des divers gibiers, lièvre, gazelle, etc.

La pêche ne peut-être mise en pratique que sur les bords de la mer et elle n'offre alors aucun caractère particulier. Quelquefois, dans certaines oasis, dans des mares on rencontre des poissons de vases, du groupe des siluriens, qu'on prend avec des filets et qu'on dessèche au soleil ou au feu pour les consommer plus tard.

Nous ne dirons rien de plus sur la vie arabe si bien connue aujourd'hui, nous ne parlerons pas de leur musique, de leurs danses et de leurs amusements divers, mais nous allons nous étendre aussi longuement que possible, dans notre cadre si restreint, sur leur religion qui à elle seule explique le caractère du peuple entier et montre si nettement l'hostilité qui doit exister entre le musulman et tous les autres peuples qui n'ont pas adopté ses croyances.

*
* *

La religion musulmane actuelle est l'œuvre tout entière de
Mohhammed. — Mahomet, l'envoyé de Dieu. **Rassoul Allah**.
Avant lui, l'arabe était fétichique, et au polythéisme, à l'Idolâtrie,
il sut substituer le culte d'un seul dieu. Il nous faut donc envisager deux phases dans cette évolution religieuse, une préislamique ou antéislamique, et une phase islamique qui n'est que la
synthèse de la première.

Les anciens arabes ou plutôt les bédouins, leurs aïeux, avaient
admis la création ainsi que l'existence d'Adam et d'Eve. Plus tard
ils se rendirent, pour faire leurs dévotions, au temple de la Mecque
qui, d'après eux, aurait été construit par Monseigneur Abraham ;
c'est à ce temple qu'ils ont donné et qu'ils donnent encore aujour-
d'hui le nom de **Kaaba**. C'est là que fut enfermé la fameuse pierre
noire que l'ange Gabriel avait apportée du ciel pour sanctifier la
maison de Dieu. — **Bite Allah**. Dans le principe cet objet
sacré était un rubis, — **Yakoute** — mais il fut plus tard noirci
par les péchés des hommes. Ça n'en fut pas moins jusqu'à
ce jour la preuve que Dieu avait choisi le peuple arabe comme
privilégié.

C'est à la Mecque aussi que se trouve le fameux puits miracu-
leux, connu maintenant sous le nom de **Byr zem-zem**. sorte de
source qui, par la puissance du Tout-Puissant, jaillit sous les
pieds d'Ismaël lorsque, chassé et abandonné avec sa mère **Agar**,
(**Hadjer**). il dut s'arrêter aux environs alors déserts du saint pèlerinage actuel. Dans chaque famille arabe on doit posséder de
cette eau sacrée **Zem-zemiya** pour sanctifier et purifier les
morts.

La Kaaba fut longtemps le siège du culte de dieu, du dieu unique,
mais bientôt s'établit une sorte d'idolâtrie née de la confusion des
peuplades et ce fut le rendez-vous de toutes les religions embryon-
naires d'alors. de juifs, de sectaires de la **madjouciya**, croyance
ou religion qui consistait à adorer le feu et des arbres, puis plus

tard de chrétiens. On se mit à adorer des plantes, des animaux qu'on identifia sous diverses formes, Ce fut l'origine d'idoles nombreuses qu'on déposa religieusement dans la Kaaba et qu'on vint adorer à des époques déterminées de l'année.

Chaque tribu eut son idole. Chez les **Koraïche**, tribu qui habitait la Mecque même et qui de ce fait possédait la **Kaaba**, tribu aussi qui plus tard donna naissance à Mohhammed, il existait une idole désignée sous le nom de **Habel** qu'on plaça au centre même du temple près d'un puits. **Assaf** et **Naïla** sont deux pierres, la première représentant un homme et la seconde une femme, êtres vivants qui furent jadis transformés en pierres pour avoir souillé la sainte demeure de leurs amours impures ; elles sont placées auprès du **Byr zem-zem**.

Le culte des idoles paraît être sorti du culte des vivants pour les morts ou plutôt leurs doubles ; cet animisme grossier se retrouve chez tous les peuples pour ainsi dire. Les légendes de leur côté rapportent que les enfants d'Adàm étant au nombre de trois, **Yakoute**, **Ydouk** et **Nesrane**, l'un deux vint à mourir et il fut impossible aux deux autres d'apaiser leur douleur. Un mauvais génie, un démon leur conseilla alors de placer l'effigie du mort dans le temple et de l'adorer, ce qui fut fait. Un second venant à mourir son effigie fut aussi placée au temple, ainsi que celle du troisième, et toujours de même dans la succession des familles jusqu'à **Sidi-na Noheu**, notre seigneur Noé. D'ailleurs on voit plus tard Salomon écrire dans son livre de la Sagesse :

« Un père affligé de la mort prématurée de son fils, fit faire l'image de celui qui lui avait été ravi sitôt et il commença à adorer, comme son Dieu, celui qui, comme homme, venait de mourir ; il lui établit, parmi ses serviteurs, un culte et des sacrifices.

« Avec le temps et l'habitude, cette erreur se changea en loi et l'ordre des princes fit adorer des morceaux de bois sculptés.

« Et pour ceux qui étaient bien loin et absents, et qui manquaient à l'affection des proches, on en fit des portraits qu'on honora comme la personne même.

(Figure 17)

JEUNE FILLE ARABE

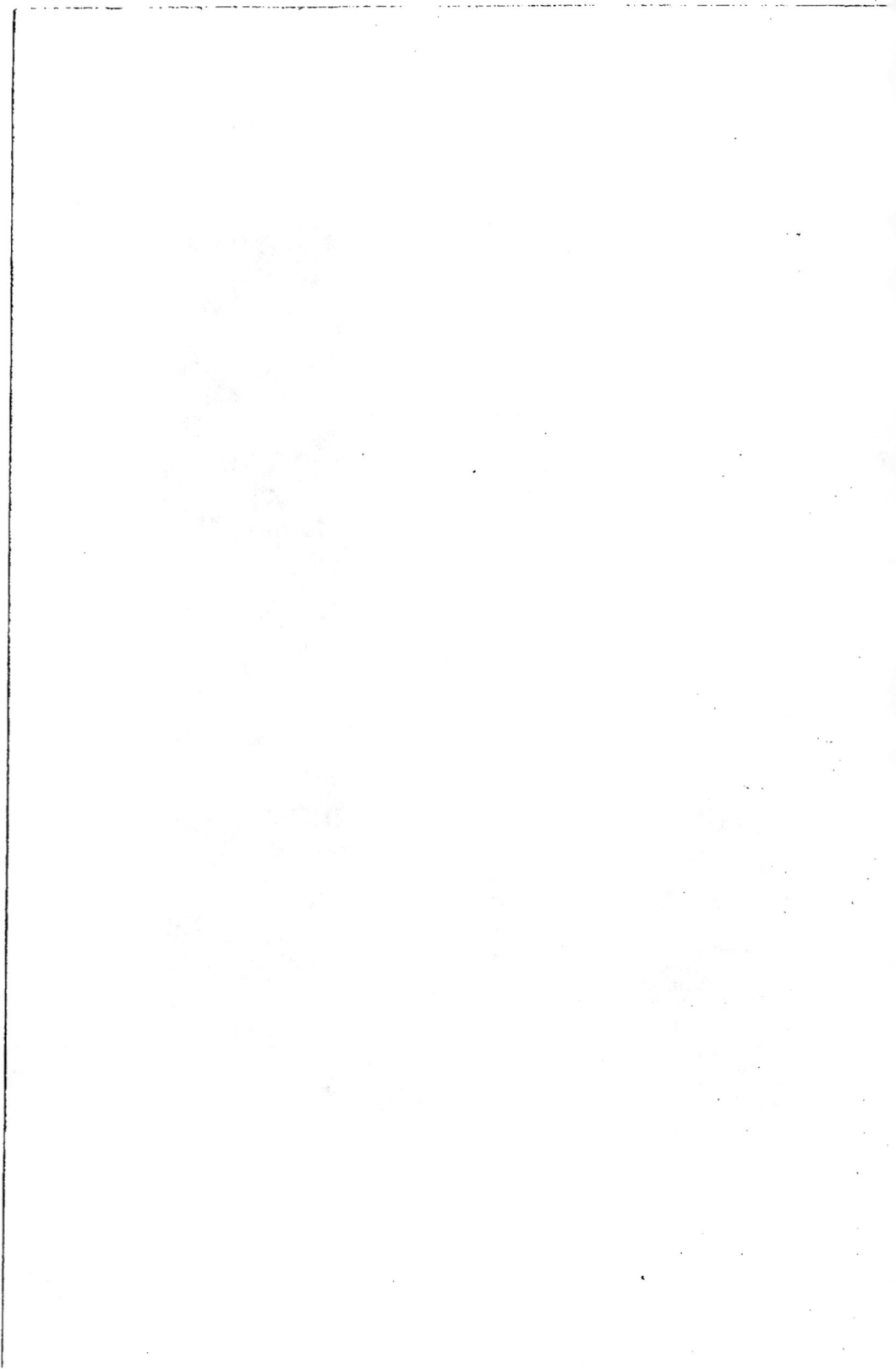

« Et le peuple ignorant, séduit par la beauté des sculptures, fit
vite un dieu du portrait d'un homme honoré. »

Salomon a peut-être pris cette idée chez les arabes ou dans
d'autres religions, mais peu importe il n'y en a pas moins là une
certitude réelle de son antiquité.

Quoi qu'il en soit, la Kaaba se remplit petit à petit d'une quantité
considérable d'idoles, chacune ayant ses adorateurs et devint
ainsi un lieu remarquable par son luxe, sa magnificence et ses
richesses. C'est d'ailleurs ainsi que Mohhammed la trouva et, pour
réformer la religion, il eut l'admirable conception de la conserver
et d'appuyer de cette façon son dogme sur toute l'autorité puissante
d'un passé ancestral. Cette idée sublime lui permit d'amener dans
un même lieu, dans un même but commun, tous les peuples qui
n'y venaient alors que pour leur culte propre. Pour bien rendre
compte de l'œuvre de Mohhammed nous n'avons qu'à répéter les
paroles du général Daumas :

« Mohhammed conserva ce pélerinage et ce fut un coup de
génie. Créateur d'une religion nouvelle, il se donnait ainsi l'avantage de la tradition, l'autorité du passé, et le concours des populations elles-mêmes, dont il paraissait maintenir les usages. Mais
il changea tout et agrandit tout. La Mecque, avant lui, réunissait
les tribus de la péninsule arabique ; elles y venaient plus pour le
commerce que pour la religion, et plus pour la religion que pour
la politique ; une sorte de fête fédérale en l'honneur des dieux
locaux de chaque peuplade, quatre mois de trèves aux guerres
civiles pour laisser à la foire commune le temps et le moyen de se
tenir ; puis chacun s'en allait, et rien de général ne sortait de
cette assemblée qui, composée de tribus trop éloignées les unes des
autres, bien qu'avec le même genre de vie, ne donnait pas le
résultat politique atteint ailleurs par des fêtes pareilles chez les
Latins et les Grecs. L'idée commune et l'intérêt commun manquaient à la fois aux arabes. Dans le grossier panthéon des idoles
rassemblées à la Kaaba, aucune divinité ne dominait les autres ;
ainsi la force religieuse était perdue, détruite par des demi-forces
égales. Les dieux particuliers de chaque fraction de territoire
avec ceux des étrangers voisins étaient confondus dans ce temple :

pierre noire, divinités phéniciennes et chananéennes, importation
du commerce étranger arrivé de Sidon par les Amalécites, — Ho-
bal, Late, etc. etc. — probablement aussi quelques idoles
égyptiennes ou nubiennes qu'amenaient la proximité d'Adulis et
d'Axoum, de l'autre côté de la mer Rouge, et enfin, formant la
part de l'élément véritablement sémitique, le Dieu d'Abraham
unique et jaloux. De ce polythéisme de la Kaaba, Mohhammed fit
l'unité de la foi musulmane ; d'une réunion de quelques tribus
exclusivement arabes, le point central et permanent des idées, des
lois et des croyances d'une foule de nations différentes de langues
et de races ; d'une habitude des populations, le fondement de sa
religion même, et, si je puis parler ainsi, l'appareil vital du
mahométisme. — On n'a peut-être pas assez remarqué comment
vit et respire le monde de l'islam. Pendant que nos états occi-
dentaux, chacun avec sa capitale, ses coutumes, ses codes, sa
constitution sociale, s'administrent eux-mêmes et que le jeu des
institutions se développe en dedans des frontières, ayant chacun
pour centre sa capitale d'où tout part et où tout revient, tous les
Etats musulmans n'ont ensemble qu'une capitale d'où tout part
et où tout revient et elle est placée de telle sorte, qu'elle paraît,
étant commune à tous, n'appartenir exclusivement à personne.
A travers les hordes de **Turkomans**, les déserts des **Touareg**, les mœurs de la Perse, peuple de race indo-euro-
péenne, l'empire des Turcs, peuple de race mongole et tartare, les
Berbères, les Nègres, les Chinois et les Arabes de Tunis, de
Tripoli, d'Algérie et du Maroc, à travers des nations de climats,
langues, caractères et degrés de civilisation inégaux, la circulation
de l'idée musulmane s'accomplit à la fois pour tous comme le sang
parti du cœur y revient pour s'en éloigner encore, La Mecque est
donc le cœur de l'islamisme, et le pèlerinage à la Mecque exécuté
chaque année par des milliers de fidèles venus des quatre coins
du monde mahométan, est le mouvement artériel qui le fait vivre.
C'est pourquoi, en le conservant et en l'étendant, le Prophète créa
vraiment son empire. Tout croyant, pour être sauvé, doit venir à
la Kaaba au moins une fois dans sa vie ; c'est son premier devoir
après celui de la guerre sainte. Les femmes auxquelles la loi
défend pourtant les voyages, doivent aussi se rendre à la Mecque
si elles le peuvent. Les mosquées dans les villes, les zaouyas

dans les tribus, chacune dépositaire d'une copie du koran, de ce
livre d'où proviennent la loi et la constitution politique, fournissent
en grand nombre des aaoulamas, des tolbas et des cheikh qui
vont entendre la lecture du texte original, que la Kaaba doit posséder jusqu'à la fin des siècles. On sait que c'est un point capital
dans la religion de ne traduire le koran dans aucune langue :
ainsi Turcs, Persans, Inciens-mahométans, Kabyles, royaumes
Nègres, qui ont chacun leur idiome et leur littérature nationale, ne
peuvent avoir qu'en arabe le texte primitif de leurs lois civiles
et administratives, ainsi que les formules de leurs prières. Dieu,
— **Allah** — est arabe, et tout musulman doit d'abord l'être avant
toute nationalité. La nécessité de ne pas traduire, de n'altérer
en rien le texte écrit dans une langue, d'ailleurs très difficile, fait
de la Mecque un concile permanent de fidèles, une académie de
législation, de littérature et de théologie, et, par une suite
naturelle d'idées, une assemblée ouverte aux questions de politique et de guerre contre les chrétiens. C'est dans ces assises de
la foi musulmane que le fanatisme se consulte, se juge, se compte,
s'examine et s'interprète lui-même chaque année. Ainsi, pour le
fidèle en particulier, le voyage de la Mecque est une condition de
salut éternel ; pour le marabout, une affirmation de son origine
religieuse ; pour le guerrier, chef de tribu, la consécration morale
de sa noblesse et de son pouvoir. Voilà le point vers lequel se
tournent tous les regards, d'où partent tous les mots d'ordre, d'où
s'élance pour aller partout l'idée musulmane, politique, religieuse,
littéraire et civile. C'est le cœur et le cerveau de l'islamisme. »
On ne pouvait pas mieux décrire l'esprit de l'islamisme.

Mohhammed ne put détruire toutes les croyances d'alors et il
dut en garder un nombre considérable. Les anciens arabes croyaient
à l'existence d'une âme, d'un souffle, d'un quelque chose, d'un
double en un mot qui survivait après la mort de chaque individu.
Dans leur imagination, ce double vivait dans le sang, pour d'autres
existait dans la respiration et, après la mort, s'en allait sous la
forme d'un oiseau, d'une colombe le plus souvent.

Ce n'était pas seulement à la Kaaba qu'on adorait des idoles. Un
tas de pierres ou de sable rencontré sur le chemin était déifié et

adoré dès qu'on y avait trait une chamelle ; on l'adorait pendant tout le temps qu'on campait auprès de lui.

En dehors de la lytholâtrie, il y eut aussi l'astrolâtrie et aujourd'hui encore, à la prière du matin, le fidèle se tourne à l'est, vers le roi des astres. Une multitude de croyances prirent naissance dans les diverses tribus. On croyait que de la tête de l'homme assassiné sortait un hibou qui criait au-dessus de la tombe du défunt : « Désaltérez-moi ; Désaltérez-moi — Oscûni, Oscûni ». Tout petit d'abord, ce hibou grandissait aux alentours de la tombe, son cri devenait de plus en plus perçant jusqu'à ce que le mort soit vengé.

La **diya** ou prix du sang tire son origine de l'antiquité ; elle fut établie par l'aïeul du Prophète, **Aabd-el-Mettaleb**. Cet homme avait dit en invoquant Dieu : « Seigneur, si vous me donnez dix enfants, je vous jure de vous en immoler un en actions de grâces. » Dieu exauça sa prière et il eut dix enfants. Fidèle à sa promesse, il consulta le sort et son fils **Aabd Allah** fut désigné comme la victime. La tribu tout entière s'opposa au sacrifice et une devineresse, **Aarrafa**, décida qu'Aabd Allah serait mis d'un côté et dix chameaux de l'autre, que le sort serait consulté et qu'à chaque fois qu'il serait contraire on ajouterait dix chameaux. Le sort ne fut favorable qu'à la onzième épreuve et cent chameaux furent alors immolés. Ce sacrifice fut très agréable au Seigneur, car peu de temps après il donna à Aabd Allah un fils qui fut **Mohhammed**, le Prophète, l'envoyé de Dieu qui fixa définitivement lui-même la diya au chiffre de cent chameaux.

On faisait des sacrifices sur les tombeaux des ancêtres parce qu'on croyait que leurs doubles devaient se nourrir de sang. On retrouve cette idée exprimée par Homère, dans son *Odyssée*, quand Ulysse descend aux enfers, dans le royaume des Ombres, et c'est ainsi qu'aucune d'entre elles ne peut le voir ni lui parler avant d'avoir bu le sang des victimes :

« Je tenais d'un bras ferme mon glaive nu sur le sang ; le fantôme, dont je n'étais séparé que par la force, ne cessait d'exprimer sa douleur et ses vœux. Tout à coup s'élève l'ombre pâle de ma mère, la fille d'**Antolicus**, la vénérable **Ansiclée** ; elle vivait

encore lorsque je partis pour la fatale Troie. J'attache sur elle un
œil baigné de pleurs : mon cœur est troublé par le désespoir. Mais,
quelque effort qu'il m'en coûte, je ne laisse point approcher du
sang cette ombre chérie, avant d'avoir rempli mon premier devoir
et consulté Térésias.....

« Il dit, Térésias, repartis-je, les décrets des dieux s'accompliront.
Mais je vois près de la fosse l'ombre de ma mère immobile et
muette ; elle n'adresse pas une parole à son fils, ni même ne lève
sur lui ses regards. Dis, ó divin prophète, par quel moyen pourra-t-
elle me reconnaitre ?

« Tu vas l'apprendre, répondit-il. Celui des morts auquel tu per-
mettras d'approcher de cette fosse et de s'abreuver de ce sang, ne
tardera pas à te reconnaitre, et t'instruira de ce qui peut t'intéres-
ser ; mais celui que tu en écarteras fuira dans la nuit profonde.

« L'ombre après m'avoir rendu ses oracles, se retire et se perd
dans la sombre demeure de Pluton. Je restais avec constance en
ce lieu. Ma mère enfin s'approche, touche de ses lèvres le sang
noir des victimes. O mon fils, dit-elle soudain d'une voix lamentable..... etc. » (Traduction Bitaubé).

On croyait aux ogres qui, lorsqu'ils apercevaient l'homme, le
poursuivaient et satisfaisaient sur lui leurs immondes désirs ; aux
djenoune, autres sortes de démons qui se tenaient dans les plaines désertes, aux voix mystérieuses et à une multitude d'autres
êtres fantastiques.

Mais ce qui frappe le plus ce sont les coutumes funéraires. Tantôt, sur la tombe du mort, on attachait un chameau, les yeux
bandés, et on le laissait mourir de faim pour servir de monture
dans l'autre monde ; tantôt on parait le défunt comme pour une
noce, on lui peignait les pieds et les mains de **henné**, on lui colo-
rait le pourtour des yeux et on l'accompagnait à la tombe en chantant l'hymne nuptial, ce fameux **lililili** aigu que les femmes
arabes poussent encore si souvent de nos jours aux grandes fêtes.
On ne voyait en somme, à cette époque, dans la vie future que la
continuation de la vie terrestre.

Des individus prédisaient l'avenir.

La polygamie était autorisée sans aucune borne et c'était un désordre effroyable que Mohhammed, plus tard, n'a pu maîtriser que très relativement, puisqu'il accorde encore le nombre de quatre femmes légitimes. On punissait l'adultère en élevant un mur autour des coupables et en les laissant mourir de faim ; le prophète a encore atténué cette barbarie en installant la lapidation.

La religion actuelle est tout entière réglée par **El Korâne**, le Koran, la lecture ou livre de Dieu **Kettab Allah**, ou le livre bien-aimé **Kettab el Aaziz**, livre descendu du ciel qu'on ne peut ni altérer ni discuter. Ce livre ne règle cependant pas que la religion et il réglemente, d'une façon très détaillée, la vie civile et politique.

La religion musulmane comprend quatre sectes dont la différence ne se trouve que dans le rite :

1° La secte **Maleki** ;
2° La secte **Hannbeli** ;
3° La secte **Hhanafi** ;
4° La secte **Chafaaï**.

Pour l'une comme pour l'autre de ces sectes, le dogme est ainsi institué par le Koran :

« Dieu est unique.
« C'est le Dieu à qui tous les êtres humains doivent s'adresser
« Il n'a pas enfanté et n'a pas été enfanté.
« Il n'a pas d'égal nulle part. »

Toutes ces sectes ont encore cinq prescriptions obligatoires :

La foi, — **Chaada** ;
La prière, — **Es-salate** ;
L'aumône, — **Ez-zakate** ;
Le jeûne, — **Es-siam** ;
Le pèlerinage, — **El hhedj** ;

Un bon musulman ne se préoccupe que d'une seule chose, de la vie future, et pour lui tout ce qu'il y a sur terre n'est que frivolité ;

(Figure 18)

FEMME ARABE

pour lui toujours, après la mort, les âmes passent dans des corps purs et sans taches que Dieu a créés à cet effet en attendant le jour de la résurrection universelle. On a de la peine à se figurer une semblable croyance et on conçoit difficilement pourquoi, au jour de la résurrection, les âmes quitteront des corps purs pour reprendre leurs anciennes guenilles ou haillons.

Quand la trompette de l'ange Israfil viendra à sonner, Dieu exterminera tout, les anges et les démons, ainsi que s'exprime le Koran, « Dieu dira, la trompette sonnera et toutes les créatures des cieux et de la terre expireront, excepté celles dont Dieu disposera autrement. » Le dernier être qui mourra sera l'ange **Azariel**, l'ange de la mort ; les mers seront changées en une couleur de sang et les montagnes s'affaisseront. « Lorsque le ciel se fendra, qu'il aura obéi au Seigneur, et se chargera d'exécuter ses ordres ; lorsque la terre sera aplanie, qu'elle aura secoué tout ce qu'elle portait et restera déserte, qu'elle aura obéi au Seigneur et se chargera d'exécuter ses ordres ; alors, ô mortel ! toi qui désirais voir ton Seigneur, tu le verras. » (**Koran, Sourate,** 84-1.6). Mais tout ne s'arrêtera pas là : « La trompette sonnera une seconde fois et voilà que tous les êtres se dresseront et attendront l'arrêt. » « On enflera la trompette et ils sortiront de leurs tombeaux et accourront en hâte auprès du Seigneur. » (Extrait du Koran).

Toutes les créatures se trouveront réunies dans une grande plaine préparée par Dieu : on leur distribuera à chacune un carnet résumant leurs bonnes et leurs mauvaises œuvres ; les bonnes le tiendront dans la main droite, les mauvaises dans la main gauche. La pesée des bonnes et des mauvaises œuvres sera faite avec le plus grand soin dans une balance suspendue entre le paradis et l'enfer et pouvant contenir le ciel et la terre.

Après le jugement, il s'agira pour le jugé de franchir le pont « al sirat » si ténu qu'un cheveu sera énorme en sa comparaison, plus tranchant que la lame d'un rasoir et aussi long que la terre. Les bons le traverseront aussi vite que l'éclair et entreront dans le paradis, les méchants ne pourront le franchir et tomberont dans les feux de l'enfer.

La loi permet au musulman d'épouser une femme de religion tout autre que la sienne, mais elle défend à la femme arabe de s'unir à un infidèle parce que dans le premier cas les enfants du musulman seront musulmans, et que dans le second les enfants de l'infidèle ne pourront être qu'infidèles.

Tout homme qui ne croit pas en l'existence de Dieu est un infidèle. Le Koran ordonne la guerre aux infidèles : « Combattez les infidèles jusqu'à ce que la religion reste à Dieu seul, sans que Satan y ait aucune part. — Croyants, combattez ceux des infidèles qui sont vos plus proches voisins, qu'ils trouvent en vous dureté et persévérance à les attaquer. — Lorsque vous rencontrerez les infidèles, tuez-les jusqu'à ce que vous en ayez fait un grand carnage, et serrez fort les entraves des captifs. »

Pour le musulman, il n'y a rien en dehors de sa religion, et par tous les moyens en son pouvoir, il doit détruire et anéantir tous ceux qui n'ont pas ses croyances ; à lui seul le paradis et ses jouissances éternelles ! Tous les élus « accoudés à leur aise et se regardant face à face, seront servis par des enfants doués d'une jeunesse éternelle, qui leur présenteront des gobelets, des aiguières et des coupes remplies de vin exquis ; sa vapeur ne leur montera pas à la tête et n'obscurcira pas leur raison. » Mais le clou de ce séjour enchanteur, la plus belle récompense du croyant, seront les Houris aux beaux yeux noirs, « au sein éclatant, comme une perle dans sa coquille. » « Jamais homme ni génie n'a profané leur pudeur. »

Dans le monde arabe on ne partage l'univers qu'en deux parties :

1ª **Dar el islam**, la maison de l'islam, les régions peuplées de fidèles, de croyants en Dieu et de soumis aux lois du Koran ;

2ª **Dar el hharb**, le pays de la guerre, le pays soumis aux lois de la vraie religion. Tous les pays où on ne parle pas arabe sont désignés sous le nom de « **el aadjem** », et ceux qui les habitent sont traités d'étrangers, de « **aadjemi** », sorte de terme de mépris.

Avant de terminer cet aperçu sur la religion musulmane, nous devons citer encore quelques paroles du général Daumas :

« Dans les grandes villes où le dérèglement des mœurs ne peut être que difficilement empêché, où des populations nombreuses sont forcément mélangées et composées d'aventuriers de toutes les nations, il n'est pas rare de voir, dit-on, des gens qui boivent du vin, des liqueurs fortes et s'enivrent, qui fréquentent des lieux de débauche, les maisons de jeu, et se livrent à tous les excès imaginables, foulant aux pieds les préceptes de leur religion. Cela peut être vrai, mais pénétrez dans l'intérieur du pays que vous voulez juger et vous serez grandement étonné d'apprendre qu'on y méprise souverainement ceux qui donnent aux infidèles des exemples aussi déplorables. Vous les trouverez tous flétris par l'opinion publique. Et puis qu'arrivera-t-il en dernière analyse ?

« Je vais vous le dire

« Un jour, cet homme qui vous a paru plus éclairé que ses coreligionnaires parce qu'il a pris tous nos vices, qui est devenu tolérant en apparence parce qu'il ne va plus à la mosquée, qui a vécu sans répugnance avec des chrétiens que le Koran lui ordonne de haïr, qui les a même aidés à asservir ses frères, cet homme, dis-je, vieillit, sa santé décline, il s'aperçoit que sa barbe grisonne. Oh ! alors, les enseignements de sa jeunesse lui reviennent à l'esprit, la peur de l'enfer s'en empare, il déplore son passé, va trouver le représentant de sa foi et lui dit avec humilité :

« Oh ! monseigneur, je me repens, je viens faire ma soumission à Dieu ! **Ya sidi enndemt ou tebt lellah.**

« Faut-il repousser le pécheur qui se convertit ? Non. On lui accordera son pardon, et, redevenu blanc comme neige, il se montrera dans l'avenir d'autant plus passionné, d'autant plus fanatique, que son contact avec les infidèles l'aura davantage compromis et signalé au mépris de ses coreligionnaires. Pour plus de sécurité encore, et si sa fortune le lui permet, il fera le pèlerinage de la Mecque, car il n'a point oublié ces paroles du Prophète : « Celui qui entrera dans la Mecque en sortira pur comme l'enfant qui vient de naître. »

« Maintenant, si l'on a voulu parler des progrès compatibles avec l'esprit et les exigences de la religion musulmane, je crois aussi qu'il y en a beaucoup de possibles.

« Ainsi, les musulmans, bien que leur orgueil souffre toujours de se traîner à la merci ou à la remorque des chrétiens, vous emprunteront au besoin tout ce qui pourra être utile à la communauté des croyants : votre organisation militaire, votre tactique, votre armement, votre discipline, ils s'efforceront de mettre de l'ordre dans leurs finances ; plus que par le passé, ils s'occuperont d'améliorer le sort des masses, ils vous feront quelques concessions insignifiantes dans les formes diplomatiques, peut-être même dans les règles habituelles de leur société, mais tout cela dans quel but ? Dans un but parfaitement déterminé. Le voici, exprimé d'une façon aussi nette que concise :

« En vue de la guerre sainte, **Be niyete el djahad.**

« C'est-à-dire avec la pensée, non de vous plaire en quoi que ce soit, au contraire de se mettre en état de lutter victorieusement contre les chrétiens qu'ils craignent et qu'ils détestent. » (**Daumas. — La vie arabe**).

Des cinq principaux devoirs imposés au musulman, et que nous avons cités déjà, un seul peut être considéré comme humanitaire et cependant il n'existe que dans un but d'égoïsme, puisque Dieu récompensera tous ceux qui auront fait l'aumône.

« Dieu pardonne tout, excepté le crime de lui associer d'autres divinités. » C'est le point fondamental de cette religion bigote et il entraîne fatalement à des obligations considérables. C'est ainsi que les croyants ne doivent pas manger de viande provenant d'animaux morts, ni de chair ou de sang de porc, et le Koran s'exprime ainsi à ce sujet : « Tout ce qui a été tué sous l'invocation d'un autre nom que celui de Dieu, les animaux suffoqués, assommés, tués par une chute ou un coup de corne ; ceux qu'aura entamé une bête féroce, à moins qu'on ne les ait purifiés par une saignée ; ce qui a été immolé sur les autels des idoles. »

Les musulmans n'ont pas cessé de croire aux sorciers et à la magie ; ils portent des gris-gris et des amulettes pour se protéger à la guerre, conjurer les mauvais sorts et le mauvais œil. Les augures sont de tous les instants et il serait trop long de les énumérer. Pour devenir un bon sorcier, il faut subir de dures et de terribles épreuves ; il faut s'enfermer dans une caverne et y jeûner quarante jours en ne mangeant chaque jour que trois dattes et trois amandes ; il faut faire de nombreuses invocations au diable et on partage alors le pouvoir d'Eblis. On peut changer de forme, se rendre invisible, faire naître des pièces d'or sous le tapis sur lequel on est assis, etc. Il est encore des sorciers qui jouissent d'une immense réputation et qu'on vient consulter de fort loin.

Le clergé de l'islamisme est peu nombreux. On ne compte dans chaque pays qu'un chef de la religion, **cheik-al-islam** ; des marabouts et des derviches, des prêtres et des moines.

En résumé, la religion musulmane est d'une morale tout à fait étroite, on pourrait même dire simple et grossière. Par ce fait même qu'elle conseille l'extermination de l'infidèle, elle est dangereuse pour tous les autres peuples. Nous avons pu, durant notre séjour dans les centres africains, apprécier l'influence néfaste qu'elle avait sur les peuplades noires et juger les entraves nombreuses qu'elle apportait au développement de la civilisation. Tout le monde sait que l'éthique de l'islamisme est banal, principalement rituel et socialement dangereux ; tout le monde a pu se rendre compte que cette religion ne tendait uniquement qu'à briser tous les caractères et à paralyser les plus grandes intelligences. Malgré cela, il faut être tout au moins profondément étonné de voir nos gouverneurs et nos administrateurs coloniaux favoriser très ouvertement les créatures de l'islam. On voit s'élever des mosquées dans nos principaux centres, des marabouts hurler à tue-tête le « **La ilah ha il Allah ou Mohhammed rassoul Allah** » avec un sans-gêne et une insolence incroyables. Ils sont ouvertement protégés, parce que ce serait une mauvaise note pour nos administrateurs si un seul de ces bédouins de bas étage allait adresser une plainte contre eux. Le musulman vous traite de chien ou de fils de chien et vous devez vous incliner et ne rien dire. Sans aucun parti-pris, et nous avons suffisamment montré dans ce livre nos idées et notre esprit d'impartialité, il est tout à fait regrettable que nos missionnaires, dont le but humanitaire est incontestable, en dehors de toute question religieuse, ne reçoivent que rarement des subventions dans nos colonies, quand, à côté, on aide les marabouts à faire construire leurs mosquées et qu'on fait venir des instituteurs arabes pour enseigner leur langue aux indigènes nègres. Et cette manière de faire est partagée par des gens réputés intelligents ! Nous avons bien assez d'adversaires parmi les nègres sans en créer de plus sérieux en donnant de l'extension à l'islamisme ; il viendra un jour où on se repentira de ce qui a été fait et où il nous sera impossible de rester maîtres, même de *manu militari*, de ceux que nous aurons cru avoir civilisés.

***

De tout ce que nous avons dit, il ressort bien nettement que le monde islamique a eu deux phases dans son évolution et vitale et religieuse. Dans la première, nous le voyons indécis sur la religion qu'il va suivre ; son culte est indéfini, il adore des idoles ; — dans la seconde, au contraire, nous voyons apparaître Mohhammed qui, sous la forme hystérique de sa constitution physique et intellectuelle, vient fonder en Arabie « un peuple, une religion, un empire ». Il ne faut point dissimuler que cette transformation, cette synthèse de peuples si éloignés les uns des autres au point de vue politique, qu'ils étaient constamment en guerres et en luttes intestines, fut le chef-d'œuvre du Prophète.

Mohhammed, né de parents riches, n'en fut pas moins malheureux dès le bas âge. Trop jeune pour discuter son héritage, il n'eut en partage qu'un faible troupeau de moutons et de chèvres et quelques chameaux. Recueilli par des parents éloignés qui ne s'intéressèrent que fort peu à lui, il dut passer toute sa jeunesse comme pasteur de son minuscule patrimoine, et c'est dans la solitude et la tristesse des déserts de l'Yémen que son esprit s'habitua à la réflexion d'abord, à la discussion ensuite des hautes questions religieuses. A vingt ans, il méritait déjà dans sa tribu le nom d'**El Amin**, « l'homme droit », quand une femme veuve, d'une grande beauté, **Khadidja**, s'unit à lui. Dans les premières années de ce mariage, fait tout entier d'amour et de passion, ses sentiments religieux s'accentuèrent encore. A la suite de longues rêveries, de longues réflexions, et dans une sorte d'exaltation mystique il crut enfin que l'ange Gabriel lui avait annoncé : « O Mohhammed, tu es l'envoyé de Dieu ». Aujourd'hui encore cette pseudo-révélation fait la base de la prière musulmane : « **La ilah ha il Allah ou Mohhammed rassoul Allah** » (Dieu est Dieu et Mahomet est son prophète).

Ce fut d'abord au milieu des siens, de sa famille, qu'il prêcha en s'efforçant toujours de démontrer l'existence d'un dieu unique, et qu'il fit de nombreux prosélytes. Dès lors, la conviction qu'il était envoyé de dieu se fortifia chez lui de jour en jour ; il lui fallut se heurter aux anciennes croyances et les détruire et, pour cela, il avait à lutter non contre un peuple, non contre une seule croyance, mais contre plusieurs peuples distincts avec des croyances non moins distinctes. Les Koraïches, détenteurs de la Kaaba, ses ancêtres d'ailleurs, se voyant menacés par un esprit religieux aussi redoutable et ne craignant en somme que la perte religieuse de leur temple qui était pour eux l'objet de toutes leurs ressources, le chassèrent de la Mecque.

Commença pour lui alors l'ère de ses prédications où il se montra ce qu'il était, un véritable génie. Ce fut d'abord dans le cercle familial qu'il se présenta ; sa grande taille, ses yeux petits, qui s'illuminaient dans le discours ; ses paroles sortant lentement de sa bouche et admirablement choisies dans la prose arabe, ses veines qui se gonflaient dans le courant de la discussion, une sorte de conviction profonde et indéfinissable, hallucination cérébrale sans doute, en firent rapidement un grand prophète écouté.

Non seulement en s'aidant de la parole, mais aussi en utilisant l'instinct guerrier des peuplades qui l'écoutaient il put faire retour à la Mecque à la tête de deux mille croyants. Il renversa les idoles et, dans son délire religieux, il sut convaincre les peuples qu'il était bien « l'envoyé de dieu » que ce dieu lui avait dicté sa loi et qu'il venait la répandre au monde entier. Ce ne fut pas tout ; pris d'une ardeur nouvelle, encouragé par le succès, il parcourut toute l'Arabie en prêchant. Il fut partout écouté.

Mais Mohhammed qui, abandonné seul dans sa jeunesse, n'avait connu aucun plaisir, qui ensuite s'était retrouvé un peu trop resserré dans la sphère de sa Khadidja vénérée se vit obligé de payer son tribut à la commune faiblesse. Par politique probablement, par entraînement peut-être, il épousa plusieurs femmes, de sorte que le mari fidèle de Khadidja ne sut pas, au déclin de l'âge, pratiquer cette haute vertu de la continence qui avait ensoleillé toute sa jeunesse.

Mohhammed pressentit sa fin prochaine et il voulut que ses derniers jours et sa mort offrissent un spectacle frappant. En l'an 622 il fit un grand pèlerinage à la Mecque accompagné de plus de cent mille musulmans. C'est alors que dans un grand mouvement oratoire il résuma à tous les enseignements de sa vie entière ; ses paroles sortaient lentement de sa bouche et elles étaient répétées à la foule par de nombreux crieurs :

« O peuple, écoutez mes paroles ; car je ne sais si une autre année je pourrai encore me retrouver avec vous dans ce lieu. Soyez humains et justes entre vous. Que la vie et la propriété de chacun soient inviolables et sacrées pour les autres ; que celui qui a reçu un dépôt le rende fidèlement à celui qui le lui a remis. Vous paraîtrez devant notre Seigneur, et il vous demandera compte de vos actions. Traitez bien les femmes ; elles sont vos aides, et elles ne peuvent rien par elles seules ; vous les avez prises comme un bien que Dieu vous a confié, et vous avez pris possession d'elles par des paroles divines. O peuple, écoutez mes paroles et fixez-les dans votre esprit. Je vous ai tout révélé, je vous laisse une loi qui vous préservera à jamais de l'erreur, si vous y restez fermement attachés, une loi sûre et positive. Sachez que tout musulman est le frère de l'autre, que tous les musulmans sont frères entre eux, que vous êtes tous égaux entre vous et que vous n'êtes qu'une famille de frères. Gardez-vous de l'injustice. »

Quelques jours après, fatigué par un suprême effort, il rendait le dernier souffle : « Que le Seigneur me pardonne ; qu'il me rejoigne à mes compagnons d'en haut..... Eternité dans le paradis..... pardon..... oui, avec le compagnon d'en haut..... »

A ce moment-là, Mohhammed pouvait mourir ; il laissait derrière lui une œuvre indestructible « **El Korann** ». Cette œuvre unique au monde par le désordre de son style, par le désordre sublime de ses idées représente bien le « proles sine matre creata ».

Monsieur J. de Crozals écrit au sujet du délire prophétique de Mohhammed : « La dévotion musulmane, donnant un sens littéral aux paroles symboliques du Prophète, a cru et croit encore, que les feuilles du Coran, écrites dans le ciel, étaient apportées toutes faites à Mahomet. « Le Coran est descendu réellement du ciel » dit une sourate. — « L'esprit fidèle (l'ange Gabriel) l'a apporté d'en haut et il l'a déposé sur ton cœur, ô Mahomet, pour que tu fusses un apôtre ». Rarement cette puissante voix intérieure du génie que l'homme appelle l'inspiration se fit entendre à un être humain d'une façon plus impérieuse. Lorsque Mahomet était plein de son idée divine et que les paroles du Coran montaient à ses lèvres, on l'eût dit possédé d'un délire mystique, il tombait dans un état extraordinaire et très effrayant, la sueur ruisselait de son front, ses yeux s'injectaient, sa parole s'entrecoupait de gémissements, et d'ordinaire, la récitation achevée, il tombait en syncope. Le réveil était suivi d'un trouble profond. Mahomet subissait ces accès d'inspiration sans les provoquer : il ne pouvait prévoir le moment où il en serait saisi. Abou-Bekr constatait un jour avec tristesse que la barbe et les cheveux du Prophète blanchissaient : — « Tu dis vrai, répondit Mahomet à son ami tout ému ; mais c'est Houd et ses sœurs qui m'ont fait blanchir si vite. » — « Et quelles sont ces sœurs? demanda Abou-Bekr. » — « C'est l'Inévitable et la Frappante. » Il désignait ainsi trois sourates, qui font partie des sourates dites Terrifiques, dont la conception avait été peut-être particulièrement douloureuse.

« Le caractère de cette inspiration intermittente, fiévreuse, terrifiante, explique à la fois le désordre du livre et son style. Le trouble n'est pas seulement dans l'ordre des sourates, mais dans chaque sourate même ; les sujets les plus divers y sont touchés comme au hasard et pêle-mêle : l'ensemble de l'œuvre présente une étrange bigarrure, plus choquante pour l'esprit mesuré de la civilisation gréco-latine que pour le génie arabe et le génie oriental.

Quant au style même du Coran, les juges les plus difficiles aux époques les plus diverses en ont loué sans réserve l'éclat, la majesté, la précision. Mahomet n'écrivit pas en vers ; c'eût été rabaisser son œuvre au niveau de ces caçida couronnés dans les concours poétiques. Il jeta donc sa pensée dans le moule non encore éprouvé de la prose, et du même coup, il fit un essai et un chef-d'œuvre. L'éclat des images, la fougue de la pensée, la variété des tours, le mouvement impétueux ou contenu, la grâce dans le détail donnèrent à cette prose toute la puissance de la poésie sans la confondre avec elle ; les âmes étaient ravies par cette puissante nouveauté et se livraient. Ce n'a pas été un médiocre avantage pour l'islam que le livre de sa foi fût en même temps la production la plus parfaite de la littérature arabe, et que le dépôt des vérités fondamentales révélées par le Prophète fût remis à un chef d'œuvre. » (1).

La création définitive de la religion musulmane marque aussi la formation d'un peuple qui n'existait point. Sa marche en avant fut si rapide qu'aujourd'hui encore, des bords du Danube à l'Arabie, et à une partie de l'Asie ainsi qu'à presque la totalité de l'Afrique, il étend ses lois. Il ne nous reste plus qu'à envisager son histoire jusqu'à nos jours et la destinée probable qui lui est réservée.

A la mort de Mohhammed, **Abou-Bekr**, son beau-père, malgré les protestations d'Ali, fut désigné pour lui succéder. Son avènement fut le début d'une guerre interminable contre les infidèles. A cette époque, en effet, l'empire grec était divisé partout et affaibli par les factions. La Chaldée, la Syrie furent conquises en peu de temps.

Omar succéda à Abou-Bekr comme Khalife en 637 ; il prit le titre d'**Emir-al-Moumenin** (commandeur des croyants) ; il fit la conquête de Jérusalem et de l'Egypte. Sous son régime, les chrétiens supportèrent de grandes calamités.

Le troisième Khalife, 'Othman (640), s'empare de la Perse. Ali, quatrième Khalife commence la conquête de l'Afrique mais il

---

(1) J. de Crozals. — *Histoire de la Civilisation* — 1887.

(Figure 19)

FEMME ARABE

meurt assassiné en 661. Après lui, la religion musulmane se divise en deux grandes sectes qui persistent toujours : les **Schiites** et les **Sunnites**. Les premiers considèrent les trois premiers Khalifes comme des usurpateurs et Ali comme le vrai successeur du Prophète : ils veulent que le Koran n'ait pas été révélé mais créé et qu'il soit par conséquent susceptible de perfection. Les **Sunnites**, au contraire, prétendent qu'Ali est inférieur à ses prédécesseurs et que la sainteté a déterminé l'ordre de la succession. Malgré cette division religieuse, le peuple arabe continue ses conquêtes : l'Afrique septentrionale est prise : l'empire d'Orient est morcelé sur toutes ses frontières ; le Khouaresme, la Boukkarie, le Sind se convertissent à l'islamisme ; l'Europe est envahie. Le dernier roi wisigoth d'Espagne, Roderigue est battu et tué sur les bords du Guadalète et c'est alors que la domination arabe s'étend jusqu'aux Pyrénées.

Devenus maîtres de l'Espagne, les musulmans essayèrent vainement de pénétrer dans la Gaule pour aller de là à Rome et ensuite à Constantinople : ils se heurtèrent à un peuple resté énergique et nouvellement christianisé, les Francs. Le choc eut lieu près de Poitiers : la multitude des cavaliers arabes ne put briser le rempart de fer formé par les pesantes armures des Francs. Malgré cette défaite les musulmans n'en restèrent pas moins maîtres de toute l'Arabie, de l'Egypte et de tout le nord de l'Afrique.

Après la défaite de Poitiers, l'empire musulman si rapidement formé et si vite devenu puissant commença à entrer dans une ère de décadence, aussi bien au point de vue religieux qu'au point de vue politique. Les Abassides s'emparèrent du Khalifat sur les Omniades, tandis qu'un rejeton de ces derniers souleva l'Espagne et fonda à Cordoue un Khalifat indépendant.

Avec les Abassides, la domination tomba aux mains des populations de la Chaldée et du Khorassan qui établirent le siège du Gouvernement à Bagdad où il resta cinq cents ans. Le Koran, dédaigné par les Omniades fut remis en honneur et déclaré divin. C'est parmi les Khalifes de cette dynastie que nous rencontrons Haroun-Al-Raschid qui rechercha l'alliance de Charlemagne pour lutter plus facilement contre les musulmans schismatiques de l'Espagne.

13

« Mais avec les Abassides, l'islamisme cesse d'être conquérant, et, en même temps, l'empire se démembre jusqu'à ce que des peuples nouveaux, convertis à sa doctrine, lui rendent son esprit guerrier et envahisseur. Dans le courant du neuvième siècle se fondent les dynasties des Madratites dans la Mauritanie ; des Aglabites, dans la Lybie ; des Samanides dans la Transoxiane ; des Tahendes et des Soffarides dans le Khorassan. Au milieu du dixième siècle, la Perse, l'Arménie, se déclarent indépendantes ; les descendants d'Ali, après de nombreuses et toujours malheureuses tentatives pour ressaisir le sceptre, conquièrent l'Egypte (968) s'emparent de la Syrie, d'une partie de l'Arabie, et fondent au Caire un troisième Khalifat.

« Le Khalife de Bagdad n'a plus de puissance dans la Mésopotamie et l'Arabie. C'est à ce moment qu'apparait sur la scène politique le peuple qui devait recueillir l'héritage des Abassides : les Turcs. » (Vte A. de la Jonquière. — Histoire de l'empire ottoman).

Nous nous arrêterons là dans l'histoire du peuple arabe. Nous ferons remarquer seulement qu'il fut le dernier envahisseur du nord de l'Afrique, qu'il refoula devant lui toutes les peuplades du pays et les races nigritiques en particulier, qu'il leur imposa en partie sa religion, mais surtout ses mœurs, ses coutumes, sa manière de vivre en un mot.

L'envahissement de l'Afrique par l'arabe ne peut plus se faire à main armée, par suite de notre intervention, mais il a lieu d'une manière lente et continue, tout aussi terrible et dangereuse, par l'introduction de la religion islamique : c'est tout le mal que nous voulions signaler.

L'avenir de la religion musulmane sera considérable si nous n'enrayons pas sa marche dans nos possessions d'Afrique et nous souhaitons bien sincèrement que nos prévisions soient trompées par une action gouvernementale énergique.

CHAPITRE QUATRIÈME

Berbères

I. — TOUAREG

Caractères ethniques et physiques en général. — Le vêtement et la
parure. — La coiffure. — Mutilations. — Circoncision, excision. —
L'habitation. — L'alimentation. — Le sort de la femme. — Le mariage.
— L'enfant. — La famille et l'héritage. — L'esclavage. — L'état
politique. — Les castes. — Les associations. — L'industrie. — Le
commerce. — L'agriculture. — Le bétail. — La chasse. — La pêche.
— La navigation. — Les armes de guerre. — La musique. — La
danse. — Les musiciens. — Les funérailles. — La religion. — Les
épreuves. — Prêtres et sorciers. — La future vie. — Les esprits. —
Caractère et morale.

Les caractères ethniques des berbères touareg, encore incomplets
jusqu'à ce jour, se résument de la façon suivante, sur vingt observations faites sur l'homme et trois seulement sur la femme :

Indice céphalique	76,
Capacité cranienne (hommes)	1,536
— — (femmes)	1,405
Indice vertical de hauteur-largeur	100,3
— — de hauteur-longueur	72,1
Diamètre frontal minimum	96,
Diamètre stéphanique	116,

Indice facial 57,3
Indice de prognathisme 78,3
Indice orbitaire.............................. 88,1
Indice nasal.................................. 46,4
Indice palatin 74,9
Angle occipital de Daubenton................. + 4°9
Angle orbito-occipital....................... — 11°3
Angle mandibulaire .... 124°
Angle symphisien............................. 74°

Les dents sont de longueur moyenne, plantées verticalement et serrées les unes contre les autres. Les courbures de la colonne vertébrale sont plus étendues que chez les arabes. Le thorax se rapproche de celui des races européennes et son indice correspond au chiffre de 89,1.

Le bassin est d'une faible largeur mais son diamètre antéro-postérieur est de dimension normale.

L'indice scapulaire que nous avons obtenu atteint le chiffre de 64,9 et l'indice sous-épineux celui de 86,1.

L'angle de torsion de l'humérus est de 144°11.

L'appareil musculaire est peu développé chez les touareg et nous ne dirons rien de spécial sur les appareils splanchniques.

Le pénis est remarquable par sa grande longueur ; plus long encore que celui des arabes il se rapproche de celui de la plupart des nègres : le prépuce aussi est fortement développé.

Chez la femme, les grandes lèvres sont petites et minces et ne forment qu'une sorte de repli. Les petites lèvres au contraire sont fortes, longues et volumineuses : elles atteignent souvent les dimensions de celles des négresses. Le clitoris est généralement très développé ; quelquefois il prend des proportions monstrueuses. Le vagin est long, plus long que celui de la femme arabe. Les mamelles sont hémisphériques, quelquefois piriformes, moins volumineuses que celles des négresses et pendantes de très bonne heure ; le mamelon est plus allongé que chez la femme arabe encore.

La peau est douce au toucher, peu épaisse.

La graisse est abondante chez les femmes, extrêmement rare chez les hommes.

La conjonctive est injectée ; le globe oculaire grand.

Le poids de l'encéphale est d'environ 1.350 grammes chez les hommes.

La peau est blanc-laiteux chez les femmes, un peu hâlée chez les hommes.

Les cheveux sont noirs, brillants et lisses. Le reste du système pileux est peu abondant, noir également. La tête est allongée, le front assez large et haut ; le nez petit, rectiligne et à base étroite ; les mains petites et fines.

La démarche est noble et fière.

Les hommes sont de haute taille (1^{m}70 en moyenne) ; les femmes petites.

Le rapport du tronc à la taille amenée = 100 est de 33.69 et le rapport de la taille amenée = 100 à la grande envergure est de 101,4.

Le vêtement du targhi diffère peu de celui des arabes. Il se compose d'un pantalon descendant jusqu'à la cheville ou au mollet seulement et serré à la taille par un cordon disposé en coulisse. Sur le haut du corps il porte une sorte de grandoura ou de blouse très ample qu'il serre souvent à la taille à l'aide d'une ceinture. Il se recouvre la tête d'un turban qui lui sert à la fois de litam (voile). Les vêtements sont généralement faits avec de la mauvaise cotonnade bleue plus connue dans toute l'Afrique sous le nom de toile de Guinée. Les chefs et les religieux se costument en toile blanche. Sur le sommet de la tête ils gardent une touffe de cheveux qu'on ne coupe jamais.

Par tous leurs caractères ethniques, les touareg appartiennent certainement au groupe berbère et non au groupe arabe. Il n'en reste pas moins vrai qu'ils ont été chassés du Maroc et qu'ils sont devenus les maîtres absolus du Sahara jusqu'à Tombouctou.

Aujourd'hui, malgré nos récentes conquêtes, leur influence est encore considérable dans le centre du désert.

Les femmes sont vêtues d'une melhefa en guinée bleue serrée à la ceinture puis drapée sur le haut du corps et sur la tête : les femmes nobles ou riches revêtent une melhefa blanche. Les cheveux sont tressés sur les côtés puis ramenés en arrière, avec une raie sur le milieu de la tête. Elles portent de grands anneaux en or, le plus souvent en bronze ou en cuivre et même en fer, aux oreilles. La tête est ornée de perles, de talismans, de gris-gris de toutes sortes.

En dehors du turban, les hommes se couvrent la tête avec un grand et lourd chapeau, à larges bords, maintenu à l'aide d'une forte jugulaire.

Les incisions ou entailles de la peau, sur différentes parties du corps, surtout sur le front. le côté des joues, sur la poitrine, coloriées en bleu sont pratiquées sur les deux sexes et dès le bas âge. Quelquefois ces incisions bourgeonnent plus tard et quand elles sont cicatrisées elles laissent des excroissances charnues plus ou moins volumineuses. Les lèvres, les gencives sont pointillées à coups d'aiguille ou bien à l'aide d'épines d'acacia bien choisies puis également bleuies.

La circoncision est mise en pratique et fait l'objet de grandes fêtes une ou plusieurs fois l'année.

L'excision du clitoris, chez la femme, a lieu peu de temps avant l'âge de la puberté, c'est-à-dire vers douze ou treize ans ; elle est exécutée par des femmes et fait aussi l'objet de grandes fêtes car c'est à cette époque que la femme prend le voile pour ne plus le quitter jamais.

Hommes et femmes se recouvrent la peau du corps d'huiles ou de graisses diverses ; aussi, en dehors de leur odeur naturelle, ils répandent une odeur de rance des plus insupportables.

L'usage de l'antimoine pour la coloration des paupières est très répandu de même que l'usage du henné pour la coloration des ongles et de la paume de la main.

Nous nous sommes laissé dire que l'infibulation était pratiquée sur les jeunes filles en bas âge. Elle consisterait à trancher légèrement les nymphes et à les maintenir rapprochées pour en obtenir la soudure ; on ne ménage qu'une légère ouverture. C'est plus tard un gage de virginité pour la jeune fille qu'on peut libérer, au moment voulu, par une incision longitudinale.

*
* *

Le targhi vit sous la tente durant toute la saison sèche parce qu'à ce moment il est à la recherche constante de pâturages pour les nombreux troupeaux qu'il possède. En saison des pluies, il vit sous des gourbis en paille ; très rarement il construit des villages en terre, de style et de modèle que nous avons déjà indiqués.

Les tentes sont en peau de bœufs, de chèvres ou de moutons et on en voit en toiles tissées de poils de chameau, comme chez les arabes.

L'habitation est en somme peu recherchée à cause de leur vie essentiellement nomade.

Ils vivent à peu près de la même façon que les arabes mais ils sont plus vagabonds. Leur alimentation diffère peu aussi et c'est le kousskouss qui en fait la base principale. Le laitage joue ensuite une grande importance dans la nourriture et surtout le lait des chèvres et des brebis : cela se conçoit facilement chez ces peuples pasteurs. Ils se livrent très activement à la chasse et consomment beaucoup de gibier. Ils cultivent différentes variétés de sorgho qui viennent admirablement aussitôt le retrait des eaux d'inondation, aux bords des fleuves.

La femme targhi a une situation plus élevée que la femme arabe. Elle est d'ailleurs libre d'accorder sa main à qui bon lui semble dans certaines tribus peu fanatisées. Elle est quelquefois instruite, sait lire et écrire en caractères différents de ceux des Arabes et ayant quelque analogie avec ceux des anciens lybiens. — Elles sont d'autant plus jolies qu'elles sont grosses et couvertes de **Hedjab** (talismans). Dans la famille elles jouissent d'une certaine autorité et sont souvent consultées par le mari.

Les enfants ne reçoivent pas d'éducation spéciale ; elle se fait d'elle-même en vivant à côté de leurs parents ou des divers membres de la tribu.

Chez eux, c'est la vie patriarcale telle qu'elle était dans les temps les plus anciens. C'est le père qui est le maitre absolu, qui possède tout et qui transmet son héritage à ses frères.

A côté des individus de race noble, il existe des vassaux ou **Imghad** (**amghid** au singulier), sortes d'esclaves placés dans une situation un peu spéciale. Ils sont totalement libres en réalité; ils ne sont même pas obligés de suivre leurs maitres dans les grandes émigrations ; ils doivent seulement les entretenir en leur fournissant tout ce qui est nécessaire à la vie.

Tout targhi de race noble est maitre d'un ou de plusieurs imghad dont il dispose à sa volonté ; il peut les donner à sa fiancée comme cadeau de mariage.

Les touareg, de même que les arabes, se divisent en grandes tribus qui comprennent elles-mêmes des fractions ou sous-fractions, ou bien de simples campements. Le mot **Kel** qui précède presque toujours le nom d'une tribu ou d'une fraction signifie peuple.

Le chef d'une tribu porte le nom d'**amenoukal** et ses fonctions sont héréditaires. Il gouverne avec les chefs des diverses fractions qui sont connus sous le nom d'**amrar**.

En dehors des imghad appartenant à des individus en particulier, une tribu entière peut posséder une ou plusieurs tribus vassales qu'elle a acquises soit par donation, héritage, ou le plus souvent par voie de conquête. Les tribus vassales sont aussi composées de pasteurs et de guerriers qui prêtent main forte à leurs conquérants; qui mieux est, les individus qui les composent peuvent avoir personnellement des imghad. Chaque année, elles fournissent à l'amenoukal des brebis et des chèvres qu'il leur rend dès qu'elles n'ont plus de lait ; elles lui font aussi cadeau d'une belle monture et de riches vêtements.

Aucun peuple n'est plus jaloux de son indépendance que le targhi ; quand il sera vaincu il ne sera pas loin de disparaitre car la perte de sa liberté sera sa mort certaine. Il aime l'espace, les grandes courses, le pillage et la guerre. Il aime sa famille et la défend avec la plus indomptable énergie. Il ne faut pas oublier que la destruction de la colonne du colonel Bonnier et de ses officiers n'est due qu'à la prise par lui de quelques femmes touareg. Nous avons appris de la bouche très autorisée d'un noble larghi que l'attaque imprévue de la colonne française n'aurait probablement pas eu lieu si quelques femmes n'avaient pas été retenues prisonnières.

Le targhi est un cavalier de premier ordre ; il supporte les longues courses, les fatigues, la faim et la soif d'une façon admirable. Il porte une longue épée droite, en fer forgé, un peu à l'image de celle des anciens croisés, fixée au côté gauche. Une lance en fer aussi, à lame longue et à base élargie lui sert encore à la guerre et il la tient dans la main droite. Il évite les coups de ses adversaires à l'aide d'un bouclier en peau de chameau sur lequel se trouvent quelques grossiers dessins.

Nous arrivons maintenant à la religion du targhi et avant d'entrer dans son détail rappelons quelques lignes de Ch. Letourneau, dans son étude sur l'**Evolution religieuse chez les peuples** :

« Quand il s'agit de mettre l'Egypte à sa place dans la hiérarchie des races et des civilisations, on n'est pas peu embarrassé. L'histoire écrite et même l'histoire d'après les monuments ne nous fait connaître du pays des Pharaons qu'un peuple parvenu à l'âge adulte et dont les origines se dérobent dans les nuits du passé. Sur l'enfance et la jeunesse de l'Egypte on en est presque réduit aux conjectures. Ce qui est certain, c'est que trois races diverses se sont rencontrées et plus ou moins fondues ensemble dans la vallée du Nil : une race venue de l'Occident, la race berbère ou lybienne, qui était une race blanche, puis la race éthiopienne, noire de peau, mais ayant les traits presque caucasiens et les cheveux simplement bouclés. Enfin de l'Est. survinrent, mais plus tardivement, des envahisseurs sémitiques. Longtemps on a cru que la civilisation égyptienne était originaire de l'Ethiopie, aujourd'hui encore toute semée de monuments égyptiens. L'étude des faits semble indiquer, au contraire, que le courant civilisateur a remonté et non descendu la vallée du Nil.

« D'où venaient les premiers occupants de la basse Egypte, ceux qui, avant tous les autres, ont engagé la lutte avec le grand fleuve en le canalisant et en desséchant les marais de son delta ? On ne peut guère les croire sémitiques. Les premières agglomérations des Sémites étaient relativement éloignées de l'Egypte. Reste donc la grande race berbère, qui, dès l'âge quaternaire, a occupé une grande partie de l'Europe occidentale et méridionale ainsi que l'Afrique antésaharienne. Par exclusion et conformément d'ailleurs aux traditions égyptiennes elles-mêmes, on est amené à faire venir de l'Ouest les premiers habitants du delta et à les rattacher à ces berbères préhistoriques, dont les spécimens ont été retrouvés à Cro-Magnon.

« S'il en est ainsi, comme tout semble l'indiquer, il importe, avant de faire l'étude mythologique de l'Egypte, de faire celle des Berbères. Or, les Berbères authentiques, ceux qui ne sont point totalement confondus avec d'autres races, ceux qui subsistent encore ou existaient à une époque relativement récente sont : 1º Les Guanches, des Canaries ; 2º les Touareg du Sahara ; 3º les Kabyles. Mais au point de vue religieux, les Kabyles sont musulmans, depuis des siècles. Nous ne pouvons guère nous occuper utilement, pour l'objet de ces études, que des guanches canariens, brusquement arrêtés dans leur lente évolution par la conquête espagnole, mais sur lesquels les chroniqueurs nous ont conservé nombre de renseignements précis, et des touareg sahariens, que leur habitat, leur existence nomade, ont soustrait dans une assez longue mesure à l'influence arabe et qui sont musulmans bien plus de nom que de fait. »

Les touareg ne sont actuellement que des musulmans de nom et, chez eux, il n'y a guère que les marabouts. les ultra-dévots qui soient en dehors des idées générales au peuple. D'ailleurs, comment feraient-ils pour se conformer rigoureusement aux règles du Koran ! Dans les solitudes qu'ils fréquentent il leur manque de l'eau pour leurs ablutions ; dans leurs marches vagabondes ils n'ont guère de temps à consacrer à la prière ; ils ne peuvent pas non plus s'astreindre aux jeûnes et encore moins faire l'aumône dans leur pays stérile qui ne leur fournit que le plus strict nécessaire. Malgré l'invasion islamique ils ont donc conservé, sans aucun doute, un grand nombre des croyances de leurs ancêtres. Ils ont la notion d'un dieu, d'un être supérieur, qu'ils appellent **amanaï**. d'un paradis où les hommes bons seront récompensés et vivront dans une éternelle joie céleste, d'un enfer réservé aux méchants. Mais ce qui semble les préoccuper le plus dans le courant de la vie terrestre ce sont les morts, les esprits et les fantômes. Ils ne parlent point des morts et font tout leur possible pour ne pas les évoquer et n'en jamais garder le souvenir. Les sorciers seuls, les devins ont le droit de consulter les morts et ils ne peuvent pas le faire sans péril. Pour cela, ils se couchent sur les tombes et invoquent l'esprit. **idebui**, qui leur apparaît, leur répond favorablement ou bien les étrangle.

Ils ont conservé aussi une vieille croyance, plus ancienne que le christianisme bien certainement, qui consiste à orner d'un signe cabalistique en forme de croix, le devant de leurs boucliers, le pommeau de leurs épées, les vêtements, etc.

Depuis de longues années déjà les touareg ont accepté la religion musulmane parce que c'est la seule répandue dans toutes les peuplades environnantes mais ils sont loin de la pratiquer avec autant de conviction que tous leurs voisins.

Ils ont une langue spéciale qui prouve bien qu'ils ont une origine totalement séparée de celle des arabes ; malgré tout, une grande partie d'entre eux comprennent la langue de ces derniers à cause de la communauté de religion et aussi à cause des contacts fréquents qu'il leur faut avoir dans la vie nomade.

Il est fort heureux pour nous que les touareg n'aient pas embrassé, avec la même conviction que les autres peuples nomades, la religion du Prophète. En effet, ces gens, libres dans le Sahara, ne pouvant plus désormais exister que par cette liberté-là même, seraient devenus de plus pitoyables ennemis encore, puisque le Coran crie sans cesse « mort aux infidèles ».

Il nous sera toujours difficile de les atteindre, quelque moyen que nous employions. Si nous les domptons par la guerre, cette guerre sera pénible à cause du pays même. Il faut bien songer que le Sahara est inhospitalier à tous les points de vue, par son climat, par le manque d'eau, par la difficulté du ravitaillement, par son immense étendue, etc., toutes choses qui ne peuvent porter aucun préjudice à l'ennemi touareg pour bien des raisons. Un seul moyen, mais désespérément long et exigeant de nombreuses troupes, serait d'occuper progressivement tous les points d'eau du désert, en commençant, d'une part, par le sud de l'Algérie et, d'autre part, par le nord du Soudan et, tout cela, en créant au fur et à mesure de la pénétration, de solides voies de communication.

II

MAURES

Sous ce nom qu'on fait dériver du mot **Maghreb**, on a d'abord désigné les habitants de la Mauritanie. Aujourd'hui on désigne ainsi certaines peuplades de l'Algérie, de la Kabylie, du Maroc et aussi du Sahara.

C'est de ces dernières dont nous allons nous occuper seulement, et nous avons déjà vu plus haut quelle est l'étendue de pays qu'elles occupent dans notre colonie. Ce sont des berbères à n'en pas douter et en considérant bien leurs caractères ethniques. Depuis de longues années déjà ils ont contracté des alliances avec les nègres si bien que la plupart d'entre eux sont noirs et constituent pour ainsi dire une race nouvelle. Les mensurations que nous avons faites sur eux, durant notre séjour au Soudan, nous ont donné les résultats suivants :

Indice céphalique 76,5
Capacité cranienne (hommes) 1,493

Id.   id.   (femmes) 1,356
Indice vertical de hauteur longueur 98,1
    Id.   id.   de hauteur largeur 75,8
Diamètre frontal minimum 95
    Id.   stéphanique 116
Indice facial........................... 59,1
    Id. du prognathisme 79,2
    Id. orbitaire 87,1
    Id. nasal 45,5
    Id. palatin............................; 75.2
    Id. occipal de Daubenton... .... + 3° 7
Angle orbito-occcipal .... — 10° 7
    Id. mandibulaire .... 123° 7
    Id. symphisien .... 77°

Les dents sont fortes, longues. espacées. mais très légèrement
inclinées. Les courbures de la colonne vertébrale sont plus fortes
que chez les touareg. Le thorax est vaste et haut : son indice atteint le chiffre de 79,4 chez les hommes et celui de 83.6 chez les
femmes.

Le bassin est d'une très faible largeur et son diamètre antéro-
postérieur est plus faible que chez le touareg.

L'indice scapulaire qui a été obtenu dans nos observations est de
66, 4 et l'indice sous-épineux de 89,3.

L'angle de torsion de l'humérus est de 143° 54.

L'appareil musculaire est peu développé ; les maures ont des
bras squelettiques, des cuisses étiques. et c'est à peine si on distingue la saillie du mollet. Ils sont doués cependant d'une grande
vigueur et d'une grande résistance à la fatigue.

L'appareil abdominal est peu développé et on peut dire d'eux,
comme en parlant de certains chevaux, qu'ils ont le ventre re-
troussé.

Le pénis, à l'état de flaccidité. a une grandeur considérable ; le
frein y est remarquable par son extrême briéveté.

Les grandes lèvres de la femme ne sont pas plus développées que chez la plupart des négresses et sont à peine marquées par une teinte plus pâle de la peau. Les petites lèvres, au contraire, sont volumineuses et bien longues, puisqu'elles atteignent jusqu'à 15 centimètres. Le clitoris, lui aussi, est long et déborde le plus souvent au dehors. La vulve est haute et le vagin très long. Les mamelles sont piriformes et très tombantes dans la plupart des cas. Il ne faut pas s'étonner de ces caractères typiques des organes génitaux de la femme maure qui est presque noire. En effet, depuis longtemps, leurs alliances avec les négresses ont fait que la prépondérance de ces dernières est devenue manifeste par suite des lois de l'hérédité. Il faut remonter très haut dans le Sahara pour trouver des types restés purs et il ne nous a jamais été permis de les mensurer.

La peau des femmes est un peu veloutée comme chez les négresses et, chez les hommes, elle est généralement plus ferme et plus hâlée.

Les maures sont d'une maigreur remarquable. Il n'en est pas de même des femmes chez lesquelles l'embonpoint est un caractère de haute beauté. Nous en avons vu qui avaient la plus grande peine à se lever et à faire quelques mètres.

La conjonctive est un peu injectée, mais moins que chez les nègres cependant.

Les globes oculaires sont assez grands et c'est pour cela qu'ils paraissent saillants.

Les yeux ont une teinte foncée parce que la peau est pigmentée. Les cheveux sont invariablement noirs et lisses. Les hommes les laissent pousser très longs ; leur barbe est noire et peu abondante. Le système pileux, d'une façon générale, est peu développé, sous les bras et au pubis en particulier.

Les hommes sont de haute taille et les femmes aussi, quoique plus petites. Le rapport de la taille ramenée = 100 à la grande envergure est de 103,7, ce qui rapproche la race maure du Soudan des nègres proprement dits.

*
* *

L'origine des maures soudanais n'est plus aujourd'hui discutable ; ce sont bien des berbères sortis du **Maghreb** ou du **Fezzan**. Par leurs alliances avec les négresses, ils ont bouleversé petit à petit leur type blanc primitif ; actuellement encore ils épousent des négresses sur toutes nos frontières. Il faut remonter dans le centre du Sahara pour rencontrer chez eux le type blanc conservé dans toute sa pureté.

Le vêtement des maures est réduit à sa plus simple expression. Dans les routes il ne se revêtent que d'une simple grandoura en cotonnade bleue et à peine fermée. Dans leurs ksour, ils portent quelquefois un pantalon serré à la ceinture et descendant un peu au dessous des genoux. Les chefs et les gens riches se couvrent de vêtements blancs et se placent sur la tête un turban soigneusement roulé. Leur coiffure est simple et se compose soit d'une petite calotte en cotonnade, soit d'un lourd chapeau en paille tressée, mais le plus souvent ils sont tête nue. Les enfants mâles ont les cheveux rasés, à l'exception d'une touffe tenant le milieu de la tête et allant d'avant en arrière. Ils restent ainsi jusqu'à leur puberté, jusqu'à leur mariage et jusqu'à ce qu'ils aient fait leurs preuves à la guerre. La plupart des hommes gardent leur cheveux incultes, longs et tombants, salés et souvent remplis de poux. Les vieillards et les marabouts se font raser la tête. Ils portent peu de talismans, de gris-gris et se contentent de tenir un chapelet à la main.

Un maure ne regarde jamais en face ; l'expression de sa figure est dure, méchante et sournoise.

Les femmes sont vêtues à la façon arabe. Elles portent une melhefa bleue ou blanche drapée autour du corps et sur la tête. Toutes ne se cachent pas le visage. Leurs cheveux sont tressés en nattes épaisses tombant sur les côtés et forment sur le dessus de la tête une sorte de petit chignon tressé. Elles ont des anneaux d'or ou de cuivre ou même de fer, grands et légers, plantés aux

oreilles et en outre soutenus par de petits fils de cuir. Au cou elles
ont des colliers de perles rouges, blanches ou dorées. Elles s'as-
sujettissent encore au cou et à la tête de grosses boules d'ambre
mal travaillées. Aux bras, aux poignets, à la cheville elles fixent
des talismans, des gris-gris en cuir colorié ou bien des anneaux
de richesse variable. Elles s'enduisent les cheveux et le corps de
beurre ou de graisses végétales qui rancissent et répandent une
odeur repoussante.

Hommes, femmes et enfants marchent pieds nus. En route, cependant, ils portent des sortes de sandales en cuir maintenues par
une courroie passant entre le gros orteil et l'orteil suivant.

Comme les femmes arabes, les femmes maures colorent leurs
paupières en noir et leurs ongles avec le henné.

Hommes et femmes sont repoussants de saleté.

Les campements de la saison d'hivernage sont établis le plus
loin possible dans le Sahara. Les habitations ne sont représentées
que par des huttes en paille, des gourbis, pas toujours suffisants
pour garantir des pluies. Le mobilier n'est rien moins que sommaire. Sur quatre piquets plantés dans le sol, fourchus, à peine
hauts de vingt centimètres, on voit quelques bâtons placés transversalement ou en long, couverts d'une natte; c'est le lit qui, chez
les moins pauvres, est surmonté d'une moustiquaire en cotonnade
bleue. Dans une caisse en bois, séparée du sol par quelques cailloux et fermée par un cadenas acheté sur nos marchés, sont placés
les vêtements précieux et les bijoux. Des marmites en fonte et en
terre, des calebasses, des canaris pleins d'eau, sont semés, épars,
dans l'intérieur. Dehors, soutenus par des piquets hauts d'un mètre,
on voit des magasins ronds, en paille, couverts d'un chapiteau
pointu et facile à soulever, renfermant le mil nécessaire à la confection du kousskouss journalier. Plus loin, sous des abris rapides
et à peine étanches, les chevaux du maître. Plus loin encore,
des parcs entourés d'épines pour garantir les troupeaux contre
l'attaque des fauves. Tout le jour, les ânes et les chameaux
paissent en liberté, entravés légèrement par une corde grossière.

En saison sèche, quand il est nécessaire de rechercher des pâturages nouveaux, on abandonne le village improvisé et on se rapproche de nos frontières, mais à distance respectueuse. On se dissimule et on monte les tentes. Semblables à celles des arabes, elles sont cependant moins grandes, confectionnées avec moins de goût, à l'aide de peaux de chèvres ou de moutons, avec des poils de chameaux et, plus rarement, avec des toiles tissées en coton. Ces campements sont toujours dissimulés, situés à quelques kilomètres d'un point d'eau, pour éviter les surprises et les attaques d'un ennemi pillard. C'est à cette époque-là, en effet, qu'il faut bien se garder, car les hommes jeunes et valides s'en vont commercer au loin et au besoin razzier des tribus ennemies qu'ils ont su découvrir.

L'alimentation des maures n'est guère recherchée, bien qu'ils soient d'un naturel gourmand et glouton. Le kousskouss est le plat national. On le confectionne avec la farine de mil (sorgho) ou avec la farine de maïs. C'est une opération assez longue, car, déjà, pour obtenir la farine, il faut laisser séjourner dans l'eau et durant plusieurs heures les grains de mil ou maïs. Ils se gonflent rapidement et on les expose ensuite, sur des linges ou des nattes, à l'action des rayons solaires. Sous cette influence, l'écorce des graines se détache légèrement de l'albumen : à l'aide de quelques coups de pilon, dans un mortier en bois, la séparation est complète et, en se servant d'un van à main, on chasse l'écorce réduite en nombreux fragments. On pile à nouveau et on obtient alors une farine grisâtre propre à la consommation. Dans une calebasse, cette farine est légèrement humectée d'eau et on l'agite avec la main ; la préparation est bonne quand il s'est formé une série de petits grumeaux, gros comme un pois. Il s'agit alors de faire cuire et, pour cela, on jette dans un vase en terre, à fond percé de trous, la farine ainsi agglutinée. On dispose ce récipient sur une marmite en partie remplie d'eau et, avec de la terre délayée, on en lutte soigneusement les bords. On fait cuire et, par ce système aussi simple qu'ingénieux, la vapeur d'eau circule librement dans la farine qu'elle cuit convenablement. Le kousskouss ainsi préparé est consommé arrosé d'une sauce fortement pimentée renfermant soit de la viande, soit du poisson, ou bien ne renfermant

14

autre chose que de l'eau, du sel, du piment et des arachides grillées ou écrasées.

On fait aussi des galettes avec les farines de sorgho et de maïs.

Les épis de maïs frais et grillés sur la braise sont fort estimés.

Le riz est peu utilisé à cause de sa rareté dans les régions nord.

La chasse fournit aux maures une grande quantité de viande qu'ils font boucaner pour la conserver plus longtemps. Dans quelques mares d'une certaine étendue ils se procurent beaucoup de poissons, aux basses eaux et, pour mieux les conserver, ils les font sécher soit au soleil, soit au-dessus de charbons enfumés.

Gloutons, quand ils sont dans l'abondance, les maures supportent avec un stoïcisme digne d'admiration, les cruautés de la faim et de la soif. Dans les voyages longs et difficiles ils consomment la gomme, les sauterelles grillées, les bourgeons d'arbres, les fruits du jujubier sauvage, etc.

Les feuilles du baobab, récoltées en bonne saison, séchées au soleil et pilées servent à assaisonner les mets. Le fruit de cet arbre, plus communément appelé pain de singe, leur fournit une sorte de farine acidulée dans les longues marches ou dans les jours de détresse.

Les arachides sont commodes, dans les routes, parce qu'elles peuvent se consommer sans cuisson ou simplement grillées dans des cendres chaudes.

Les maures estiment beaucoup le miel et, dans leurs courses vagabondes, ils font activement la chasse aux ruches cachées dans le tronc creux de certains arbres et dans les fentes des rochers. Quelques uns installent des ruches dans les arbres, à l'instar de quelques nègres que nous étudierons plus loin.

Enfin, pour terminer, nous devons dire que le laitage forme, pour la plupart des tribus, la majeure partie de l'alimentation. Le lait caillé est utilisé de préférence ; on y jette du kousskouss cuit,

préalablement séché au soleil, qui se gonfle alors comme le tapioca.
Le beurre de vache est fabriqué en grand et sert à la cuisson des
viandes.

*
* *

Le sort de la femme maure diffère peu de celui de la femme
arabe ; elle est cependant un peu plus libre de ses actions, chez les
nobles et les riches exceptés toutefois, où elle reste cachée à tous
les regards.

Elle ne partage jamais le repas de l'homme qu'elle est chargée
de lui préparer ou de lui faire préparer par ses esclaves. Ses fils,
quand ils sont en âge de manger seuls, prennent le repas avec les
hommes mais jamais avec elle et elle se soumet docilement à cet
état d'infériorité parce que le Koran la considère inférieure à son
mari. A défaut d'esclaves, elle cultive le sol, porte les fardeaux,
soigne le bétail. Dans les routes combien de fois avons-nous vu
de ces malheureuses surchargées faire le chemin à pied tandis
que, derrière, le mari se prélassait mollement sur sa monture. Il
n'en est pas toujours ainsi cependant car, chez les individus
placés dans la moindre aisance, la femme voyage à cheval, ou
sur un âne, ou sur un zébu porteur.

Le mariage se fait à la mode arabe mais il n'en est pas toujours
ainsi sur nos frontières. Là en effet les maures capturent souvent
dans nos villages des femmes et des jeunes filles qu'ils emmènent
au loin et dont ils font plus tard ou immédiatement leurs propres
femmes.

Le mari est toujours libre d'abandonner sa femme quand tel
est son bon plaisir. Malgré les règles du Koran, il prend à peu
près autant de femmes qu'il veut et sans aucune formalité. Dans
un ménage où il y a plusieurs femmes l'entente est assez cordiale
mais, en général, il en est une, le plus souvent la première ayant
donné des enfants, qui garde un certain cachet de supériorité.

Durant la période du flux menstruel la femme n'a aucun rapport avec son mari et se tient à l'écart.

Les femmes accouchent avec une remarquable facilité et aussi avec un courage peu commun ; dans les cas difficiles, elles ne poussent aucun cri, ne profèrent aucune plainte. C'est le père qui donne le nom à ses enfants.

La caractéristique de la famille maure est la même que celle de la famille arabe, en ce sens que le chef a une puissance et une autorité incontestables.

L'esclavage chez les maures est aussi une institution sociale et nous ne sommes pas loin de croire qu'ils en ont été surtout les propagateurs, à une époque donnée. Durant toute la saison sèche, ils fréquentent nos frontières qui sont bordées de gros villages, sous prétexte de chercher des pâturages, d'acheter du mil ou de commercer la gomme. Au moment de leur passage, ils enlèvent rapidement les femmes, les enfants et les bestiaux qui se trouvent à leur portée en dehors des villages et s'enfuient au loin, d'un seul trait, mettant ainsi entre eux un espace vide, inconnu et sans point d'eau. Ces genres de rapines sont fréquents dans les régions nord et les habitants, la plupart des sarracolets ou des toucouleurs, y sont pour ainsi dire habitués et quand le cas se présente ils n'en sont pas autrement surpris. Les individus ainsi enlevés, s'ils sont jeunes sont emmenés loin dans le Sahel (nord), dans les campements maures où ils travaillent et apprennent la langue du ravisseur. Les femmes prises, quand elles sont jolies se marient et prennent le costume maure. D'autres captifs ainsi faits sont vendus au loin en échange de tout autre marchandise. Il est difficile d'empêcher ce mode de brigandage à cause de la rareté et de l'éloignement des points d'eau dans ces régions et aussi des difficultés qu'on a à suivre la piste des voleurs. D'ailleurs les habitants du pays méritent à peine qu'on les aide. Bien que beaucoup d'entre eux soient armés ils n'osent même pas poursuivre le maure, fussent-ils dix contre un. Tout ce qu'on peut faire actuellement c'est de leur donner un peu plus de confiance dans leurs propres forces et les engager à la poursuite des pillards.

Les maures sont d'une cruauté et d'une férocité sans exemple vis-à-vis de leurs esclaves : ils les frappent et les martyrisent de toutes les façons. Nous en avons connus qui sont morts dans les mains de leurs maitres qui leur enfonçaient lentement des clous dans la tête. Il nous faut laisser ces atrocités de côté et elles sont si bien connues que la plus grande menace que l'on puisse faire à un nègre c'est de lui dire qu'on va le remettre entre les mains des maures (**soulaka**, en langue mandingue).

Les maures, comme les arabes, sont divisés en tribus, ainsi que nous l'avons vu plus haut. Ces tribus portent un nom particulier qui indique souvent les régions qu'elles habitent généralement, ou bien le nom d'un de leurs ancêtres d'illustre mémoire, ou bien un nom pris à titre de gloire, à la suite d'un grand succès, ou bien enfin un nom qui leur a été donné comme terme de mépris par d'autres tribus.

Les tribus comprennent elles-mêmes des fractions et des sous-fractions qui prennent presque toujours le nom de leur principal chef.

Les tribus quelque peu importantes comprennent des fractions nobles d'où sont généralement tirés les chefs : des fractions de marabouts qui s'occupent surtout de religion et un peu de commerce ; des fractions de guerriers et enfin des gens de race commune. Les nobles sont désignés sous le nom de **Lakrich** et les marabouts sous celui de **Tolba** (gens instruits).

Le chef d'une tribu porte le nom de **cheikh** ; ses fonctions sont le plus souvent héréditaires. Son autorité n'est pas toujours considérable et elle est bien des fois subordonnée à l'avis des gens de race noble.

Dans certaines tribus le Gouvernement est représenté par une **Djemaa** qui n'est autre chose que l'assemblée des chefs des principales fractions : elle est présidée par un cheikh. C'est en somme un conseil municipal avec un maire représentant le pouvoir exécutif, aussi appelé chef de paix, chef de campement, **cheikh el hanni**. Il existe aussi un chef de guerre qui commande à tous les guerriers, c'est le **cheikh el Khazié**.

Toutes les fractions d'une même tribu ne vivent pas toujours en bonne intelligence à cause de leurs chefs respectifs qui intriguent tous pour obtenir le commandement suprême. Ces fractions dissidentes se rendent souvent indépendantes quand elles sont assez puissantes pour le faire ou bien, dans le cas contraire, se joignent à d'autres tribus.

L'industrie des maures n'est pas très remarquable. Les corroyeurs sont les gens les plus habiles : ils travaillent fort bien les peaux, savent les colorier et elles font l'objet d'un commerce assez important.

Les tisserands ne sont point non plus très répandus.

L'art de la poterie est réservé aux femmes et aux femmes esclaves surtout. On ne fait guère que des canaris pour conserver l'eau et des marmites pour la cuisson des aliments. Toutes ces poteries sont plus grossières que celles trouvées chez certains peuples anciens ou même préhistoriques. Les maures limitrophes de nos régions soudanaises achètent leurs poteries chez les nègres.

Les forgerons maures ne fabriquent pas le fer ; ils se le procurent dans nos escales ou bien au milieu des races nègres. Ils ne travaillent pas mal si on considère les moyens rudimentaires qu'ils emploient pour les aider. Sous un mauvais abri, ils creusent un trou dans le sol, de forme conique, et ils le remplissent de charbon de bois ou plutôt de braise. Qnand le tout est allumé à l'aide de quelques tisons, on active la combustion en se servant d'une soufflerie aussi simple qu'ingénieuse que, plus loin, nous retrouverons en usage chez toutes les races nigritiques même les moins élevées en civilisation. C'est un simple coin de bois, taillé en forme de pyramide tronquée, dans lequel on a fait passer deux canons de fusil, d'une longueur de quarante centimètres environ, disposés d'une façon telle que leurs extrémités libres sont accolées l'une à l'autre. Les deux autres extrémités, plus écartées, portent chacune une peau de bouc ou de mouton, complète, bien fixée à l'aide de liens en cuir. Ce qu'on désigne communément sous le nom de peau de bouc, dans le pays, peut aussi bien être une peau de mouton ou de veau, ou de bœuf. Pour

la préparer on fait une incision dans la peau de l'animal utilisé,
sur la partie médiane et postérieure de l'abdomen qu'on dépouille
en faisant passer tout le corps par cette incision : on sectionne aux
extrémités des pattes et au cou seulement. On tanne ensuite à
l'aide de procédés que nous indiquerons plus tard. En ligaturant
l'extrémité des pattes et le cou, à l'intérieur, on obtient alors des
récipients très souples, très malléables qui peuvent renfermer de
l'eau pour les longues routes ; si on y renferme du mil, de la
gomme ou d'autres denrées elles se trouvent à l'abri des pluies.
Pour la soufflerie dont nous venons de parler, la peau de bouc est
fixée solidement au canon de fusil par la région du cou. Son
extrémité libre est munie de deux bâtons cousus qui, par leur
juxtaposition, peuvent la fermer hermétiquement et permettre de
l'ouvrir largement. L'opérateur tient, dans chacune de ses mains,
l'extrémité ainsi préparée de chacune de ces peaux de bouc. D'un
bras, il soulève une peau qui, dans ce mouvement, maintenue
ouverte, se remplit d'air ; à son point d'extension maxima, il la
ferme à l'aide de son simple système et, en appuyant dessus,
l'air enfermé s'échappe par la tuyère durant que de l'autre main,
il emplit la seconde peau de bouc. Avec ce mouvement alternatif
de prise et de renvoi d'air la soufflerie est continuellement en
marche et active la combustion du charbon.

L'attirail du forgeron, en dehors de son fourneau, est peu compliqué. Il travaille toujours assis, sur une minuscule enclume,
fichée dans un gros morceau de bois et se sert de marteaux légers
et de pinces de petites dimensions. Il fabrique des lames de sabres,
de couteaux, des binettes pour la culture ; il sait être orfèvre et
armurier à ses heures.

*
* *

Les maures ne sont point cultivateurs. Toutefois quelques
tribus sédentaires, situées sur notre territoire, cultivent le mil, le
maïs, etc, à la façon des nègres. Ils ne se servent pas de charrues
et, seulement à l'aide de binettes à manche court, ils grattent le
sol dès les premières pluies puis, avec le même instrument, ils

enfouissent les graines dans le sol et pratiquent les binages consécutifs. Le travail de la terre est laissé aux esclaves et, à leur défaut, aux femmes. Essentiellement pasteurs, les maures s'occupent davantage de leur bétail. Ils ont beaucoup de bœufs zébus, de moutons, de chèvres, d'ânes et de dromadaires, toutes sortes d'animaux que nous étudions en détail dans notre troisième volume.

A cause des régions désertiques qu'ils occupent, les maures son obligés de se livrer au commerce dont ils ne tirent d'ailleurs qu'un très médiocre profit. Pour vivre, ils sont dans la nécessité de venir échanger leurs produits contre les denrées dont ils ont besoin. Ainsi obligés d e venir chez nous, on ne songe pas assez qu'ils se trouvent par cela même à notre merci, aussi bien au Sénégal qu'au Soudan. On les a considérés et on les considère trop encore comme des ennemis dangereux puisque nous leur payons des redevances et des coutumes : il serait si simple, pour les vaincre ou plutôt les maîtriser, de leur interdire notre territoire et ce serait leur ruine. Nous savons bien qu'en agissant ainsi ce serait soulever une vaste question commerciale, en ce sens que les gommes pourraient faire défaut à certaines grosses maisons, mais l'intérêt de ces maisons là n'est point essentiel et il n'est pas douteux qu'à la suite d'une courte période d'exclusion des maures on les aménerait à de meilleurs sentiments.

Les maures fabriquent des tapis qu'ils viennent vendre chez nous, tapis connus sous le nom de **tiogo** et faits avec des peaux de moutons morts-nés ou en bas âge. Ils tissent des nattes avec des fibres de rôsniers et des cordes de cuir teint.

La nature vagabonde du maure le pousse instinctivement aux fatigues de la chasse. Il chasse l'autruche pour ses plumes et ses œufs ; il attaque l'éléphant, caché dans des affûts, aux bords des grandes mares ; il se nourrit de la chair d'une nombreuse variété d'antilopes.

Il ne peut pêcher que dans les grands étangs limitrophes de nos frontières et il fait d'amples provisions de poissons qu'il désséche soit au soleil soit au-dessus de brasiers.

Le maure est armé d'un fusil à deux coups et à pierre. A la guerre, il porte en outre un sabre et quelquefois une lance. Les fusils sont chargés de chevrotines en fer et forgées et, à défaut, de cailloux ferrugineux.

En dehors des fêtes religieuses, les maures n'en ont pour ainsi dire pas et les plaisirs de la danse sont laissés aux esclaves.

Les funérailles se font à la façon arabe.

Tous les maures sont musulmans et la plupart d'entre eux appartiennent au rite maleki ; ils croient aux esprits, aux sorciers et aux devins.

Le maure est avant tout pillard plutôt que guerrier ; il aime voler et saccager les alentours des villages, les caravanes mal armées puis se sauve au loin. Quand on l'attaque il se défend avec beaucoup d'énergie et de courage. Il adore la vie nomade, bien plus que les touareg encore et il parcourt des distances considérables dans le désert ; il lève souvent ses campements sans aller trop loin et surtout pour dépister ses ennemis ; les marabouts voyagent toujours sans armes, aussi ils sont souvent pillés.

III

PEULHS

Les peulhs, comme nous allons le voir, sont des individus de race berbère et nous ne comprenons guère pourquoi M. de Quatrefages les a classés dans le rameau nigritique et dans la famille guinéenne. Les peulhs ne sont pas noirs et leurs caractères ethniques sont ceux des berbères de l'ancienne Egypte. Il est vrai de dire qu'au Soudan ils se sont métissés avec les nègres et qu'ils ne se distinguent plus alors que par leur langage spécial.

Leurs caractères ethniques sont les suivants :

Indice céphalique 77,1
Capacité cranienne (hommes) 1.571
    Id.   id.   (femmes) 1,407

Indice vertical de hauteur largeur................ 102,5
    Id.   id.   de hauteur longueur.............. 71,9
Diamètre frontal minimum.................... 91
    Id.   stéphanique......................... 110
Indice facial................................. 50,9
Indice de prognathisme....................... 75,7
Indice orbitaire............................. 87,4
Indice nasal................................. 44,9
Indice palatin............................... 76,3
Angle occipital de Daubenton................. + 3°9
Angle orbito-occipital....................... —13°3
Angle mandibulaire.......................... 123°
Angle symphisien............................ 75°

Les dents ne sont pas longues, plantées verticalement, serrées les unes contre les autres et d'une blancheur éclatante. Les courbures de la colonne vertébrale sont à peu près identiques à celles des touareg. Le thorax est étroit mais long : son indice atteint le chiffre de 88,7.

L'indice pelvien est représenté par le chiffre de 124,9.

L'indice scapulaire que nous n'avons pu observer que sur un petit nombre d'individus serait de 66,7 et l'indice sous-épineux de 89,4.

L'angle de torsion de l'humérus, également recueilli sur un très petit nombre d'individus, serait de 143°5.

L'appareil musculaire n'est pas plus développé que celui des touareg et des maures et les appareils splanchniques n'offrent aucun intérêt particulier.

Le pénis est exagérement long et volumineux : le prépuce est très étendu et le frein d'une brièveté peu commune.

Chez la femme, les grandes lèvres sont plus fortes que chez les femmes touareg et maures : néanmoins elles sont effacées par les petites lèvres ; elles ont une teinte franchement rosée. Le clitoris peut atteindre de fortes proportions et il est toujours plus développé que dans les races européennes. La vulve est haute et le vagin long. Les mamelles sont le plus souvent piriformes avec un mamelon bien séparé et bien distinct.

La peau est aussi douce que celle des européens. Tous les individus, hommes et femmes, sont remarquables par leur état de maigreur. Les conjonctives sont moins injectées que chez les maures. Le globe oculaire est grand mais les yeux sont petits et peu saillants. Les paupières sont fines et presque toujours fendues horizontalement.

La peau est d'un blanc laiteux, mate chez les individus de race pure, plus foncée chez les autres.

Les yeux sont noirs ou tout au moins d'un brun très foncé. Le système pileux n'est point très développé en longueur ; il est également peu abondant même sous les bras et dans la région pubienne. Les cheveux relativement courts, lisses, noirs, sont d'une finesse remarquable.

Le visage est encore du type prognathe mais fortement rapproché du type orthognathe. L'ensemble de la physionomie est régulier ; le regard est doux. Les lèvres sont minces. Le nez est légèrement aquilin, de petites dimensions ; il n'est pas écrasé mais plutôt proéminent. Les oreilles sont appliquées, petites et fines.

La taille est au-dessus de la moyenne et atteint le chiffre de 1 m. 69. Les femmes aussi sont grandes.

Le rapport du tronc à la taille ramenée = 100 est de 34,03 sur cinquante individus observés.

Le rapport de la taille ramenée — 100 à la grande envergure est de 101,7 sur le même nombre d'individus que précédemment.

Les mains sont longues et fines ; les pieds très petits chez la femme sont plus grands chez l'homme mais également bien faits, avec des articulations nettes et bien détachées.

Les peulhs de race pure sont peu nombreux dans le Soudan , on ne les rencontre que dans quelques villages isolés du nord dans les environs de Goumbou et de Sokolo, et encore dans le Macina. Jusqu'à ce jour on a désigné sous leur nom des races métisses, répandues dans toute la Sénégambie et même dans le Soudan, de teinte foncée, quelquefois totalement noires que nous étudierons plus loin. Suivant eux, ils viennent du nord-est, d'une région qu'ils désignent sous le nom de **Diabalgangdéga** et que nous pensons située sur le cours supérieur du Nil. Entre eux ils, se désignent sous les noms de **Foula, Fellah, Fellatah**. Les Ouoloffs les appellent **Poulo** et les mandigues **Foulankê** (de **foula** et **kê**, homme, gens du Foula).

En dehors des principaux caractères ethniques que nous venons d'énumérer et qui indiquent bien l'origine berbère des peulhs, leurs mœurs et leurs coutumes viennent encore prouver qu'il faut les rattacher à ce groupe du rameau lybien. Ils ont un peu le type des anciens égyptiens si on se rapporte aux gravures de l'antiquité.

Les hommes portent un pantalon fixé à la ceinture par une corde ou une lanière et descendant jusqu'au mollet, comme les maures. Ils recouvrent le haut du corps d'un vêtement très ample que les Ouoloffs désignent sous le nom de **boubou** et les mandingues sous le nom de **Diourki** ou **Diourouki**. Il est très facile à confectionner car il ne suffit que de rapprocher deux morceaux de toile plus ou moins longs et de les coudre en ménageant une ouverture au milieu pour le passage de la tête. Ils se couvrent la tête d'une petite calotte généralement blanche, et suffisamment étroite pour ne se fixer que sur le sommet en la dirigeant fortement en arrière. Ils se rasent les cheveux à l'aide d'un grossier couteau qu'ils aiguisent sur les pierres. Ils ne gardent de leur barbe, d'ailleurs peu abondante, qu'un petit bouc au menton et cela encore quand ils ont atteint un certain âge. Au dessus des reins, les hommes et les femmes, portent depuis la naissance une ceinture en cuir ou une ficelle garnie de perles, ou simplement une ficelle comme les touareg et les maures, ce que nous avons omis de faire remarquer plus haut.

Chez les enfants mâles et femelles, on ne rase pas complètement les cheveux et on laisse des touffes, de formes très diverses, très singulières, pour les préserver de certaines maladies ou de certains accidents.

Les hommes ne portent pas de parure ; ils recherchent les vête-ments blancs quand il sont dans l'aisance. Ils suspendent à leur cou des talismans ou des gris-gris en cuir, renfermant un verset du Koran et que les marabouts leur vendent d'autant plus cher qu'ils doivent avoir une plus ou moins grande efficacité contre les maladies ou les accidents de la guerre. Ils n'ont que très rarement des anneaux d'or aux oreilles ou quand ils en accrochent c'est dans le but de ne pas les perdre ou de ne pas se les faire voler. Ils ont plus souvent des anneaux aux poignets.

La femme peulhe est généralement jolie. Elle s'habille tout dif-féremment des femmes touareg et maures. Elle fixe autour de sa ceinture une pièce d'étoffe suffisamment longue pour descendre jusqu'aux chevilles et cela en roulant simplement les deux bords au dessus de la ceinture. Ce vêtement connu sous le nom de **pagne** par les Ouoloffs et de **phani** par les mandingues, glisse souvent et on doit l'assujettir de nombreuses fois pendant la journée. Les femmes riches en portent plusieurs placés l'un sur l'autre. Sur le haut du corps elles n'ont de vêtements que quand elles sortent ou dans les jours de fête et c'est alors le même boubou que celui de l'homme. Cependant elles se jettent aussi fort élégamment sur les épaules ou sur les épaules et la tête un morçeau d'étoffe qui rem-place avantageusement le boubou. Elle se tressent les cheveux en forme de cimier sur le dessus de la tête et. sur les côtés, elles laissent tomber de grosses nattes solidement tressées jusqu'à leur extrémité. La coiffure n'est pas faite journellement, comme dans les salons de nos parisiennes et elle ne se renouvelle que tous les mois environ. C'est loin d'être une petite opération car elle dure quelquefois une journée entière. Elles ont aux oreilles de grands anneaux, soit en or soit en cuivre ou en métal moins précieux encore, maintenus par des fils de cuir. Sur le sommet de la tête ou sur les côtés, sur les tresses des cheveux, elles suspendent des coquillages. ou des perles de cornaline. Elles enduisent leurs che-veux de beurre de vache, de brebis ou de chèvre qui, ranci, répand une odeur des plus désagréables que nous connaissions.

Les hommes et les femmes marchent pieds nus ; dans les routes seulement ils utilisent des sandales en cuir. analogues à celles que nous avons signalées plus haut en usage chez les maures. Cependant, les élégants de la société, les femmes principalement chaussent des pantoufles coloriées, à semelles si élevées qu'on en trouve de cinq à huit centimètres de hauteur ; elles n'ont point de talon et sont plus courtes que la longueur totale du pied.

Les entailles, les incisions, les tatouages de la peau sont peu en usage chez les peulhs et, rarement aussi, les lèvres et les gencives sont pointillées et bleuies ensuite.

La circoncision est mise en pratique mais nous croyons qu'elle n'a pas été introduite par l'islamisme et qu'elle est d'origine beaucoup plus ancienne ; elle s'exécute, comme chez les maures et fait l'objet de réjouissances publiques.

L'excision du clitoris ne se fait pas chez les races peulhes de sang pur mais chez les peuples métis qu'ils ont engendrés par leurs alliances avec les nègres.

Bien que parfaitement sales, les peulhs, quand ils se sont lavés, s'enduisent la peau de graisse, de beurre ou d'huile, et il est très difficile de s'expliquer dans quel but. Le goût de la parure semble en somme très peu développé chez eux ce qui semble contradictoire avec ce qui se passait chez leurs ancêtres, les Fellahs d'egypte. Et cependant cela n'a plus rien d'étonnant dès qu'on fait remarquer que, chassé de leur pays d'origine par des envahisseurs nouveaux, poussés vers des régions désertiques, sans cesse privés de tout bien être, ils n'ont pu conserver de leurs ancêtres que quelques coutumes et quelques croyances.

*
* *

L'habitation des peulhs n'est point luxueuse ; elle est même moins confortable que celle de certaines peuplades nigritiques qui leur sont bien inférieures en intelligence et en civilisation. Ils ne construisent que des gourbis, comme ceux que nous avons signalés plus haut, chez les arabes nomades. Les portes d'entrée sont basses et étroites. Dans l'intérieur sur quatre piquets fourchus, à peine surélevés au dessus du sol et supportant quelques grossières

traverses en bois, on jette une natte qui sert de lit. Le sol, en terre
battue, est un peu surélevé pour éviter l'humidité, dans la saison
des pluies. A l'entrée des portes il construisent quelquefois des
sortes de vérandahs qui garantissent suffisamment du soleil pour
y travailler assis durant le jour. Elles sont vite installées à l'aide
de quatre grands piquets plantés dans le sable soutenant des traverses en bois sur lesquelles on jette un peu de paille ou des nattes ;
elles sont presque toujours trop basses pour s'y tenir debout. Ce
type d'habitation est généralement répandu et on conçoit un peu
qu'il ne soit pas plus confortable. Les peulhs vivent dans les régions
nord où on ne trouve pas toujours une terre suffisamment argi-
leuse pour faire du pisé, mais seulement du sable et où la végétation, trop peu abondante, les force à émigrer, en saison sèche,
pour trouver des pâturages à leurs troupeaux. Leurs déménage-
ments ne sont pas longs ni difficiles, car les bagages ne se réduisent
guère qu'aux objets de cuisine. Quand ils le peuvent, dans le
Macina par exemple, ils construisent des maisons en pisé, du
système arabe, telles que nous les avons indiquées plusieurs fois
déjà.

Dans leurs villages les plus simples, les habitations sont dispo-
sées par petits groupes, suffisamment éloignées les unes des autres,
dans une sorte de grand parc entouré d'une haie formée de branchages épineux fortement enchevêtrés. C'est dans ce parc que, le
soir, on relègue le troupeau de la famille pour le garantir des bêtes
fauves.

A côté des habitations proprement dites, des vérandahs, il existe
des constructions beaucoup plus légères qui servent de magasins
à vivres. Ce sont souvent des grands paniers cylindriques tressés
en paille, surélevés du sol par quatre piquets et couverts d'un
petit toit conique et minuscule, en paille, pour préserver contre les
intempéries des saisons.

Il n'y a pas non plus de mosquées et des espaces entourés de
pieux ou simplement de quelques pierres, servent de rendez-vous
aux fervents de l'islam.

Le mobilier du peulh n'est pas encombrant. En dehors du lit
que nous avons indiqué, quelques petites chaises basses, à peine

hautes de trente centimètres, à plusieurs pieds, taillées d'une seule pièce dans un gros morceau de bois, puis des nattes tressées avec des fibres de tiges de sorgho, des calebasses et leurs couvercles en paille tressée, des vases en bois, des pots et des marmites en terre complètent l'intérieur de l'habitation.

Les peulhs sont d'une sobriété exemplaire et, pasteurs, le laitage fait la base exclusive de leur alimentation. Ils savent fabriquer le beurre et le conservent, après cuisson, dans des calebasses ou dans des peaux de bouc bien fermées. Faire du beurre chez eux n'est pas une petite opération, car ils n'ont pas encore inventé les barattes de nos fermes. On recueille dans une petite calebasse une certaine quantité de crème et, à l'aide d'une autre calebasse, toute petite et à queue, faisant en somme l'office d'une cuillère, on agite en tournant ; les parcelles de beurre finissent par s'agglutiner et on lave sommairement dans l'eau la boule qu'on a pu faire ; le lavage n'est jamais suffisant et la boule de beurre demeure toujours blanchâtre.

Le kousskouss se prépare comme chez les maures et, séché au soleil, puis jeté dans le lait caillé, il donne une nourriture très estimée.

Le poisson, séché au soleil ou au feu, n'est guère utilisé que dans les régions marières ou sur le bord des fleuves.

Les peulhs consomment le maïs frais et grillé au feu, mais seulement à l'époque de la terminaison des pluies, c'est-à-dire en septembre ou en octobre. Le riz, toujours importé d'ailleurs, n'est considéré par eux que comme un aliment de luxe.

Les produits de la chasse sont rares, non pas par manque de gibier, mais parce que les peulhs chassent peu ou point. Ils consomment rarement la viande de leurs troupeaux, excepté aux jours des grandes fêtes musulmanes. Ils mangent de temps à autre des poulets qui, suivant le rite, doivent avoir le cou coupé.

Les feuilles de patates, cuites dans l'eau, légèrement hachées et arrosées de sauces pimentées donnent une excellente alimentation. Le fruit et les feuilles du baobab sont également utilisées. On en-

(Figure 20)

FEMME PEULHE

contre encore une variété de haricot commun (Phaseolus vulgaris) connu sous le nom de **Niébé** (le **soço** des mali'nka) qui jouit d'excellentes propriétés nutritives.

Les peulhs n'ont point d'heures fixes pour prendre leur nourriture. Ils se conforment aux règles du koran et ne consomment aucune boisson fermentée.

Le sort de la femme peulhe est supérieur à celui de la femme arabe, à celui de la femme maure et même encore à celui de la femme targhi si libre cependant. Elle n'est déjà plus obligée de se cacher aux regards de tous et de porter le voile. L'homme n'en reste pas moins le maître de la famille, mais il l'est à la façon pathriarcale des temps anciens.

La femme vaque surtout aux soins domestiques. Elle prépare les repas ; elle soigne le bétail. Elevée dans la plus grande liberté, elle est loin d'être lascive et dévergondée, ainsi que l'ont affirmé certains voyageurs. Elle aime peu se montrer à l'étranger et préfère rester dans son intérieur, calme et tranquille. De là il y a loin aux anciennes femmes égyptiennes qui se voilaient le corps d'une gaze si légère qu'elle ne cachait en rien leur nudité. Cette transformation dans les mœurs n'a rien d'extraordinaire pourtant si l'on songe que les peulhs ont été chassés depuis fort longtemps de l'ancienne égypte et que. depuis, ils ont été convertis de gré ou de force à l'islam par l'ennemi envahisseur.

Chez les peulhs, le mariage reste encore un achat pur et simple de l'épousée mais elle est toujours consultée et son refus peut être un obstacle infranchissable. La polygamie bien qu'autorisée est loin d'être la règle générale.

Durant la période du flux menstruel, les femmes ne partagent point la couche de leurs maris et restent un peu à l'écart ; les rapports sexuels se trouvent alors interrompus.

L'enfant dans le bas âge est très affectionné de ses parents et de sa mère surtout qui veille avec un grand soin à son allaitement, qui ne le quitte jamais et qui. pour l'avoir toujours auprès d'elle. l'assujettit sur ses reins. les jambes écartées, à l'aide d'une toile de cotonnade nullement serrée en bas et nouée au-dessus des seins.

Le père lui donne un nom après avoir réuni et consulté tous les membres de sa famille. La femme accouche avec un grand courage, accroupie sur une natte jetée sur le sol ; il serait déshonorant pour elle de pousser le moindre cri ou la moindre plainte. Délivrée de son fruit, elle vaque à nouveau aux soins de sa maison. L'allaitement est toujours très prolongé et on voit des enfants de trois ans qui prennent encore le sein de leur mère.

Ce qui caractérise la famille peulhe ça n'est point comme chez le maure, le targhi et encore plus l'arabe, l'autorité indiscutable du chef de la maison, mais bien au contraire une attention réciproque du mari et de la femme vis-à-vis l'un de l'autre, sorte de communauté d'union que l'islamisme a de plus en plus tendance à détruire. L'héritage se transmet suivant les règles du Koran.

L'esclavage est aussi une institution sociale chez les peulhs mais ils ne font point le commerce des esclaves d'une façon générale. Ils cherchent rarement à s'en procurer les armes à la main et tous ceux qu'ils possèdent viennent de leurs faibles transactions commerciales, c'est-à-dire de la vente des troupeaux. Quand ils en ont ils ne les maltraitent pas d'une si odieuse façon que les maures, les soignent bien et ne les emploient pas à de trop rudes travaux.

L'état social des peulhs n'est que le portrait fidèle de la famille et il est tout différent de cette sorte de despotisme que nous avons remarqué chez les arabes, les maures ou les touareg. Ils ne forment pour ainsi dire pas une nation, un peuple, ils ne représentent qu'un grand nombre de familles se régissant des mêmes lois et des mêmes coutumes et ne font un tout compact et serré sous le même drapeau que chaque fois seulement que de grands intérêts vitaux viennent à surgir. Dans les villages qui ne sont toujours composés que d'un petit nombre de familles, il existe un chef qui obéit au chef de la tribu. Ce dernier réside presque toujours dans un village en pisé, avec enceinte fortifiée, afin qu'en cas d'alerte il puisse donner abri et protection à tous ses sujets et surtout pour réunir tous ses guerriers dans un même but de défense commune. La puissance des chefs n'est en somme que purement nominale, puisque le pouvoir, pour le bonheur de tous, se trouve réduit à sa plus simple expression. C'est une forme républicaine, et peut-être la plus belle de toutes, que des peuples plus élevés en civilisation n'ont pas su et ne sauront probablement jamais acquérir.

Malgré cette organisation surtout remarquable par sa simplicité, les peulhs ne se divisent pas moins en plusieurs castes. Chacune de ces castes cependant ne porte pas un cachet aussi spécifique que chez les touareg et particulièrement chez les peuples nigritiens. La division sociale comprend des hommes indépendants qui sont surtout pasteurs puis des individus ou corporations de métiers tels que les tisserands, les forgerons, les travailleurs en bois ou **Laobé**. Contrairement à ce qui se passe dans les différentes régions du Soudan, ces castes ne sont nullement déconsidérées.

Les tisserands tissent les fils de coton que les femmes ont fabriqués à l'ombre de leurs vérandahs, dans les longues heures chaudes du jour. Nous pourrons décrire plus loin le métier dont ils se servent car il est universellement répandu dans toute l'Afrique centrale.

Les griots n'existent pas chez les peulhs de pure race ; aussi nous nous abstiendrons d'en parler ici.

* * *

Avant tout, le peulh est pasteur et c'est de ses troupeaux qu'il tire presque exclusivement son alimentation. Il ne fait donc pas de commerce et par cela même il ne saurait être industrieux.

Des corroyeurs savent tanner les peaux : pour cela, ils les enduisent de cendres de bois et les frappent vigoureusement sur des pierres plates ou des billes de bois. Ils laissent macérer dans l'eau quelque temps puis grattent les poils et renouvellent l'opération du début. Ils les laissent enfin séjourner dans des poudres d'écorces d'arbres très riches en tanin, d'où ils les extraient de temps à autre pour les frapper encore, et ainsi de suite jusqu'à l'obtention d'un cuir souple. Les cuirs sont ensuite coloriés de différentes

façons, soit avec l'indigo, soit avec le henné, soit avec d'autres
plantes que nous ferons connaître au fur et à mesure dans le courant de notre étude.

Les corroyeurs ne se contentent pas de travailler le cuir, ils
sont aussi cordonniers et selliers. Ils confectionnent indifféremment
des chaussures, des chemises de selles, des fourreaux de sabres,
des enveloppes de gris-gris ou de talismans, des sacoches pour
les munitions, pour le Koran, des cuirs de poudrières, des ceintures, des lanières, etc., et leur travail est exécuté avec beaucoup
de goût et de délicatesse ; en résumé ils ne travaillent que le cuir
et cela dans toutes les applications qu'il peut avoir.

Le métier de tisserand est un peu plus répandu et aussi fort
avancé. Les femmes récoltent les gousses de coton, les débourrent
et en enlèvent les graines à l'aide de peignes à main. La confection
du fil est simple et aussi rapide qu'avec le touret autrefois employé
dans nos campagnes, aux veillées, par nos actives campagnardes
armées du fuseau. Les femmes ne se servent que d'une fine tige de
bois, bien lisse, longue de vingt-cinq à trente centimètres, portant
à sa partie inférieure un corps lourd de 50 à 100 grammes, soit
une pierre, soit un lingot en fer. On peut facilement imprimer un
mouvement giratoire à cet instrument primitif de telle sorte qu'une
mèche de coton tenue de la main gauche, à son contact, quand il
est en mouvement et d'autre part soutenue par la main droite,
s'allonge et se carde rapidement. Quand le bout de fil ainsi obtenu
est jugé suffisant on l'enroule à la base de cette sorte d'instrument
qu'on anime encore d'un mouvement giratoire pour en confectionner un nouveau et ainsi de suite. Le fil fabriqué, c'est au tisserand
d'intervenir. Son métier se compose essentiellement de deux peignes de vingt-cinq centimètres de large environ, le plus souvent
moins étendus, suspendus en l'air, par une perche, à la même
hauteur et à une distance approximative de trente centimètres l'un
en avant l'autre en arrière. Dans chacun des intervalles des peignes, il passe seulement la moitié des fils à tisser, coupés à
l'avance d'une longueur déterminée. Ceci fait, l'extrémité antérieure
des fils, est nouée puis maintenue au sol à l'aide d'un gros caillou,
tandis que l'extrémité postérieure des mêmes fils est nouée également et fixée à un bâton transversal. Si, maintenant, à la partie

intérieure de chaque peigne on dispose une corde munie d'un long
bâton faisant pédale ou levier, il sera possible par simple pression
de les abaisser alternativement et ils se relèveront d'eux-mêmes
puisqu'ils sont supérieurement fixés sur une tige souple faisant
ressort. En somme quand un peigne sera abaissé et l'autre relevé,
en arrière du postérieur on verra que la moitié des fils sont abaissés et les autres relevés. Dans cette situation, le tisserand passe
une navette remplie de fil dans l'intervalle, il abaisse avec le pied,
le peigne relevé, tandis que le peigne abaissé remonte, passe sa
navette à nouveau et ainsi de suite, sans discontinuer. C'est ainsi
qu'on produit des bandes étroites d'une grossière cotonnade qui,
cousues, les unes aux autres, permettent de confectionner les vêtements mis en usage.

L'art de la poterie est peu avancé chez les peulhs et il n'y a rien
d'étonnant à cela parce que les terrains argileux sont fort peu
répandus. Ils fabriquent néanmoins dans beaucoup d'endroits, de
grands canaris qui servent de réservoirs à eau et des marmites
pour la cuisson des aliments.

L'attirail du forgeron est aussi rudimentaire que celui que nous
avons signalé chez les maures. Il n'en fabrique pas moins, avec
habileté, les quelques rares instruments de culture utilisés, ainsi
que les lances, les sabres et les couteaux ; il répare les fusils et
travaille les bijoux.

Les peulhs ne sont point du tout agriculteurs. Aux premières
pluies, c'est-à-dire vers la fin du mois de juin ou le courant de
juillet, ils grattent légèrement le sol avec des sortes de binettes en
fer montées sur un manche très court. On incinère ensuite tous
les détritus raclés et mis en tas et quand les pluies sont fréquentes,
on sème dans des petits trous faits à la main soit le mil et le maïs
soit les arachides. Quand les graines sont sorties et hautes de dix
centimètres environ, un seul binage suffit pour les laisser ensuite
pousser librement.

Dans les villages ou campements, aux bords des puits ou des
cours d'eau, les femmes peulhes font des petits jardins où elles
cultivent la ciboule, le piment, le tabac, quelquefois des patates et
de l'oseille de guinée.

La femme peulhe s'occupe non seulement d'agriculture et d'horticulture mais encore, le soir et le matin, elle aide son mari à traire les bestiaux. Elle fabrique le beurre, laisse cailler le lait et va vendre sur le marché. Elle donne les remèdes et fait les pansements aux animaux malades. Le peulh, lui, conduit les troupeaux aux champs, les surveille, abat des gommiers et des branchages pour leur permettre de brouter en saison sèche; il préside à la délivrance des jeunes et appuyé sur son grand bâton, il parcourt lentement les plaines pour, du même pas régulier et grave, rentrer le soir au logis.

Le peulh ne s'occupe pas de commerce ; il n'aime pas avoir de rapports avec ses voisins ; il préfère rester tout entier à sa famille et à ses mœurs pastorales. Tout ce que ses tisserands, corroyeurs ou forgerons fabriquent ne sort pas de la tribu : c'est pour l'usage et la consommation de tous.

Il n'est point chasseur non plus et c'est tout au plus si, quelquefois. armé d'un fusil fortement chargé et bourré de lingots de fer, il attend, soigneusement caché dans un abri souterrain, quelque gazelle ou quelque imprudente antilope.

Sur les bords du Niger ou des grands cours d'eau, dans le Macina, les peulhs ont la réputation de pêcheurs remarquables et les mandingues les désignent sous le nom de **somono**. Quand ils pêchent à la ligne ils se servent de gros hameçons fabriqués par leurs forgerons, assujettis à de longues ficelles, et auxquels ils fixent presque toujours de la viande ou des boyaux de poulet. Ils les lancent au loin dans l'eau et, en maintenant par une légère traction continue. la corde assez tendue, ils sentent très bien quand le poisson s'accroche. Ils aiment mieux se servir de grands filets ou bien encore du harpon qu'ils jettent avec une adresse incroyable.

Pour voyager sur les grands cours d'eau, ils se servent de pirogues creusées dans des troncs d'arbres. Elles sont étroites, de longueur moyenne, toutes tortueuses et. après un léger service, elles sont toujours grossièrement raccommodées avec des planches informes fabriquées à l'herminette et à la main. Elles prennent l'eau à tout instant et en somme, pour les utiliser, il est prudent

(Figure 21)

PEULH SOMONO

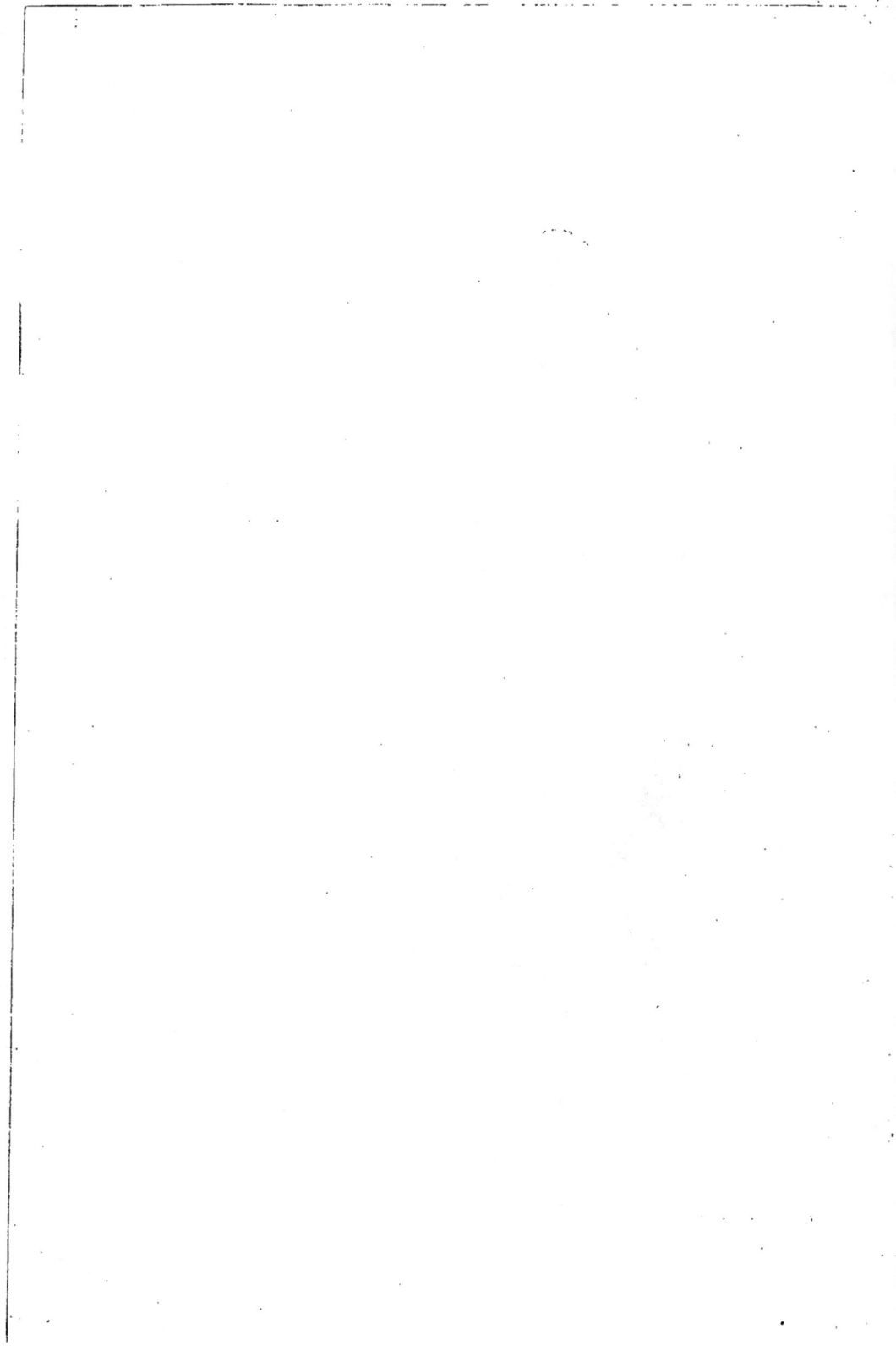

d'être bon nageur. Hommes, femmes et enfants savent nager et quand ils ont un grand parcours à faire, pour se moins fatiguer ils tiennent d'une de leurs mains une calebasse à la surface de l'eau ou bien fixent au-dessous des aisselles une calebasse creuse, hermétiquement fermée.

Les pirogues sont conduites à l'aide de pagaies et de longues perches en bois ou en bambou.

Les armes des peulhs ne sont représentées que par des fusils à pierre, à un ou deux coups, des lances pointues et à base très élargie connues sous le nom de lances du Macina, des sabres, rarement des arcs et des flèches. En temps ordinaire, ils portent toujours, fixé à la ceinture, dans un étui en cuir, un couteau en fer forgé qui sert à un grand nombre d'usages de la vie courante. Ils sont peu guerriers mais d'une bravoure tout exceptionnelle. Malgré leurs instincts peu belliqueux ils sont cependant restés longtemps les maîtres dans la région de Tombouctou.

Le peulh n'aime point les fêtes ni la danse ; musulman, il se contente de suivre sa religion de point en point. Il possède de grossiers tambourins représentant des cylindres en bois fermés à leurs extrémités de peaux fortement tendues par des lanières en cuir. Ils servent plutôt à réunir les citoyens que d'instruments de musique.

Les rites funéraires s'éloignent un peu de ceux prescrits et c'est là que nous trouvons une preuve de l'origine égyptienne des peulhs. C'est ainsi que nous retrouvons la pratique d'une certaine sorte de tumulus. Ils creusent une fosse où on dépose le cadavre et qu'on recouvre ensuite de terre, puis de dalles de pierre. Du côté de la tête, ces dalles sont relevées au lieu d'être simplement posées à plat. Les cadavres ne subissent aucune préparation préalable et, comme chez les arabes, sont enveloppés dans un grand linceul, lié au cou et au-dessus des chevilles, recouvert ensuite d'une natte.

Les chefs de famille sont enterrés dans leur propre habitation ou à proximité. Le dessus de la fosse forme tumulus par l'amas de terre délayée et fortement battue ; une pierre relevée, solidement plantée dans le sol, indique la direction de la tête.

Les peulhs, bien avant leur conversion à l'islamisme, croyaient à la survivance après la mort, ainsi que quelques vieillards conservateurs de la tradition nous l'ont affirmé. Ils faisaient alors de cette sorte de survivance un mode de continuation de la vie terrestre qui se passait dans un lointain pays, pratiqué par les morts seulement.

En dehors de ces rites, il faut considérer que les peulhs ont conservé, dans leurs instruments de cuisine, dans leurs poteries, les modèles des anciens égyptiens dont ils ont été séparés à une époque très éloignée par les invasions et les guerres.

Quand la femme peulhe perd son mari ou un des siens, elle court dans les campagnes en poussant des cris et des gémissements plaintifs : « **Allah ! boni oh ! Eram boni ! — Mon Dieu, hélas ! combien hélas !** »

Les peulhs pratiquent ponctuellement la religion musulmane, mais, dans leur vie privée ils ont conservé des croyances et des coutumes qui sortent bien certainement, par continuation de la tradition, de leurs ancêtres. Ils croient aux sorciers, aux mauvais sorts et ont recours aux gris-gris et aux amulettes pour s'en préserver. Introduits depuis longtemps dans le pays ils ont créé, par leurs alliances avec les races nigritiques, des races métisses que nous allons étudier tout à l'heure, sans que cependant leur race propre ait subi de grandes altérations. Ils vivent totalement à l'écart, principalement dans la partie nord de la boucle du Niger, et se mêlent peu aux affaires des autres. Ils sont d'une intelligence remarquable et seraient susceptibles d'un grand perfectionnement intellectuel et moral. Par l'observation, dans la vie pastorale, ils ont acquis certaines connaissances astronomiques ; ils savent bien soigner leurs animaux et pratiquent quelquefois certaines opérations chirurgicales avec beaucoup d'habileté.

Bien que musulmans, ils ne sont pas aussi fourbes et aussi menteurs que les maures qui les razzient d'ailleurs souvent.

IV

Observations générales sur les Berbères

Les trois groupes berbères que nous venons d'envisager ont pour ainsi dire les mêmes caractères anthropologiques. Il ne suffit que de consulter le tableau suivant pour s'en rendre compte :

	Touareg	Maures	Peulhs
Indice céphalique................	76,	76,5	77,1
Capacité cranienne (hommes)	1,536	1,493	1,571
Id. id. (femmes).......	1,405	1.356	1.407
Indice vertical de hauteur largeur .	100,3	98,1	102,5
Id. id. hauteur longueur .	72,1	75,8	71,9
Diamètre frontal minimum........ .	96,	95.	91,
Diamètre stéphanique	116.	116,	110,
Indice facial	57,3	59.1	50,9
Indice du prognathisme	78.3	79,2	75,7
Indice orbitaire.................	88,1	87.4	87,4
Indice nasal	46,4	45,5	44,9
Indice palatin	74.9	75.2	76,3
Angle occipital de Daubenton.... ..	+4°9	+3°7	+3°9
Angle orbito-occipital	—11°3	—10°7	—13°3
Angle mandibulaire	124°	123°8	123°
Angle symphisien	74°	77°	75°

Les berbères ont longtemps été considérés comme le peuple occupant les hautes vallées de l'Atlas et une partie des plaines voisines, dans l'empire du Maroc, l'Algérie et l'état de Tunis. Il était partagé en une foule de tribus vivant indépendantes. On les disait les vrais indigènes de la région atlantique. Le nom de Barbarie semblait n'être qu'une altération du leur. On distinguait plusieurs rameaux dans la famille berbère : les **Kabyles**, dans l'Algérie et l'Etat de Tunis ; les **Amazygs**, dans le Maroc ; les **Tibbous** et les **Touareg,** dans le Sahara. On ajoutait que les berbères avaient en général des habitations fixes, surtout ceux de l'Atlas et qu'ils étaient très écoutés à cause de leurs vertus belliqueuses.

Plus tard on a enfermé les berbères dans le groupe « **khamitique** » expression aussi défectueuse que celle de « **sémitique** ».

La famille khamitique qui, il y a six mille cinq cents ans aurait vécu côte à côte avec la famille sémite au nord des pays éraniens, est divisée en trois groupes : 1° Le groupe berbère proprement dit ; 2° le groupe égyptien ; 3° le groupe désigné à tort sous le nom d'éthiopien.

Dans le groupe égyptien on a compris les **Fellahs** et les **Coptes** que nous rangeons au contraire dans le groupe berbère et que nous pensons être les ancêtres directs des peulhs.

Il n'est point douteux que les berbères proviennent de l'Asie mais on n'est pas très fixé sur la voie qu'ils ont suivie pour se rendre en Afrique. Il est probable cependant qu'ils ont pénétré par l'Afrique septentrionale poussant devant eux les Ibères, sorte d'avant garde de leur race, qui gagnèrent le Maroc et l'Espagne, atteignirent et dépassèrent la région pyrénéenne. Devant cette migration les races nigritiques étaient refoulées plus au centre de l'Afrique.

L'invasion arabe survint plus tard et les berbères furent repoussés à leur tour.

Dans le grand groupe berbère il faut placer les Kabyles ou Imazighs qui se distinguent en Kabyles d'Alger et en Kabyles de Constantine ou « Chaouïas ». Au sud de ces derniers on trouve les **Beni Mzab** (entre Tougourt, Ghardaya, Ouargla). Dans le Maroc les individus de cette dernière espèce portent le nom de « **Chellouhs** ».

Le monde berbère a été envahi en partie par le monde arabe dont il a pris la religion et bien souvent la langue. Les Maures, par exemple, sont devenus tout à fait arabes ; ils pratiquent rigoureusement la religion de l'islam ; ils ont les mêmes mœurs que les arabes, à très peu de choses près.

Les touareg au contraire n'ont pris que la religion arabe et sont même peu fanatiques ; ils ont conservé leur langue et une écriture spéciale.

Les peulhs sont restés fidèles au langage berbère ; ils sont musulmans et on retrouve chez eux quelques croyances et quelques coutûmes égyptiennes.

CHAPITRE CINQUIÈME

Races métisses

I

POUROGNES

Caractères ethniques et physiques en général. — Le vêtement et la parure. — La coiffure. — Mutilations. — Circoncision, excision. — L'habitation. — L'alimentation. — Le sort de la femme. — Le mariage. — L'enfant. — La famille et l'héritage. — L'esclavage. — L'état politique. — Les castes. — Les associations. — L'industrie. — Le commerce. — L'agriculture. — Le bétail. — La chasse. — La pêche. — La navigation. — Les armes de guerre. — La musique. — La danse. — Les musiciens. — Les funérailles. — La religion. — Les épreuves. — Prêtres et sorciers. — La future vie. — Les esprits. — Caractère et morale.

Sous ce nom de **pourognes**, les peulhs et les toucouleurs principalement désignent toutes les peuplades maures qui, à la suite d'alliances répétées avec l'élément nègre, ont pris non seulement la teinte noire de la peau mais encore une partie des caractères ethniques des races nègres. Ces diverses peuplades, souvent sédentaires sur nos frontières, ne s'étendent guère que des environs de Sokolo jusqu'en Sénégambie, à Saint-Louis.

Leurs caractères ethniques ne peuvent pas être bien définis à cause des diverses races nègres qui ont concouru à leur formation. Toutefois, il n'est point douteux que les nègres sarracolets y ont contribué beaucoup plus que les autres et c'est de leur côté que nous avons dirigé nos recherches. Voici les résultats que nous avons obtenus :

	Hommes	Femmes
Indice céphalique	76,9	78,4
Capacité cranienne	1.521	1,362
Indice vertical de hauteur longueur	73,1	73,6
Indice vertical de hauteur largeur	102,1	103,2
Diamètre frontal minimum	94	97
Diamètre stéphanique.................	108,7	109,2
Indice frontal minimum = 100	86,7	88,8
Indice facial.........................	58,8	51,7
Indice du prognathisme................	77,9	71,8
Indice orbitaire	88,1	86,3
Profondeur orbitaire	51^{mm}5	51^{mm}6
Indice nasal	47,2	52,3
Indice palatin......................	75,2	69,9
Angle occipital de Daubenton............	+5°2	+6°8
Angle orbito-occipital	—10°9	—9°6
Angle mandibulaire....................	123°2	122,7
Angle symphisien	77°	81°

Nous voyons déjà là une scission bien distincte entre le pourogne mâle et le pourogne femelle, le premier ayant conservé une grosse partie des caractères berbères et le second se rapprochant au contraire du type nègre. En dehors des mensurations qui offrent un caractère rigoureusement plus exact, l'observateur, à simple vue, fait les mêmes remarques.

Les courbures de la colonne vertébrale assez prononcées chez les hommes le sont bien davantage chez les femmes. Les dents sont fortes chez les uns et les autres, espacées, plantées verticalement et avec une certaine tendance, chez les femmes, à devenir obliques, en ce qui concerne les incisives seulement.

Le bassin. très étroit chez le pourogne, est au contraire large et peu profond chez sa compagne.

L'indice scapulaire est de 65.9 tandis que l'indice sous-épineux est de 90.7. L'angle de torsion de l'humérus atteint le chiffre de 141°22 chez l'homme et de 142°7 chez la femme.

L'appareil musculaire, très peu développé chez l'homme qui, en cela, conserve le type maure absolu l'est davantage chez la femme. La raison se trouve peut-être dans ce fait que cette dernière travaille davantage physiquement car, du matin au soir, elle manie énergiquement le pilon de son mortier pour la préparation du kousskouss.

L'appareil splanchnique réduit à sa plus simple expression chez le pourogne est considérable chez la femme.

Le pénis, même à l'état de flaccidité, est démesurément long et volumineux aussi. Le prépuce déborde beaucoup le gland et le frein est d'une brièveté si grande qu'il fait pour ainsi dire quelquefois défaut.

Les grandes lèvres sont rudimentaires : à peine indiquées par une ligne de teinte plus claire, on les distingue difficilement au milieu de l'empâtement graisseux de la région. Les petites lèvres sont énormes, de teinte pâle, flasques et molles même chez les vierges ; leur longueur peut dépasser huit centimètres. Le clitoris est volumineux et, comme les femmes sont rarement excisées, il déborde la vulve à l'état normal ; à l'état d'érection il se projette fortement en dehors sous forme de disque conique, dur et très rouge. La vulve est haute et le vagin aussi long que chez la plupart des négresses. Les mamelles. presque toujours piriformes, sont tombantes de bonne heure, bien avant même que la femme n'ait eu de rapports sexuels. Après un ou plusieurs allaitements elles descendent parfois au dessous du nombril. Le mamelon est long et toujours nettement séparé ; il est bien plus foncé que la mamelle, presque complètement noir.

Chez l'homme, la peau est fine et lisse tandis que chez la femme elle revêt l'aspect velouté de celle des négresses à cause de sa plus forte pigmentation. Le tissu cellulaire est plus abondant chez cette dernière, surtout aux mamelles, à la région pubienne et aux fesses. Chez elle encore, l'accumulation de la graisse est générale, mais surtout particulière à la région fessière et aux cuisses ; il y a de la tendance à ce qu'on a désigné sous le nom de **stéatopygie** chez la plupart des femmes de l'Afrique australe, les Hottentotes en particulier.

Les conjonctives sont fortement injectées dans les deux sexes et offrent une sorte de teinte ictérique. Les globes oculaires sont plus grands que chez les maures de race pure et aussi plus saillants. Les paupières supérieures semblent boursouflées.

La couleur de la peau, très foncée chez l'homme, est totalement noire chez la femme à cause de la plus grande abondance des granulations de pigment.

Les cheveux sont noirs dans les deux sexes mais ils présentent une singulière particularité, à savoir d'être lisses chez l'homme ou légèrement ondés et d'être bouclés chez la femme. Comme on le voit encore, c'est une preuve de plus indiquant bien qu'elle a conservé la prédominance de la race nigritique.

Le système pileux n'est jamais très développé, surtout chez la femme qui, dans certaines régions, sous le dessous des bras, à la région pubienne, a pour coutume de se raser et surtout de s'épiler. La barbe de l'homme est toujours très peu abondante.

Le pourogne, malgré sa teinte noire bien accusée, a conservé le profil du visage maure, c'est-à-dire qu'il a la face haute, légèrement ovale, le front étroit, assez haut, proéminent, peu large, des lèvres minces, un menton étroit et légèrement fuyant. La femme, au contraire, a le front étroit en haut, large en bas, le nez court, à peine proéminent, des lèvres épaisses et souvent renversées, des pommettes très saillantes, un menton court, étroit et fuyant.

Les mains de l'homme sont longues, fines, avec des articulations sèches et bien dessinées, ainsi que ses pieds. Chez la femme, il y a plus d'empâtement, moins de longueur et moins de finesse aussi.

Hommes et femmes sont grands : 1 mèt. 68 de moyenne pour les premiers et 1 mèt. 63 pour les secondes.

Il est donc bien manifeste, d'après toutes les données que nous venons de fournir, qu'à cause de cette dissemblance frappante entre les hommes et les femmes, on ne peut pas trouver là une véritable race métisse, bien établie définitivement. Telle qu'elle est constituée elle semblerait donner gain de cause aux partisans de la théorie du polygénisme qui admettent que la variabilité des espèces est limitée. Pour notre compte personnel, nous pensons que les pourognes sont appelés à disparaître parce qu'ils ne forment pas une race dans le sens propre du mot. Leur formation est due à l'alliance de maures avec des négresses, mais les produits mâles, principalement, ainsi obtenus, n'ont pas continué à se reproduire avec leurs propres éléments et sans cesse ils sont allés puiser, chez les peuplades nègres, la femme génératrice. Il s'en est suivi et il s'en suit davantage que les caractères nègres deviennent de plus en plus puissants et finiront par écarter totalement ceux des races berbères. Il ne restera plus dans cette société éphémère que la religion, le costume, les diverses mœurs et tout cela mélangé aux croyances nigritiques. Il en est déjà un peu ainsi maintenant.

*
* *

Nous nous étendrons peu sur l'étude des pourognes, parce qu'ils représentent un petit peuple mixte, soit au point de vue de leurs mœurs et de leurs coutumes, soit au point de vue de leurs caractères spécifiques ; ils penchent, toutefois, bien plus du côté musulman que du côté nègre. Leurs habitations sont faites sur le modèle de celles des peulhs ; ce sont des gourbis en paille, mal faits et toujours d'une malpropreté révoltante.

Le pourogne est vêtu à la façon des maures, mais, le plus souvent, il ne porte pas de pantalon et le boubou léger de cotonnade

bleue ne le cache certes que d'une façon imparfaite. Il marche la
tête nue, avec de grands cheveux descendant jusqu'aux épaules,
jamais peignés et d'une saleté exécrable. Sa démarche est majes-
tueuse, son regard méchant et insaisissable : c'est le type du plus
parfait brigand.

Les femmes revêtent une melhefa bleue, enroulée à la façon des
mauresques, et ce n'est que par exception qu'elles se voilent le
visage ; elles ne se lavent jamais et, en dehors de leur odeur naturelle déjà peu agréable, elles répandent une odeur écœurante, tout
à fait indéfinissable. Leurs cheveux sont tressés comme chez les
mauresques, enduits de beurre ou de graisse et elles ne doivent
pas souvent les peigner dans le courant d'une année. Leurs parures
n'offrent rien de particulier, si ce n'est qu'elles ne sont pas très
riches en général. Rien n'est plus hideux que de voir déambuler
ces grandes femmes, lourdes et grasses, aux hanches et aux bras
fluctuants de graisse, enduites de beurre, portant sur les reins, et
nonchalamment jetés, leurs jeunes rejetons ; elles suent, elles suin-
tent de tous les côtés. Malgré leur manifeste puanteur, elles osent
se boucher le nez à l'approche des européens, comme le font les
arabes, les peulhs et toutes les femmes musulmanes, pour ne point
respirer l'odeur de l'infidèle, ainsi que le prescrit le koran : elles
osent même cracher à terre pour mieux accentuer leur dégoût,
triste contraste des choses de la vie humaine, chez les différents
peuples.

Le sort de la femme pourogne n'est guère enviable : bien que
totalement libre de ses actes, elle préside aux rudes travaux du
ménage, prépare le kousskouss pour toute la famille, soigne le
bétail, cultive la terre à la saison des pluies. Quelques-unes, soit
par la situation de fortune de leurs maris, soit par leur situation
noble, ont des esclaves et ne font rien. Elles restent accroupies sur
des nattes, jouent aux osselets ou à d'autres jeux du même genre,
ou bien passent leur temps à leur toilette ; elles se noircissent les
paupières, déjà assez noires pourtant, et se teignent les ongles et
la paume des mains avec le henné.

Le labeur de la pourogne est considérable dans certaines grandes
routes et surtout quand la tribu lève son campement ; elle porte

de lourdes charges, marche toute la journée et, à l'étape, c'est encore à elle qu'incombe le soin de préparer le repas ; souvent, en plus de sa charge, elle porte un jeune enfant sur les reins.

Les jeunes filles, sans être séquestrées et sans porter le voile, sont tenues de ne se montrer que le moins possible aux regards des étrangers, et elles restent blotties au fond des gourbis.

Le mariage, chez le pourogne, est encore un achat pur et simple de la fiancée.

L'homme est le maître absolu dans son ménage et il peut divorcer quand tel est son bon plaisir ; il peut également avoir quatre femmes légitimes et autant de concubines qu'il veut. L'adultère, mais celui de la femme bien entendu, est très sévèrement réprimé ; le mari peut la tuer.

Durant la période du flux menstruel la femme n'a aucun rapport avec son mari. Elle accouche avec beaucoup de courage soit accroupie, soit plutôt debout, sous la surveillance de vieilles matrones commises à cet effet dans les tribus.

L'enfant en bas âge est porté sur les reins de sa mère enserré dans un pagne fixé à la ceinture et au-dessus des seins ; il est allaité pendant longtemps, jusqu'à trois ans généralement.

Les garçons reçoivent quelquefois de l'éducation et apprennent à écrire l'arabe, pour étudier plus tard le koran. En dehors de cela, garçons et filles n'apprennent que ce qu'ils voient faire devant leurs yeux, les garçons à conduire les chameaux et les bœufs porteurs, les filles à préparer le kousskouss.

La famille pourogne se caractérise donc comme la famille maure ; c'est le chef de famille qui est tout, qui possède tout et qui a tous les droits. Son autorité n'est contestable par personne et il faut dire qu'elle n'est jamais contestée non plus. L'héritage est collatéral dans la ligne paternelle, et c'est ainsi que le défunt lègue ses biens à son frère cadet immédiat ; les fils peuvent hériter à défaut. La femme peut posséder et acheter sans le consentement de son mari et sans qu'il puisse jamais s'emparer de ce bien ou de ces achats.

Les pourognes pratiquent l'esclavage de la même façon que les maures, car ils ne sont ni moins cruels ni moins pillards.

L'état politique des pourognes n'offre rien de spécial. Ils s'administrent comme les maures. Ils ne vivent qu'en petites tribus placées sous l'autorité d'un chef et d'une importance toute relative. La plupart d'entre elles se placent sous la protection de plus puissantes et paient, pour cela, l'impôt **gherfa** (de protection).

Les pourognes ne sont pas plus industrieux que les maures ; comme eux ils travaillent le cuir et font quelques poteries grossières. Ils commercent surtout la gomme, le sel, les plumes et les œufs d'autruche qu'ils échangent contre le mil, le maïs et les arachides, indispensables à leur alimentation.

Ils ont des troupeaux de bœufs zébus qu'ils emploient dans leurs caravanes au même titre que le dromadaire et l'âne. Ils possèdent en outre un grand nombre de moutons et de chèvres, de grande taille, dont nous parlons plus longuement dans notre troisième volume et qu'ils viennent vendre aux nègres. Ces animaux sont presque toujours dans un état de maigreur incroyable.

Les pourognes sont chasseurs. Presque tous répandus sur nos frontières où les points d'eau, les mares et les étangs subsistent une partie de l'année, ils guettent le gibier au moment où il vient boire. Pour se dissimuler, ils creusent des trous circulaires où ils entrent et qu'ils recouvrent de branchages ou de paille, mais cela seulement quand ils veulent atteindre des animaux inoffensifs tels que la gazelle et différents genres d'antilopes. Quand ils s'attaquent aux fauves ou à l'éléphant, ils prennent de bien plus grandes précautions. Le trou creusé en terre est surélevé par un petit mur crénelé, tout entier en pisé ; on le recouvre de branchages, de paille, puis d'une épaisse couche de terre délayée, en ménageant seulement au centre une petite ouverture circulaire par laquelle on peut pénétrer et qu'on peut ensuite fermer hermétiquement en attirant à soi une grosse pierre plate. C'est dans ces affûts, répandus un peu partout, qu'ils attendent patiemment, durant des journées entières, le gros gibier qui ne se montre pas toujours et qu'ils peuvent tirer alors à bout portant, sans danger aucun. Ils tuent ainsi quelques éléphants et viennent vendre leur ivoire dans nos escales.

Dans quelques mares ou étangs, aux basses eaux, ils prennent une grande quantité de poissons qui, ouverts, vidés et séchés au soleil ou au feu se conservent plus ou moins et qui sont consommés à l'époque des pluies. Cette nourriture, souvent corrompue, donne fréquemment lieu à des accidents septiques.

Les pourognes sont plus pillards que guerriers. Ils parcourent constamment la brousse, dissimulés çà et là, et, quand ils se sentent suffisamment forts ils assaillent avec succès les caravanes. Ils pillent tout, emmènent les marchandises, les individus et les animaux valides ; ils ne laissent sur le terrain que les impedimenta et non sans leur avoir pris vêtements et parures. Un maure dont le vêtement est usé bat la campagne avec son fusil et s'il rencontre un homme sans armes et sans défense, il lui prend ses vêtements ; s'il résiste il le tue sans pitié.

Il est des maures ou des pourognes isolés, sans armes, dans les gros villages de nos frontières qui ne sont là que pour surveiller le passage des convois et pour se rendre compte des points où vont pâturer les troupeaux, enfin pour connaître où les gens du village, toujours imprudents, s'en vont travailler. Quand ils savent quelque chose ils rejoignent vite leurs compagnons cachés dans les campagnes et, rapides comme la foudre, tombent sur les pauvres gens, les pillent ou les emmènent en captivité pour les vendre au loin.

Pour armes, ils n'utilisent guère que le fusil à deux coups et à pierre. Partout ils sèment la terreur et il est inconcevable de voir les gens du pays ne pas leur résister. Nous avons connu un maure qui, tous les ans, sans armes, venait se faire payer une redevance de dix pièces de guinée au gros village de Selibaby, peuplé de sarracolets et situé sur la rive droite du Sénégal à une soixantaine de kilomètres de Bakel. Un enfant de dix-huit ans, élevé à l'école des otages de Kayes, en débarrassa un jour le pays en le tuant d'un

coup de fusil. Grand émoi dans la tribu qui réclama la **diya** ou
prix du sang et l'expulsion du jeune brave. La diya fut payée et le
gamin expulsé sans mot dire de ce village où il y avait plus de
deux cents fusils. A cela, nous n'ajouterons aucun commentaire.

Les pourognes ne détestent pas les fêtes et les danses dans leurs
campements. Quand ils reviennent d'excursions et qu'ils ont fait
de bonnes razzia, les tams-tams résonnent de toutes parts, les femmes poussent des cris de joie, les esclaves se livrent à des danses
plus ou moins obscènes, comme nous en décrirons plus loin chez
les nègres et chez les ouoloffs en particulier.

Les funérailles se font à la mode arabe. Les esclaves seuls ne
sont pas ensevelis et leurs cadavres sont à peine poussés en
dehors des campements, livrés à la merci des vautours ou des
hyènes.

La religion musulmane est mise en pratique mais pas avec tout
le rigorisme qu'on observe chez les arabes. En présence de l'étranger ils exagèrent leurs formules religieuses mais chez eux, ils
s'en soucient beaucoup moins, au dire d'esclaves que nous avons
consultés maintes fois. Ils ont cependant aussi des marabouts qui
enseignent l'écriture arabe et le Koran et, à certaines époques de
l'année, ils font des zaouya aux tombeaux de saints vénérés. Ils
font alors des offrandes qui sont, paraît-il, très agréables à dieu,
bien qu'elles soient presque toujours le produit du vol ou de bri-
gandages.

Ils croient également aux sorciers et ne manquent pas de les
consulter quand ils entreprennent une expédition.

En résumé, les pourognes ne diffèrent des maures que par leurs
caractères ethniques puissamment modifiés par l'apport incessant
de l'élément nègre. Leurs mœurs et leurs coutumes sont aussi les
mêmes avec cette différence que les vices y ont pris un développement beaucoup plus considérable et que tous leurs mauvais
instincts ne peuvent qu'accroître encore par la suite.

Ils sont particulièrement paresseux, ni pasteurs ni agriculteurs.
Ils ne récoltent que très rarement la gomme et n'apportent dans
nos escales qu'un peu d'ivoire et quelques dépouilles d'autruches.

II

TOUCOULEURS

Les toucouleurs qui, comme nous allons le voir, sont des métis de peulhs de race pure avec les nègres de la Colonie, forment aujourd'hui une véritable race, avec ses caractères propres et bien marqués. Ils se reproduisent entre eux et n'ont plus que par exception recours à leurs deux éléments constituants, ou à un seul de ces éléments, ainsi que nous l'avons vu pour les pourognes.

Les toucouleurs sont répandus un peu partout dans les régions du nord de la Colonie. Ils semblent avoir eu pour point de départ les bords du fleuve, en Sénégambie, dans le Fouta Toro et le Boundou : très batailleurs, ils se sont étendus, sous la conduite d'El Hadj Omar, dans le Fouta Djallon, puis chez les sarracolets et les bamana, dans le Kaarta, le Kingui, le Bakhounou, le Ouagadou, le Kalari. jusqu'à Bandiagara. C'est eux qu'on considère à tort, en France, comme des peulhs et c'est pour cela que la description qu'on en a fait est complètement erronée. La confusion était d'ailleurs possible si on songe que ces gens-là ont conservé la langue peulhe dans toute son intégrité et si aussi on remarque que les nègres les désignent sous le nom de **foula'nkès**, au même titre que les peulhs.

Non seulement c'est une race établie, mais nous verrons tout à l'heure qu'elle a elle-même servi à reproduire des sous-races où l'élément peulh est encore facilement reconnaissable.

Le mot toucouleur tire son origine des ouoloffs qui les désignent sous les noms de **Toucolor** et de **Tocolor**.

Nous avons observé les toucouleurs dans des points très variés mais surtout dans le Kaarta où ils semblent se rapprocher davantage du type nègre. Dans le Fouta Toro, le Boundou et le Fouta Djallon ils ont au contraire de la tendance a rappeler la race peulhe. Nous ne donnons donc ci-dessous que le résultat de nos observations faites dans le Kaarta :

Indice céphalique 72.14
Capacité cranienne   1,489
Indice vertical de hauteur largeur   95,2
Indice de hauteur longueur   68,7
Diamètre frontal minimum   128,00
Diamètre stéphanique   140,00
Indice frontal minimum = 100 . . . .   109.3
Indice stéphanique   91,42
Indice facial   63,3
Angle de Camper . . . .   68°
Angle alvéolaire . . . .   66°
Indice orbitaire 89.3
Indice nasal   49,6
Indice palatin   76,2
Angle occipital de Daubenton . . . .   +6°7
Angle orbito-occipital . . . .   —9°8
Angle mandibulaire . . . .   122°7
Angle symphisien . . . .   79°

Les toucouleurs, à la suite de leurs conquêtes, seraient parvenus à devenir les maîtres de notre colonie actuelle, à n'en pas douter, si notre intervention n'était pas venue pour les arrêter totalement. Bien que d'origine peulhe et de peuplades nigritiennes, ils sont arrivés à former une race tellement distincte, tellement bien définie, qu'il ne connaissent plus aucun de leurs primitifs ancêtres et c'est ainsi que, sans notre conquête, ils seraient totalement devenus les maîtres de leurs deux éléments formateurs. Avant de se heurter aux peuplades nègres, **El Hadj Omar**, a battu les peulhs vrais dont il était originaire et dont il parlait la même langue ; puis est venu le tour des bamana. des sarracolets et des mali'nka.

Sans notre intervention toujours, les toucouleurs eussent été un exemple frappant du produit d'une race presque perdue. la race peulhe, et d'une race inférieure, la race bamana en particulier, formant une race nouvelle d'une supériorité incontestable sur ses deux éléments primordiaux.

Les courbures de la colonne vertébrale sont presque aussi accentuées que dans les races nègres proprement dites. Le thorax est fortement développé, chez l'homme surtout où il est large, profond et haut. Le bassin, au contraire, est plus petit que dans la race peulhe ; le pelvis est très exigu dans le sens transversal et l'augmentation des diamètres verticaux et antéro-postérieurs est fort notable.

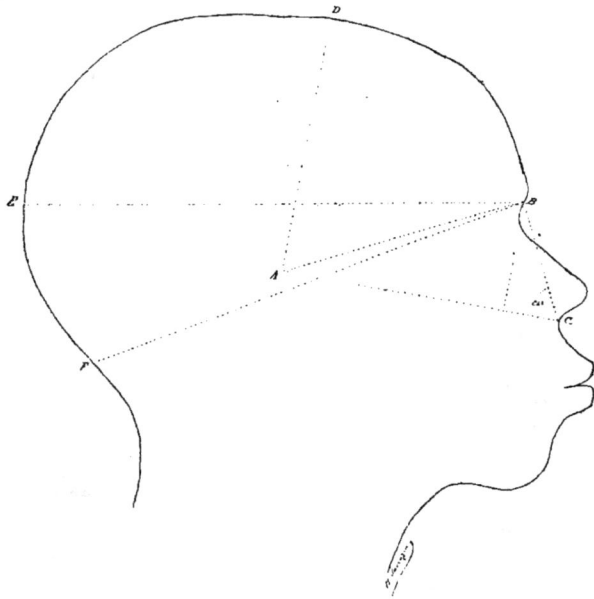

(Figure 22)

PROFIL D'UN TOUCOULEUR (1)

Le système musculaire est peu développé. un peu plus cependant que chez les peulhs ; les membres sont couverts de muscles longs et peu volumineux ; les articulations sont sèches et fines. Les pieds et les mains des femmes sont d'une finesse tout exceptionnelle.

(1) Dessin de l'auteur. — Reproduction interdite.

Le pénis de l'homme offre le même caractère que chez les
peulhs et les organes génitaux de la femme ont de la tendance à
se rapprocher davantage de ceux de la négresse en général, que
nous décrirons plus tard.

Chez les toucouleurs, les traits du visage sont fins et respirent
l'intelligence et l'énergie. Les hommes ont le front haut, peu large,
les pommettes saillantes ; les yeux sont petits, vifs et brillants. La
femme a plutôt le visage ovale, comme la femme peulhe, les
yeux petits, la face étroite, les lèvres minces : sa physionomie
exprime la sensualité.

Les hommes portent le pantalon et le boubou, comme les
peulhs ; ils sont un peu moins sales que ces derniers et se lavent
plus souvent. Ils coiffent une petite calotte, presque toujours en
toile blanche, juste assez grande pour se tenir sur le sommet de
la tête. Ils se rasent totalement les cheveux. Chez les enfants, ou
bien chez les adultes partant à la guerre on laisse des touffes de
cheveux très bizarrement dessinées dans le but de se préserver de
maux ou de malheurs. Hommes, femmes et enfants ont une
ceinture placée au-dessus des reins ; tantôt elle n'est représentée
que par une ficelle ou un cercle de cuir ouvragé, tantôt, et chez
les femmes surtout, c'est une série de cercles de perles si nombreux que cette gênante ceinture semble, sous le pagne, les grossir
d'une façon démesurée. Quelques rares toucouleurs laissent
pousser leurs cheveux et les tressent en une sorte de cimier sur
la tête avec de grosses nattes sur les côtés ; pour ne pas se laisser
envahir les cheveux par la poussière, ils portent, dans ce cas,
une sorte de bonnet d'enfant lié sous le menton. D'autres se tissent
les cheveux en longues et fines nattes et presque toujours d'un
seul côté de la tête.

La femme toucouleure s'habille comme la femme peulhe mais
elle est plus recherchée dans sa toilette et aussi beaucoup plus
propre : elle aime particulièrement les vêtements blancs. Sur la
tête elle se pose très adroitement un petit carré de gaze, fabriqué
et coloré en bleu par elle. Elle porte des anneaux de richesse
variable, des colliers et de grosses boules d'ambre ; aux poignets
et aux chevilles elle fixe de lourds anneaux, le plus souvent en

argent. Elle est tellement passionnée pour sa parure ou pour acquérir de la richesse que, comme nous le verrons tout à l'heure, elle n'hésite jamais à se soumettre à la prostitution, même la plus honteuse.

Les hommes ne portent de chaussures que quand ils se mettent en route ; ce sont des sandales pour marcher à pied et des bottes en cuir bariolé pour monter à cheval.

Les femmes chaussent de lourdes pantoufles ; elles sont d'autant plus recherchées que la semelle est plus haute et bien teinte en bleu ; elles sont trop courtes, de telle façon que le talon n'est jamais chaussé. Les amulettes, les talismans et les gris-gris complètent le vêtement et la parure.

Les entailles, les incisions de la peau soit au visage, soit sur les autres parties du corps ne sont pas couramment pratiquées. Les femmes portent souvent au milieu du front, trois incisions verticales, longues de un centimètre à un centimètre et demi, colorées en bleu. A l'aide de piqûres souvent répétées et en utilisant l'antimoine, hommes et femmes se colorent les lèvres, l'inférieure principalement, puis les gencives. Le henné est d'un usage courant. Les oreilles sont toujours perforées pour supporter des anneaux qui, lorsqu'ils sont trop lourds, sont maintenus avec de légères lanières de cuir passant sur le sommet de la tête.

La circoncision est mise en pratique, mais seulement lorsque l'enfant est sur le point d'entrer dans l'âge de la puberté ; c'est un grand acte dans sa vie car c'est de ce moment qu'il peut porter le pantalon, le sabre de guerre et jouir enfin de ses droits d'homme. Elle fait l'objet de grandes fêtes ; elle est pratiquée par la caste des forgerons.

Le clitoris de la femme est très rarement excisé ; aussi les toucouleures jouissent-elles d'une réputation de sensualité remarquable et nous pouvons ajouter qu'elle est très justement méritée.

Hommes et femmes se graissent la peau soit avec du beurre de vache, soit avec de l'huile d'arachides, soit enfin avec le beurre de karité. Cette dernière graisse répand une odeur plus repoussante que les autres.

La case du toucouleur est construite comme celle du peulh. Si dans de grands centres toucouleurs, tels que Nioro et Ségou, dont nous nous sommes emparés dans ces dernières années, nous avons pu voir des habitations construites en pisé, à la façon arabe, cela tient uniquement à ce que ces villes n'ont pas été construites par les toucouleurs qui les ont conquises sur les bamana (bambara). Partout ailleurs le toucouleur se fait un simple gourbi. à peine étanche, avec une petite porte basse et étroite. A l'entrée, il installe quelquefois une sorte de vérandah où les femmes font la cuisine ou filent le coton. En dehors de quelques très grands centres qui, avant notre occupation, servaient de refuges en temps de guerre, les toucouleurs ne forment pas de gros villages. Ils vivent repandus par petits groupes possédant leurs troupeaux et des esclaves pour la culture du sol. Le mobilier n'est pas plus compliqué que chez le peulh ; quatre piquets plantés en terre, très courts, supportent ces bâtons puis une natte qui forme le lit ; un mortier en bois pour piler le kouskouss, des écuelles en bois ou des calebasses, des canaris en terre cuite pour conserver l'eau. etc., et c'est à peu près tout.

La nourriture fondamentale du toucouleur est encore le kousskouss de mil qu'il cultive très en grand. Il préfère le mil **gadiaba**, variété de sorgho que nous décrirons dans notre quatrième volume et la plus volumineuse de toutes. Le kousskouss se prépare ainsi que nous avons déjà indiqué. Dans quelques cas. la farine de mil, simplement délayée dans l'eau est cuite directement, dans de grandes marmites. Il en résulte un met ayant beaucoup d'analogie avec la colle de nos afficheurs, qu'on consomme avec de la viande, du poisson et des sauces très fortement relevées de piments ou de condiments locaux : c'est le **tau** des bamana et des mali'nka.

Les feuilles du baobab, séchées au soleil, puis pulvérisées, entrent dans la composition de certaines sauces ainsi que les arachides grillées au feu, nettoyees, écrasées à la main sur une pierre lisse et ainsi réduites en pâte.

Les patates, cuites sous la cendre ou réduites en purée sont très estimées. Parmi les végétaux nous indiquerons encore le

maïs. très rarement le riz, puis quelques variétés d'ignames, le
diahrato des bamana, le **goin** des mali'nka, l'oseille de
guinée. etc.

Le toucouleur vit encore beaucoup du laitage qu'il retire de ses
troupeaux. Il chasse aussi et conserve la viande en la faisant
boucaner. Dans les mares, dans les étangs ou dans les rivières il
recueille, aux époques favorables, des quantités de poissons qu'il
conserve par la dessication solaire ou par l'action du feu. Il ne
boit que de l'eau en sa qualité de musulman.

Le sort de la femme toucouleure est encore supérieur à celui de
la femme peulhe. Bien que sous la domination de son mari qui
peut la répudier et la renvoyer à son gré, il arrive souvent que
c'est elle qui commande réellement dans la famille. Avant son
mariage, elle jouit d'une liberté absolue et elle en profite largement. Elle se livre sans vergogne à tous ceux dont elle peut espérer ou obtenir quelque bénéfice. Le mari ne prise nullement la
virginité chez la femme qu'il épouse et il ne considère que sa
fortune en troupeaux, en or et en esclaves dans le but d'en
profiter. Il y a même là une sorte de moralité indéfinissable qu'on
retrouve chez une certaine catégorie de femmes européennes. La
femme, après avoir acquis ses richesses par tous les talents de sa
beauté et de son art de plaire, rentre au milieu des siens, trouve
un mari et devient tout à coup un modèle de vertu domestique.
Même, le lendemain de son mariage, grâce à de précieux concours
et à quelques artifices elle peut montrer au public les traces
laissées par sa virginité sur le lit conjugal.

La polygamie est générale et surtout chez ceux qui ont une
fortune suffisante car il est de fort bon goût d'avoir plusieurs
femmes.

Dans les familles nobles, la femme suit les mœurs anglaises
avant son mariage. Nous résumerons d'ailleurs les mœurs de
la femme toucouleure en racontant une petite anecdote qui nous
est arrivée à Nioro, dans le Kaarta un jour que le hasard nous
avait appelé à rendre la justice. Une femme d'une trentaine
d'années vint nous trouver pour se plaindre d'un maure qui, la
veille, pour partager sa couche, lui avait promis un mouton et

qui était disparu au lever du jour sans tenir sa promesse. Sa réclamation lui paraissait si naturelle qu'elle nous parlait même d'envoyer des agents de police à la recherche du rusé soulaka (maure). Cette femme était mariée et mère de plusieurs enfants ; le mari connaissait sa démarche auprès de nous ; nous ne pumes que lui donner le conseil d'être plus prudente à l'avenir et elle le fut ainsi que la suite nous l'apprit.

Le mariage consiste dans l'achat pur et simple de l'épousée ; le prix est d'autant plus considérable que la future est d'essence plus noble.

Le mari est toujours libre de répudier sa femme mais cette dernière ne peut quitter son mari qu'en restituant le prix de son achat ou bien si elle peut démontrer le flagrant délit avec une concubine.

Le mariage ne donne lieu qu'à peu de cérémonies. chez les riches exceptés qui distribuent des noix de kola, des moutons. du kousskouss aux assistants et aux chanteurs qui viennent vanter les vertus des époux, la beauté et la valeur de la femme. les hauts faits de guerre, la noblesse de cœur et le caractère chevaleresque du mari. Les tams-tams résonnent. on pousse des cris, on danse. on tire des coups de fusil et, tout cela, souvent des semaines entières.

La polygamie est à peu près générale.

Le mari. surtout lorsqu'il y trouve quelque profit, n'hésite pas à prêter sa femme aux étrangers.

Les femmes des gens nobles ou des chefs sortent voilées comme les femmes arabes, mais le plus souvent elles sont cloîtrées dans leurs habitations ; elles ne sortent jamais au dehors, passent leur temps à leur toilette et sont servies par des esclaves. Elles accouchent avec un grand courage et ne poussent aucun cri de douleur ; elles se tiennent assises sur une natte le dos appuyé à la muraille ou sur les jambes d'une matrone placée debout. La section du cordon est fréquemment opérée fort mal, et il n'est pas rare de voir apparaître des hernies ombilicales quelquefois très considérables.

En venant au monde les enfants sont lavés le plus souvent dans l'eau froide et on ne prend pour eux aucune précaution spéciale ; vers le quinzième jour ils sont portés sur les reins de leur mère, simplement assujettis à l'aide d'un pagne ou d'un lambeau d'étoffe.

Quoiqu'on en ait dit l'affection des mères pour leurs enfants est portée à un très haut degré. Si elles ne les embrassent pas, comme cela se passe chez nous, elles ne leur parlent pas moins avec tendresse, les regardent passionnément et chantent les airs mélancoliques du pays pour les empêcher de pleurer ou les faire dormir. Il est curieux même, dans certaines circonstances, d'étudier cet amour de la mère pour son enfant, d'écouter son langage et de suivre ses gestes.

Dès qu'ils sont capables de marcher seuls, les enfants ne sont plus guère surveillés et totalement livrés à eux-mêmes ; c'est ainsi qu'ils deviennent forts et robustes.

Les enfants sont généralement nus jusqu'à la onzième ou la douzième année ; seuls, ceux des riches portent une sorte de boubou.

C'est à leurs mères que les enfants donnent le plus d'affection toute leur vie ; ils ne les laissent insulter en aucune circonstance, et nous en avons vu se battre avec acharnement plutôt que de supporter une injure à l'adresse de celles qui les avaient portés dans leurs seins. C'est le seul vrai sentiment que nous connaissions chez les toucouleurs de même que chez la plupart des peuplades nigritiques.

*
* *

La famille toucouleure est également caractérisée par l'autorité considérable du chef de famille, mais cependant il laisse aux siens une liberté très grande par rapport à ce qui se passe chez les arabes ou les maures.

L'héritage est collatéral ; le frère hérite du frère ou de la sœur. Les enfants n'en sont pas moins légitimes et s'ils n'héritent pas de la fortune de leurs parents, ils peuvent hériter de leur autorité quelquefois.

L'esclavage est mis en pratique partout chez les toucouleurs. Plus intelligents que la plupart des nègres et guerriers consommés, ils avaient conquis une grande partie des régions nord du Soudan et avaient réduit à la captivité la majorité des peuplades voisines. Ils traitent leurs captifs moins durement que les maures et les emploient aux travaux des champs ou aux travaux domestiques. Du temps de leur splendeur, c'est-à-dire il y a dix ans à peine encore, ils faisaient le trafic des esclaves, la plupart d'origine bamana et les vendaient surtout en Sénégambie, dans le Fouta-Toro, le Boundou, etc.

La langue toucouleure est exactement semblable à la langue peulhe ; elle est un peu plus riche que les différents idiomes nigritiques, plus imagée et d'une harmonie remarquable.

La société toucouleure est établie sur le type de celle du peulh. Cependant l'autorité du chef, de l'almamy, y est plus grande que partout ailleurs et cela se conçoit d'autant mieux que ce peuple est guerrier et qu'il aime les aventures.

La puissance toucouleure fut tout à effet éphémère et de date récente ; elle ne fut solidement établie que par le fameux **El Hadj Omar**. Cet individu né aux environs de Saldé, sous le nom de **Syrou Tallo**, partit fort jeune dans le Sahel (nord) et alla faire ses études religieuses à Goundam, puis à Oualata. La légende dit qu'il fit un voyage à la Mecque ; un peulh qui vécut longtemps auprès de lui nous a affirmé la fausseté de cette assertion. Quoi qu'il en soit, rentré dans son pays avec le titre d'**El Hadj**, il sut persuader à une jeunesse nombreuse et turbulente que Dieu lui avait ordonné de répandre la religion musulmane et de conquérir les infidèles. C'est ainsi qu'en remontant le Sénégal, il s'empara de la totalité du pays compris entre Kayes et Ségou. Il se heurta à nos armes à Médine qu'il faillit enlever malgré l'héroïsme de ses défenseurs et il dut reculer devant Faidherbe. Il se jeta sur le

Niger et, comme tous les conquérants devenus trop ambitieux par le succès, il dut mourir, enfumé par les siens, aux environs d'Hanmbdallah. Ses fils se disputèrent sa succession et le patrimoine resta à **Ahmadou Sissohro** ou **Cheïkou** qui sut traitreusement se débarrasser de ses frères compétiteurs. Son épopée fut de courte durée et, devant nos troupes, habilement conduites par le général Archinard, il dut fuir en nous abandonnant son royaume où il ne régnait en somme qu'en despote incapable.

Avant notre conquête, la puissance royale, ou de l'almamy, était fort considérable. C'est ainsi qu'**Ahmadou** avait le droit de vie et de mort sur tous ses sujets et de lever arbitrairement les impôts ; presque toujours cependant ses avis étaient subordonnés à ceux d'une nombreuse suite de courtisans et d'adulateurs. Il avait créé des chefs de provinces qui avaient à leur tour les chefs de village sous leurs ordres. Il avait un ministre percepteur des impôts ; il se considérait aussi comme le chef de la religion et, les jours de grandes fêtes, il présidait les cérémonies en grandes pompes.

La société toucouleure se compose de gens libres, de tisserands, de forgerons, d'ouvriers en bois, de cordonniers, de diavandos, etc.

Plus intelligents que la plupart de leurs voisins, les toucouleurs sont de ce fait plus industrieux. Les corroyeurs sont les plus habiles de tous. Ils travaillent le cuir qu'ils ont acheté aux maures, cuir bariolé de toutes les couleurs. Ils font des sandales dont la semelle est rendue très épaisse par la superposition de nombreuses plaques de cuir de bœuf non tanné, épilé et simplement séché au soleil. Ils font des fourreaux de sabre couverts de cuir colorié et orné de dessins plus ou moins réguliers ; des sacoches pour les fidèles qui y placent des feuillets du Koran ; des gris-gris renfermant un morceau de soufre ou un verset du Koran ; des ceintures de cuir, etc.. etc.

Le nombre des tisserands est peut-être le plus répandu. Ils fabriquent, à l'aide d'un métier semblable à celui que nous avons décrit plus haut, des étoffes grossières en coton. Quelques-uns cependant

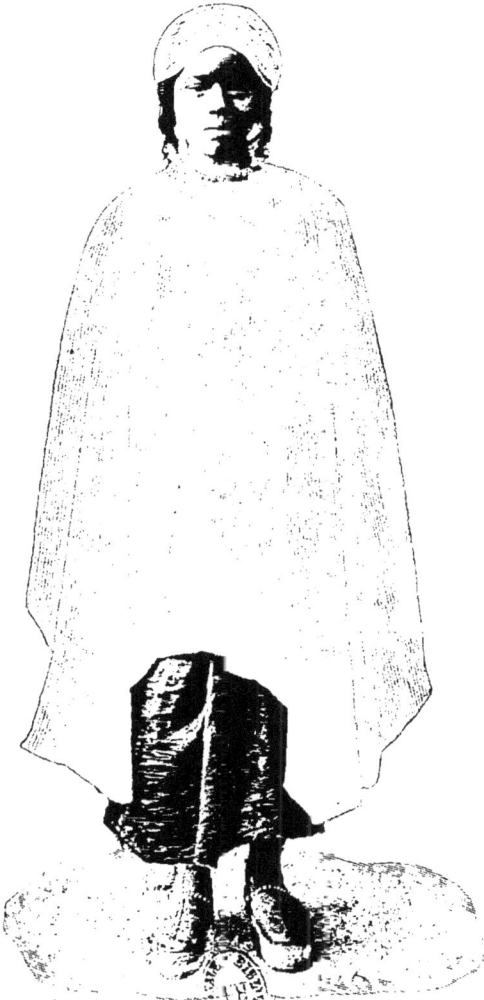

TYPE DE FEMME TOUCOULEURE
MAÏRAME, FILLE DU ROI AHMADOU

se servent de fil fabriqué en Europe et produisent des toiles remar-
quablement solides. bariolées de toutes façons par l'emploi de fils
diversement coloriés.

La coloration des tissus se fait généralement à l'aide de l'indigo,
ou de bois et d'écorces d'arbres variés dont nous ne parlons que
dans notre chapitre sur la flore du Soudan.

Les forgerons, et particulièrement les femmes des forgerons,
font des poteries grossières pour les usages domestiques, conser-
vation de l'eau, cuisson des aliments, etc.

Les outils des forgerons se composent d'un soufflet identique à
celui que nous avons mentionné plus haut. de quelques petits
marteaux. de tenailles légères et d'une enclume étroite plantée en
terre ou dans un morceau de bois. D'après Brüe, Labat rapporte :
« Ils ne sont jamais moins de trois ouvriers qui travaillent ensemble. L'un souffle le feu et se sert pour cela d'une peau de bouc
partagée dans son milieu. ou de deux peaux de bouc jointes ensemble. dont les endroits des jambes sont liés étroitement, excepté
un où il a une petite canule de fer ou de cuir. Celui qui doit souffler
est assis derrière son soufflet et appuie ses coudes ou ses genoux
l'un après l'autre sur ces outres qui se remplissent de vent successivement à mesure qu'il en fait sortir par le canal de fer. Les deux
autres sont assis vis-à-vis l'un de l'autre, l'enclume entre eux deux,
sur laquelle ils battent la matière nonchalamment, et comme s'ils
avaient peur de lui faire du mal. »

Les forgerons toucouleurs se procurent le fer chez les bamana
ou les mandingues, mais le plus souvent dans nos escales. Ils s'en
servent surtout pour la fabrication d'instruments de culture ou de
haches pour travailler le bois, de couteaux, de lames de sabres,
etc. La plupart d'entre eux savent aussi faire les réparations aux
fusils à pierre en usage dans le pays ; malgré l'imperfection de
leurs instruments, ils arrivent même à fabriquer des vis, des pointes, des aiguilles quelquefois très fines. Ils savent travailler l'or et
l'argent. L'argent provient de la fonte de nos monnaies ; il est
utilisé pour la confection de lourds bracelets de formes variées,
mais toujours ayant ce caractère distinctif qu'ils représentent des

17

anneaux tout à fait incomplets et qui ne se maintiennent en place qu'en serrant, en rapprochant les deux branches. Avec l'or du pays on fabrique des anneaux pour les oreilles, des bijoux inédits, curieux, que nous décrirons en parlant des ouoloffs où cette industrie est portée à sa plus haute perfection.

En dehors de leur métier proprement dit, les forgerons jouent un peu le rôle de guérisseurs. C'est eux qui pratiquent la circoncision chez les enfants mâles et qui vendent certaines panacées.

Il ne suffit pas de forger pour être forgeron. C'est une secte dans la société toucouleure, comme cela existe chez la plupart des nègres. Les forgerons sont des intrigants. Ils jouissent d'une grande influence ; ils ne sont point faits esclaves. cela porterait malheur.

*
* *

Les toucouleurs n'ignorent pas l'agriculture, mais ils ne la mettent en pratique qu'en se servant d'esclaves. Le mil, et principalement le mil **gadiaba** et le mil **Amady-boubou**, grosses espèces de sorgho, fait la base des cultures. On le sème aux premières pluies et, dans certains terrains à fond restant longtemps humide, on en récolte jusqu'en janvier et même février. Le maïs est semé aussi en grande quantité. Les toucouleurs du Di'nguiraye et du Fouta-Djallon cultivent encore le riz. à la saison des pluies, dans divers marécages qui s'établissent en certains points, à cette époque. Dans un traité sur la flore et les principales cultures du Soudan, nous appelons l'attention sur ces plantes alimentaires et aussi sur beaucoup d'autres, telles que de nombreuses espèces d'ignames, de bananiers, d'orangers, d'ananas. etc.

Le toucouleur ne laboure pas la terre. Quand les pluies sont sur le point d'apparaitre, il débarrasse les terrains qu'il veut mettre en exploitation des herbes. des buissons, des arbres, en, les coupant et il en fait des tas qui sont brûlés sur place. Dès que les pluies surviennent, il sème en se servant d'un petit hoyau en fer, léger, large, emmanché d'un long bâton.

Le travail de la terre est laissé aux mains des esclaves mais aujourd'hui que cet élément de labeur fait défaut ou presque défaut, en beaucoup d'endroits, les maîtres ou gens libres, hommes, femmes et enfants sont dans l'obligation de semer pour récolter leur nourriture.

On ne sème ou on ne plante que le strict nécessaire à la consommation et il n'est pas rare, dans quelques points ravagés par les sauterelles, de voir survenir la famine avec toutes ses tristes conséquences.

Les arachides et le tabac sont aussi cultivés très en grand. On récolte encore les fruits du karité pour en faire une sorte de graisse végétale à odeur repoussante telle qu'elle est préparée mais susceptible d'être épurée et pouvant alors se conserver longtemps sans rancir.

Comme les peulhs, les toucouleurs sont encore plus pasteurs qu'agriculteurs : on trouve chez eux de fort beaux troupeaux de bœufs. Le Fouta-Djallon et le Di'nguiraye alimentent la colonie en bœufs de petite taille, mais très rustiques que nous avons décrits dans notre Traité sur la faune générale du Soudan. Les toucouleurs du nord seuls possèdent quelques bœufs zébus ou métis qui ne peuvent vivre que dans ces régions là.

Les troupeaux de moutons et de chèvres sont encore plus abondants dans les régions du nord que partout ailleurs. Dans le Fouta-Djallon, le mouton vit dans la famille, dans des habitations ; il est presque invariablement pie-noir ou pie-marron et susceptible d'un engraissement rapide. Les chèvres sont naines, très rustiques et fournissent une forte proportion de lait.

Le commerce est assez étendu parmi les toucouleurs. Comme chez presque tous les peuples d'Afrique ils ne se servent pas de monnaie et le commerce n'est en somme qu'un échange. Nous pourrions faire exception pour les toucouleurs de Ségou et des bords du Niger qui ont une monnaie, la **caurie**, sorte de petit coquillage, mais nous reviendrons sur elle, plus loin, parce qu'elle a plutôt été introduite par les peuples d'origine mandingue. On pourrait encore, par extension, considérer la poudre et les anneaux d'or, le fer, comme des monnaies ainsi que la pièce de guinée et différentes pièces de toiles ou de cotonnades qui se mesurent à la coudée.

Les toucouleurs vendent leurs troupeaux contre des esclaves, de l'or, du fer ou des étoffes. Dans le Fouta-Djallon ils font un commerce important de caoutchouc dont nous avons fait, un des premiers, une étude des plus complètes. Dans leurs relations commerciales ils sont très astucieux et très retors ; le moindre petit marché dure des heures entières et souvent plusieurs jours ; ils aiment longtemps causer, assis à l'ombre d'un arbre ou d'une case, sur une longue natte en paille tressée ou une peau de bœuf ou enfin une peau de mouton, séchées au soleil.

Les toucouleurs ne comportent pour ainsi dire pas de dioulas, sorte de commerçants ambulants qui s'en vont à la côte tous les ans, traversent tous les pays sans armes, se faisant rançonner de place en place, mais n'en faisant pas moins de gros bénéfices.

Le toucouleur est chasseur mais à la mode des maures et des peulhs ; il se tient caché dans des affûts préparés et attend avec une patience sans bornes, l'arrivée du gibier. De toutes les chasses émouvantes décrites par les auteurs il faut laisser une grande part à l'imagination fertile de ceux qui les leur ont racontées.

Sur les bords du Niger, il existe des toucouleurs **somono**, ou pêcheurs, comme nous en avons signalés dans la race peulhe. Ces hommes sont d'une adresse remarquable ; à l'aide de harpons en fer forgé fixés à de longs bambous, ils tuent le gros poisson en suivant le fil de l'eau sur de grossières pirogues. Ils emploient aussi de vastes filets qu'ils tendent dans le fleuve. Ils utilisent de gros hameçons en fer forgé ; ils savent enfin endormir le poisson en répandant dans l'eau les feuilles hachées d'une plante connue sous le nom de **Diababa** et sur laquelle nous reviendrons en temps opportun.

Le poisson est ouvert en deux parties, vidé et séché au soleil. Cette conserve ne réussit pas toujours et elle entre souvent en putréfaction à la saison des pluies en répandant une odeur des plus nauséabondes.

Les pirogues dont se servent les toucouleurs sont étroites, petites, le plus souvent composées de plusieurs morceaux mal assemblés qui ne contribuent guère à les rendre étanches.

*
* *

Les toucouleurs, nous l'avons dit. sont guerriers et braves guerriers. Mieux armés et disciplinés, ils eussent été pour nous de redoutables adversaires Ils sont armés, comme les maures, de fusils à pierre et à deux coups. Ils les manient avec beaucoup d'adresse et de précision. Leur seconde arme est un sabre qu'ils suspendent sur leur épaule droite ; bien peu utilisent la lance qui n'est plus devenue qu'une arme de parade ou un insigne de commandement. Les haches finement travaillées et à manche d'ébène, les matraques en bois de karité, les couteaux ouvragés ne sont que des armes de parade qu'on exhibe les jours de fêtes, aux tams-tams et surtout dans les danses.

Contrairement aux peuples d'origine mandingue, les toucouleurs n'aiment pas les villages fortifiés pour s'y défendre. Ils vont attendre l'ennemi dans des embuscades sur les routes, dans le fond des marigots, dans les fourrés, etc.

Si le toucouleur aime la guerre, le bruit de la poudre et les pillages, il aime aussi les fêtes et tous les plaisirs qu'elles entraînent avec elles. Quand il revient des combats, qu'il rapporte le butin sur son cheval, sa femme lui fait fête comme chez les arabes, chante, crie, lui lave les pieds et lui apporte ses beaux vêtements blancs. Il caracole sur son cheval, son long boubou flottant au vent, tire des coups de fusil et avec son sabre fait mine de frapper sur un ennemi imaginaire fuyant devant lui ; c'est en somme une vague répétition des fantaziyas arabes.

Dans les fêtes, leurs instruments de musique sont assez peu variés et surtout assourdissants. La flûte en bambou, exactement semblable à celle de nos musiciens mais infiniment moins compliquée, seule donne des sons harmonieux mais qui, rendus par les artistes toucouleurs, ont le tort d'être tristes et monotones. Il faut voir et entendre de ces flûtistes assis à l'ombre, s'ingéniant à s'inspirer dans le silence et le repos. Leurs notes tantôt douces et mélancoliques s'envolent dans les airs comme une chanson plaintive d'amoureux ; tantôt plus mélancoliques et plus tristes encore elles semblent pleurer une âme envolée ; tantôt enfin, furieuses, elles vibrent et résonnent puissamment, comme les accents du guerrier qui s'en va au combat. Le flûtiste se laisse aller dans ses notes aux sentiments de son âme ; il cherche à exprimer la joie et la tristesse, le bonheur et le malheur dans cette langue musicale que les dieux seuls savent justement exprimer.

Les gros tambourins formés d'énormes troncs d'arbres creusés et fermés à chaque extrémité par une peau de bœuf épilée, servent surtout à rassembler le peuple ou les guerriers ; dans les tams-tams on les fait résonner vigoureusement aussi et leur grosse note prédomine sur les tambourins plus petits comme les bourdons de nos cathédrales prédominent sur leurs sœurs, les cloches plus petites.

Il existe aussi de petits tambours fort légers qu'on peut tenir sous les bras et qu'on frappe à l'aide d'un court bâton recourbé à une de ses extrémités. On trouve encore des instruments à cordes dont la boîte est tantôt représentée par une calebasse recouverte d'une peau de bœuf ou d'une peau de mouton épilée, tantôt par une sorte de gros morceaux de bois creusé à l'herminette. Les cordes de ces instruments sont généralement faites de crins de chevaux.

Les danses toucouleures sont plus légères que celles des peulhs et la décence ne permet pas toujours de les décrire.

Les chants sont monotones, cadencés et accompagnés en frappant dans les mains.

Les musiciens et les chanteurs forment, comme dans les autres races, une secte à part, celle des **griots**, gens dont l'influence est considérable et qui ne peuvent être faits prisonniers de guerre en aucun cas. Dans la haute société, il est de bon ton, d'avoir son ou ses griots. Il n'est pas rare de voir sortir les chefs avec leurs griots derrière eux, chantant et louant leurs hautes vertus.

Dans presque tous les villages on danse et on bat le tam-tam tous les soirs où la lune est dans son plein.

A côté des fêtes nous plaçons les funérailles. Elle se font à la façon arabe, sans apparat bien considérable. Cependant les femmes poussent des cris de couleurs un peu analogues aux **lilili** des femmes arabes. Il n'y a point de cimetière à proprement parler et on enterre souvent les individus dans leurs habitations ou dans la cour de leurs habitations. Les fosses ne sont jamais bien profondes et, quand elles sont creusées en dehors des villages, on les protège contre la hyène en les couvrant de lourdes pierres et d'épines. Les cadavres sont simplement enveloppés dans une toile puis dans une natte serrée au niveau du cou et des pieds.

Les étrangers malheureux, les esclaves impotents, les individus atteints de lèpre ou d'autres affections contagieuses sont privés de sépultures ainsi que les condamnés à mort et c'est pour cela qu'on rencontre toujours autour des villages quelques squelettes ou quelques cadavres en putréfaction.

Aux obsèques des riches on tire des coups de fusil, on bat le tam-tam, on danse, on chante comme à un jour de fête.

La religion musulmane est celle du toucouleur ; il en observe sévèrement le rite. Il croit en outre aux sorciers, aux devins, aux gris-gris et à quelques fétiches.

La race turbulente des toucouleurs est presque entièrement soumise aujourd'hui à notre domination. C'est chez elle que nous recrutons nos meilleurs soldats indigènes bien qu'ils soient querelleurs et chicaniers. Nous y recrutons aussi d'excellents ouvriers pour nos ateliers, forgerons, maçons et de bons auxiliaires pour le service du chemin de fer.

III

OUASSOULONKA

Les Ouassoulonka, ainsi qu'ils se désignent eux-mêmes, ainsi que les appellent les bamana et les mali'nka, forment une race bien distincte, métisse, tirant son origine de l'alliance du sang peulh au sang mali'nka. Au lieu de conserver la langue peulhe, comme les toucouleurs, ils ont gardé leur langue mali'nka assez pure. Ils n'ont pris à leur élément formateur que des caractères physiques et des noms de famille d'une consonnance analogue.

Les ouassoulonka habitent le Ouassoulou, cette vaste région s'étendant des bords du Niger au Sankaran'ni et aux provinces extrême-sud.

C'est une race qui a failli disparaître sous les coups de Samory mais qui, grâce à notre intervention, pourra renaître sans plus jamais être troublée. Nous avons fait un grand nombre de mensurarations sur les ouassoulonka et c'est la race sur laquelle nous pouvons donner les renseignements les plus complets.

Caractères ethniques :

Capacité cranienne	1,483
Indice céphalique	71,92
Indice de hauteur largeur	96,7
Indice de hauteur longueur	69,1
Diamètre frontal minimum	91,3
Diamètre stéphanique	108,2
Diamètre frontal minimum = 100	118,5
Indice stéphanique	84,3
Indice facial	54,5
Indice du prognathisme	67°5

Indice orbitaire   85,0
Indice nasal............................   52,5
Indice palatin   72,5
Angle de Camper ....   67°
Angle sphénoïdal............................ ....   138°
Angle occipital de Daubenton ... .   +7°9
Angle basilaire ....   15°5
Angle orbito occipital ....   —8°5
Angle mandibulaire ....   121°
Angle symphisien............................. ....   80°

Les ouassoulonka ne sont pas noirs, mais d'une teinte intermédiaire au noir et au blanc. Il n'est pas rare du tout d'en rencontrer de presque blancs ou simplement bronzés.

La couleur des cheveux est franchement noire. Ils ne sont pas
très abondants quoiqu'il en paraisse autrement, mais volumineux :
ils sont courts, crépus ou laineux. Les cas de calvitie totale ou de
calvitie partielle sont d'une rareté tout exceptionnelle.

Les yeux sont pigmentés ; la sclérotique même, si blanche dans
les races européennes, est pigmentée légèrement d'une substance
à aspect marron. Les arcades sourcilières sont petites et le front
presque toujours fuyant.

La concavité de la racine du nez est petite et sa ligne du dos
le plus souvent rectiligne ; sa base est horizontale ; sa saillie très
petite et sa largeur fort grande.

L'oreille est petite et la moyenne de ses dimensions que nous
avons trouvée est de 55 millimètres de longueur et de 33 millimètres
de largeur chez l'homme ; chez la femme les dimensions sont un
peu moindres. La bordure est petite ainsi que le lobe qui est à
contour descendant. La forme générale de l'oreille peut être qualifiée d'ovalaire.

La bouche est petite et les lèvres légèrement proéminentes ; le
menton est fuyant.

Les sourcils et les cils sont peu fournis. Les paupières sont petites, ce qui fait paraître l'œil petit et saillant, bien que le globe oculaire soit volumineux dans cette race.

Le cou est long et mince ; les épaules sont horizontales.

L'attitude des individus est droite même jusqu'à un âge assez avancé, aussi leur regard est-il droit et fixe. La moyenne de la taille est de 1 mèt. 699 millimètres chez l'homme et de 1 mèt. 642 chez la femme.

Les incisives sont légèrement inclinées et souvent limées sur les bords, de sorte qu'elles ressemblent aux canines des carnassiers.

La colonne vertébrale offre une forte ensellure, chez la femme spécialement.

Le thorax, bien que vaste, a un diamètre antéro-postérieur presque aussi étendu que le diamètre transversal, ce qui le fait paraître étroit et proéminent.

Le diamètre transverse du bassin n'est pas aussi faible que chez les nègres proprement dits et atteint une moyenne de 111 millimètres, tandis que le diamètre antéro-postérieur se trouve à la moyenne de 101 millimètres ; de cette façon l'indice dit du détroit supérieur est représenté par le chiffre de 90,9.

L'indice scapulaire est représenté par le chiffre de 70,4 et l'indice sous-épineux par le chiffre de 95,9.

La *perforation de la cavité olécranienne* de l'humérus, à laquelle Broca a attaché une importance considérable et à laquelle nous ne donnons au contraire qu'une valeur relative, se présente 19 fois sur cent cas.

L'angle de torsion de l'humérus est de 145°18, un peu plus élevé par conséquent que celui des races nègres pures.

L'appareil musculaire est en général bien peu développé aussi bien chez les hommes que chez les femmes et cependant tous les individus de cette race sont d'une vigueur et d'une résistance incroyables.

Le pénis de l'homme est fort long même à l'état de flaccidité, ainsi que le prépuce.

Les grandes lèvres de la femme sont à peine visibles, tandis que les petites lèvres débordent largement ; le clitoris est toujours volumineux et sort au dehors, au moins à l'état de turgescence. Le vagin est long et nous en avons mesuré plusieurs dépassant 18 centimètres.

Les mamelles sont piriformes chez la plupart des femmes ; elles sont tombantes de très bonne heure.

La barbe est peu abondante ; les poils du dessous des bras et de la région pubienne sont également peu fournis ; hommes et femmes ont d'ailleurs l'habitude de raser ces deux régions.

Les traits du visage sont grossiers et très éloignés du type peulh ; ils sont restés presque semblables a ceux des mali'nka. Le prognathisme y est assez prononcé ; le front est étroit, tandis que les pommettes sont fort saillantes ; le menton est tout petit et fuyant.

Le rapport du tronc à la taille ramenée = 100 est de 48,88 et le rapport de la grande envergure à cette même taille ramenée encore = 100 est de 101,61.

Il est difficile de se rendre compte de la longévité des ouassoulonka, comme d'ailleurs chez tous les peuples soudanais, parce que personne ne se rend compte du nombre de ses années. Quelques-uns savent seulement leur âge approximativement, attendu qu'on leur a dit qu'ils étaient nés l'année de tel ou tel événement important. Dans sa vieillesse le ouassoulonka, homme ou femme, n'offre pas de caractères de décrépitude bien marqués. Jusqu'à l'âge de soixante ans environ il ne blanchit pas. Nous croyons, après une expérience de dix années, que ces gens-là vivent très vieux et que les centenaires y sont répandus.

Ils sont peu nerveux d'une façon générale et ne sont étonnés de rien. Le télégraphe, le téléphone, le canon et mille autres choses qui surprennent tant de gens les laissent indifférents ; quand ils en parlent, ils haussent les épaules en disant « Ça c'est une *manière* de blanc » en voulant dire qu'il n'y a pas à chercher, à comprendre. D'ailleurs durant ces vingt ou trente dernières années ils ont été cruellement éprouvés par la guerre, par les incursions barbares et sanglantes de Samory qui y a fait des hécatombes indescriptibles. Nous dirons tout à l'heure les vicissitudes de ce peuple presque anéanti aujourd'hui qui, par ses mœurs, ses instincts, ses aspirations était digne d'un sort meilleur.

Les maladies qui sévissent le plus fréquemment sur les ouassoulonka sont la siphylis avec des formes généralement bénignes, les plaies ulcéreuses des membres, les ophtalmies, la variole, l'éléphantiasis, le goitre, le ver de Guinée dans la saison des pluies, les broncho-pneumonies à la saison froide de novembre, décembre et janvier.

L'albinisme se trouve fréquemment chez eux. Les albinos sont plutôt rouges que blancs ; leurs cheveux sont roux, crépus. Le soleil les gêne beaucoup et les parties non couvertes de leur corps sont enflammées, semées de croûtes qui s'éliminent de temps à autre. L'albinisme partiel est encore plus fréquent. On voit souvent des individus avec une main blanche, ou une joue, ou une partie d'un bras, etc, : le fameux Samory avait une main blanche.

De leurs unions avec les blancs nous ne pouvons rien dire encore parce que les cas sont rares actuellement.

*
**

Le ouassoulonka n'a point généralement de vêtements et de parures bien recherchés. L'homme du peuple porte un pantalon très court fait par la réunion d'étroites bandes de coton cousues grossièrement, serré à la ceinture par une coulisse également en coton, moins souvent en cuir, et descendant à peine jusqu'aux genoux. Ce pantalon est teint à l'aide d'écorces d'arbres du pays et présente une couleur marron très foncé ; il est dans la généralité des cas, usé sans avoir jamais été lavé. Les riches ont un pantalon (**kouroussi**) plus ample, en cotonnade blanche achetée sur nos marchés ou apportée par des dioulas. Les adolescents qui n'ont pas encore subi l'opération de la circoncision portent une bande d'étoffe en coton cousue à une ceinture et en avant ; en la faisant passer entre leur cuisses et en arrière, dans la ceinture, leur nudité est ainsi mise à l'abri. Quelquefois ces ceintures qu'on désigne sous le nom de **billa** ont de longues franges en bandes de coton qui pendent, à titre d'ornement et qui sont du plus curieux effet. Les porteurs du billa s'appellent **billakoro**. Les chasseurs, les guerriers, tous ceux qui ont besoin de voyager dans la brousse avec vitesse et agilité prennent le billa pour être plus libres dans leurs mouvements ; c'était l'unique et simple costume des guerriers (sofas) de Samory.

Le boubou complète le costume des hommes. Il est fait aussi à l'aide de bandes de coton cousues ; il est teint en marron, il est moins ample que celui des toucouleurs et des peulhs et quelquefois ne descend que bien peu au dessous de la ceinture.

La tête, le plus souvent rasée, est recouverte d'une sorte de bonnet ne s'adaptant guère qu'au sommet de la nuque. Tantôt cette coiffure représente une calotte avec deux pointes abaissées l'une en avant, l'autre en arrière : dans d'autres cas c'est une sorte de bonnet avec des franges en fils de coton. Ces coiffures sont teintes en marron ou en bleu d'indigo. En dehors de la calotte, le ouassoulonka porte un grand chapeau en paille tressée, lourd, à bords garnis de cuir, non adapté au pourtour de la tête sur laquelle il ne peut d'ailleurs se maintenir qu'à l'aide d'une jugulaire. Quelques hommes, les galants de la société, ne rasent pas leurs cheveux et les font tresser en une sorte de cimier sur le sommet de la tête avec quelques grosses nattes pendant sur les côtés.

A cheval, le cavalier porte des bottes en cuir souple, bariolé de toutes les couleurs vives, absolument comme les arabes d'ailleurs.

Quelques personnages riches ou influents revêtent le bernouss arabe.

Le ouassoulonka n'est pas coquet et celui du peuple ou même de la classe moyenne est plutôt malpropre. Quelques-uns ont des bagues aux doigts le plus souvent en fer, en cuivre ou en bronze, plus rarement en argent. Ils ont des gris-gris, des amulettes pendues au cou ou bien fixées aux bras et aux poignets. Ils aiment bien se promener avec un sabre suspendu au côté par une simple courroie passant sur l'épaule droite. Les fourreaux de ces sabres sont en cuir colorié et orné de dessins plus ou moins réguliers et singuliers.

La femme du ouassoulonka, la ouassouloumousso (femme du Ouassoulou) ainsi qu'on la désigne en langue mandingue, porte le pagne (**phani**) comme les femmes toucouleures, Ce pagne est fait par la réunion d'une série de bandes de coton tissées, quelquefois diversement teintées, cousues les unes aux autres. La femme du peuple ne porte qu'un seul pagne ; la femme riche en assujettit deux ou trois l'un au-dessus de l'autre.

En dehors du pagne ou phani, la ouassouloumousso porte le boubou (diourouki) mais plus ample, plus long que celui de l'homme. Ses cheveux sont tressés en cimier longitudinal et quelquefois en cimier transversal avec des nattes pendant sur les côtés. Elle porte des anneaux d'or ou d'argent aux oreilles ou en métal moins précieux, des bracelets, et de lourds anneaux au-dessus des chevilles. Quand elle sort elle aime se placer sur la tête un simple morceau d'étoffe qui retombe sur les côtés comme un voile. Elle se teint les ongles et la paume des mains avec le henné et se bleuit les lèvres et les gencives en les piquant d'une façon continue et répétée puis en frottant avec de l'antimoine. C'est avec cette dernière substance qu'elle bleuit ses sourcils et tout le pourtour de ses paupières (l'antimoine (**kalè**) est apporté de la côte par les dioulas). Elle porte des sandales pour les routes, comme l'homme du reste ; ce sont de simples plaques de cuir découpé qui tiennent par deux courroies passant au-dessus et de chaque côté du pied et venant se réunir toutes deux entre le gros orteil et le suivant. Pour les promenades, pour les sorties de gala de ce monde curieux, elle chausse la même pantoufle (**samara**) haute et étroite que les toucouleures nous ont présentée tout à l'heure.

Les enfants sont généralement nus jusque vers l'âge de dix ans.
A ce moment, ou quelquefois avant, les jeunes garçons ceignent
le billa que nous avons indiqué plus haut. Les jeunes filles portent,
adaptés à la ceinture, deux morceaux d'étoffe, l'un en avant et
l'autre en arrière, larges chacun de 25 à 30 centimètres et restant
pendants. Pour travailler toutefois, le lambeau placé en avant
peut être gênant : alors on le fait passer entre les cuisses puis
dans la ceinture et son extrémité pend à son tour en arrière. Cet
accoutrement si simple et si primitif est désigné sous le nom de
lin'mpé.

Hommes, femmes et enfants ont une ceinture autour des reins :
c'est, soit une simple ficelle, soit une ceinture de cuir, soit encore
une ceinture de perles ou de verroteries introduites par les
dioulas.

La coiffure des femmes est un véritable travail d'art et c'est ce
qui explique qu'on ne la renouvelle guère que tous les mois. La
patiente qui doit être peignée, et on peut bien dire la patiente,
s'étend de tout son long sur une natte de façon à ce que sa tête
repose sur les cuisses de la coiffeuse assise. Cette dernière, à l'aide
d'une pointe en fer, en cuivre, en bronze ou simplement en os.
s'ingénie à démêler les cheveux : c est une opération longue dans
laquelle beaucoup de cheveux sont arrachés. A l'aide d'un singulier peigne qui n'est autre chose qu'une peau de hérisson munie de
ses piquants (diougouni-goulo) elle achève le démêlage. Les cheveux qui sont tombés ou qui ont été arrachés sont réunis en bloc
et placés sur le sommet de la tête pour faire la base du cimier et
en augmenter le volume. Tous les cheveux sont tressés à la main
et la coiffeuse les enduit au fur et à mesure de graisse (soit du
beurre animal, soit du beurre de Karité) mélangée avec de la
poudre de charbon. Il est des coiffures artistiques qui demandent
plusieurs jours pour leur confection.

Les ouassouloumousso portent des anneaux aux oreilles en
grand nombre ; quelquefois tout le pourtour des oreilles en est
garni. Elles sont d'une propreté qui fait contraste avec celle des
ouassoulonka.

Les incisions sur le visage sont assez répandues ; elles se font dans le bas âge à l'aide d'un couteau chauffé au rouge sombre. Ces incisions longitudinales, s'étendent des tempes à la joue pour s'arrêter à la mâchoire inférieure : le plus souvent elles sont au nombre de trois de chaque côté. On trouve certains types ayant trois petites incisions verticales sur le milieu du front ; d'autres ont des dessins variés sur l'abdomen. La mutilation des dents n'est point très répandue ; elle consiste à limer les incisives sur les côtés pour les rendre pointues et tranchantes.

La circoncision est la mutilation la plus fréquente ; elle donne lieu à des fêtes et à des cérémonies bizarres. Les forgerons (noumoukès) sont chargés de la circoncision des **billakoro** et les forgeronnes (noumoumousso) de l'excision des jeunes filles ou **soungourou**. C'est au milieu du bruit, du vacarme le plus épouvantable que la circoncision s'opère. Le billakoro, grisé par le bruit, par les tams-tams, les chants, les coups de fusil, est introduit dans une case ; l'opérateur saisit le prépuce, le tire en avant et d'un seul coup de couteau tranche toute la partie débordant en avant du gland ; on lave à l'eau froide puis on jette sur la plaie des poudres très diversement préparées.

Durant toute la période de cicatrisation, les billakoro revêtent un costume de circonstance ; c'est généralement un grand boubou marron avec des bouffettes de coton et un grand bonnet marron ; le pantalon est supprimé. Tout le jour il sont conduits dans la brousse par les forgerons qui lavent les plaies et indiquent la marche à suivre quand des accidents sont sur le point de survenir. Ils ont des tessons de calebasses assujettis à des bâtons et ils les agitent pour faire une sorte de bruit de crécelle ; c'est pour indiquer leur présence, pour éloigner d'eux les femmes dont la rencontre serait funeste et causerait leur mort, pour chasser les **djî**, sortes de démons sylvestres et errants qui sont toujours néfastes. La cicatrisation dure souvent trois semaines ou un mois et il y a quelquefois des accidents septiques mortels que les forgerons mettent toujours sur le dos de mauvaises rencontres. On dit d'un billakoro qui meurt qu'il a rencontré une **mousso** (femme) ou bien un **djî** et personne n'est surpris ; c'est une malédiction et voilà tout. Les poudres de bois, les pommades à base de beurre de

(Figure 24)

TYPE OUASSOULONKA EN TIRAILLEUR SOUDANAIS

Karité sont presque toujours la cause de ces accidents. Après la circoncision le billakoro est homme : c'est un **Kaméri**.

La circoncision des jeunes filles s'opère dans des conditions semblables. Chez la plupart d'entre elles on se contente d'inciser le clitoris en croix ou d'une incision simple ; chez quelques-unes cependant le clitoris est excisé parce qu'il est long et déborde au dehors. Sur cent opérées nous en avons constaté quarante ayant subi l'opération de l'excision. Les accidents septiques sont plus fréquents chez elles que chez les billakoro à cause du passage direct de l'urine sur la plaie.

Il est des femmes qui se font perforer la cloison nasale pour y attacher un petit anneau d'or ou d'argent. Tant qu'elles ne peuvent se procurer cet anneau elles le remplacent par un fil de coton afin d'empêcher la fermeture de l'ouverture pratiquée.

Hommes et femmes s'enduisent la peau du corps et particulièrement celle des membres de graisses variées, de beurre de vache, d'huile d'arachides, d'huile de palme ou de différentes graisses végétales. Ces corps gras mal préparés rancissent vite et leur donnent une odeur repoussante.

**
* **

Nous ne dirons que peu de choses de l'habitation des ouassoulonka car c'est la même que celle des mali'nka sur laquelle nous donnerons beaucoup de détails.

Le type de la demeure est une case ronde en terre (**bougou, soû, souo**), de petit diamètre mais souvent assez élevée pour avoir un plafond et un grenier au-dessus ; le tout est recouvert d'un toit conique en paille. Le plafond est établi avec des bambous ou des branches d'arbres, l'ensemble recouvert de terre délayée. On pénètre au grenier par une étroite ouverture pratiquée dans le plafond ou bien, le plus généralement, par une entrée non moins étroite ménagée à l'extérieur et fermée par une porte à la mode du

18

pays. Les habitations d'un chef de famille, d'un **loutigui** comme on le désigne, se composent d'une case qui lui est absolument réservée, d'une case pour chacune de ses femmes, d'une ou plusieurs cases pour la cuisine ou **gouêbougou** ainsi qu'ils les appellent, etc., toutes reliées les unes aux autres par un mur plus ou moins élevé, plus ou moins tortueux de façon à circonscrire une ou plusieurs cours. On pénètre dans ces enceintes par le **boulo**, sorte de case d'entrée à deux ouvertures, l'une donnant sur l'intérieur, l'autre sur l'extérieur et fermée d'une porte en bois.

Les villages sont faits sur le type de ceux des mali'nka et nous les décrirons complètement plus loin. Il nous suffit pour le moment de dire qu'au centre se trouve le groupe des cases du chef de village, du **dougoutigui**. Elles représentent un véritable dédale où il est difficile de se reconnaître et elles sont enveloppées d'une haute muraille en terre ou **ouassa, diassa**; quelquefois dans les angles il y a des tourelles qui surplombent ; il n'y a généralement qu'une entrée fermée par une lourde porte. Tout autour de cette forteresse les habitations du villages sont jetées pêle-mêle, dans un désordre inouï, toutes formant pour ainsi dire un réduit à part. Enfin, il existe une ou plusieurs enceintes extérieures flanquées de tourelles d'où les défenseurs peuvent mieux frapper l'ennemi en cas d'attaque.

En dehors de ce genre de villages établis surtout pour la sûreté générale de la population, il en existe d'autres, plus petits, totalement ouverts et construits à la hâte. Ce sont de petits groupes de cases rondes aussi ; leur pourtour est installé à l'aide de pieux plantés en terre et de paille. Ces villages dits de cultures et peu importants sont habités par des captifs (dion) qui cultivent les champs et gardent les greniers de réserve.

Nous avons traversé le Ouassoulou plusieurs fois et visité les plus grands centres qu'il comportait autrefois car, aujourd'hui il n'y a plus que des ruines laissées par Samory. On rencontre à chaque instant dans cette vaste région des villages détruits représentés par de grands pans de murs restés debout et couverts de mousses, par de vieux restes de cases rondes qui ont résisté aux intempéries parce que leurs murs ont pour ainsi dire été cuits en briques par les incendies du vainqueur. On éprouve une sorte de malaise à parcourir de semblables régions où la vie est supprimée ; on a un serrement de cœur quand, sur ces ruines, on aperçoit de place en place, des amas de crânes ou d'autres ossements humains blanchis par les saisons. Les herbes, les arbres, la brousse en un mot, ont envahi toutes ces ruines semblant vraiment chercher à les soustraire aux yeux du voyageur : elles ont aussi envahi les vastes champs jadis cultivés. L'éléphant règne en maître dans ces solitudes et le sol est partout foulé de ses larges pieds tandis que des arbres à fruits sont abattus, à l'aide de sa trompe puissante, pour en dévorer le met succulent ou les jeunes pousses. Dans les clairières, on rencontre des bandes de capricornes ou des buffles isolés qui paraissent tout étonnés de voir leur solitude troublée. La trace des massacres et du crime est partout inscrite : là ce sont des amas de crânes qui attestent le passage de la main du bourreau qui d'un seul coup de sabre, la main sûre, le bras puissant, a détaché une à une ces têtes de leur tronc, farouchement et avec une lueur sinistre dans les yeux ; là c'est un tas de pierres où un homme, un vieillard peut-être, a été muré jusqu'au cou, sa tête dépassant seulement, et qui a dû mourir dans d'horribles convulsions : ailleurs ce sont de solides palissades dressées pour enfermer des jeunes enfants qui ont du perdre la vie dans les plus atroces douleurs de la faim et de la soif. Aux pieds de grands arbres on trouve des ossements, derniers vestiges de membres pantelants et ensanglantés, cloués sur leurs troncs. Horreur, épouvante partout. Sur les dernières ruines quelques rares habitants sont revenus s'installer mais ils n'y ont plus trouvé leurs pères, leurs mères, leurs frères, leurs sœurs, leurs enfants ou leurs femmes ; ils sont sous le coup d'une sorte d'abrutissement indéfinissable qui laissera ses traces longtemps encore.

Le mobilier du ouassoulonka est des plus simples ; sur de petits cônes en terre délayée puis séchée au soleil ou cuite au feu, il installe soit des bâtons légers, soit des bambous, soit des tiges de mil, de façon à former une sorte de plateau légèrement surélevé au dessus du sol et il le recouvre d'une ou plusieurs nattes ; ainsi le lit est installé. Dans la case du **loutigui**, en dehors du lit sommaire que nous venons d'indiquer, il existe une malle (**Oura'ndi**), sorte de caisse en bois fabriquée par le forgeron, munie d'un cadenas et renfermant ses effets et ses objets précieux ; au toit de paille sont fixés des gris-gris de toutes sortes, les uns préservant de la foudre et de l'incendie et les autres éloignant les **dji** ou mauvais esprits. Ces amulettes sont représentées de façons multiples, soit par de simples versets du Koran suspendus à une ficelle ou enveloppés dans du cuir ouvragé, soit par des tessons de calebasses avec des formes déterminées. A l'extérieur, près de sa case, en haut d'une grande perche, le loutigui laisse flotter un petit lambeau d'étoffe blanche.

Les cases des femmes ne possèdent pas un mobilier plus complet.

Dans les **gouêbougou** ou cuisines, il existe, pêle-mêle, des marmites en terre, des calebasses de toutes les formes et de toutes les dimensions, des canaris pour garder l'eau. Pour faire cuire les aliments on dispose les marmites sur trois cailloux entre lesquels on fait du feu. Les grandes calebasses (**fé** ou **félé**) servent à laver le linge, à aller chercher de l'eau ou bien à disposer les aliments ; elles sont toujours tenues dans le plus grand état de propreté. Les petites calebasses (**kalama**) servent à puiser de l'eau pour se désaltérer ou bien sont employées à titre de cuillères. Il faut encore signaler le mortier en bois (**koulou**) et son pilon (**kouloukala**) où on pile le mil, le maïs, le riz. etc. Dans les cours, on remarque aussi de grands filtres en paille. remplis de cendres de bois quand on veut obtenir des eaux alcalines pour le traitement de l'indigo ou d'autres teintures, vides quand il s'agit de filtrer simplement certaines boissons fermentées. Les peaux de mouton, de bouc, de bœuf, séchées au soleil, remplacent souvent les nattes ; quand les vieillards se rendent aux palabres ils ne manquent pas d'emporter leur peau de mouton, pour s'accroupir au milieu de l'assemblée.

Il est encore un objet qui fait rarement défaut dans l'habitation d'un ouassoulonka c'est la peau de bouc (**fourgou**) ; elle sert à porter ses bagages dans les voyages et se ferme alors à l'aide d'un cadenas ; elle peut contenir de l'eau pour étancher sa soif dans les longues étapes ou à la chasse.

Les chefs ouassoulonka se font faire des sortes de petites chaises basses avec un dossier courbe qu'un billakoro ou un esclave porte derrière eux. Dans les familles, on trouve aussi de petites chaises hautes de trente à trente-cinq centimètres presque toutes sculptées dans du bois et de formes très variées. Il existe encore des bancs assez longs pour qu'un homme puisse s'étendre tout au long ; ils sont aussi très bas, taillés tout d'une pièce dans un tronc d'arbre.

La nourriture des habitants du Ouassoulou diffère peu de celle de tous les autres habitants de la colonie. Le riz, toutefois en fait principalement la base parce que le Ouassoulou est une région sud déjà plus humide et plus arrosée que toutes celles du nord. Le riz est placé dans l'eau durant plusieurs heures, de façon à se gonfler légèrement, puis exposé au soleil brusquement, sur des nattes ; sous cette action, son enveloppe vite desséchée, ne peut pas suivre le retrait de l'albumen de la graine dont elle se détache : c'est ainsi que la décortication est rapide et peut se compléter en pilant dans un mortier en bois. Il s'agit ici d'une variété de riz spéciale sur laquelle nous reviendrons en temps opportun. Cuit dans une faible quantité d'eau il reste grenu et ne devient pas pâteux comme certains riz de la Caroline : on y ajoute des sauces à bases d'arachides cuites et pilées et de piments.

Le riz fait la base presque exclusive de la nourriture de l'homme vivant dans une certaine aisance ; il la complète par la viande de poulet ou de mouton.

Le mil est moins répandu que dans les régions nord et on ne le consomme pas souvent sous forme de kousskouss ; sa farine est simplement cuite à l'eau et fournit un plat épais, collant, connu sous le nom de tau.

Le maïs, à peine arrivé à maturité, encore laiteux, est très recherché par les indigènes du Ouassoulou quand il a été grillé au feu ou sur des charbons ardents.

Les patates sont fort appréciées ; on consomme leurs tubercules cuits à l'eau et réduits en purée, ou bien seulement grillés sous la cendre ; leurs feuilles, cuites à l'eau, salées, pimentées, aspergées de beurre, donnent un plat avec lequel nos épinards ne peuvent rivaliser.

De nombreuses variétés d'ignames, le koû, le guara, le gnambi, etc., sont cultivés pour la consommation.

En dehors de petits piments rouges (**fourtou**) les aliments sont assaisonnés avec une sorte de ciboule, le **diaba**.

Le beurre de vache est peu utilisé à cause du nombre restreint de ces animaux mais, par contre, le beurre de karité est très en vogue ; la région en produit en forte quantité et nous verrons ailleurs quels sont les procédés employés pour le récolter. On se sert aussi de la graisse du **tama**, mais dans certains villages seulement.

Le poisson desséché de la manière que nous avons déjà indiquée est très prisé et on en consomme en grosse quantité. Il y a aussi les chasseurs, dont nous parlerons plus loin, qui apportent du gibier dans leurs villages.

Quoi qu'on en ait dit, les ouassoulonka ont des heures à peu près fixes pour prendre leurs repas. Le matin, vers huit heures, ils mangent avec plaisir du lait caillé mélangé à du kousskouss délayé. A vraiment dire ils ne font de repas réel que le soir, vers cinq heures ; le reste de la journée, de temps à autre, ils mangent quelques arachides grillées (**tiga**), quelques patates (**ousso**) ou du manioc (**badakou**) sans qu'on puisse considérer cela comme des repas.

Le sel est une denrée rare et par conséquent fort estimée dans le Ouassoulou. Il est introduit par des dioulas qui vont l'acheter aux maures dans le nord ou aux traitants de la côte guinéenne.

Les ouassoulonka ne sont pas tous musulmans et quelques-uns d'entre eux usent de boissons fermentées telles que le **dolo** et le **bandji**, la première obtenue par la fermentation du mil, la seconde retirée d'une sorte de palmier connu sous le nom de **ban**, par les indigènes. Nous indiquerons le mode de préparation de ces deux boissons quand nous parlerons des mali'nka.

*
* *

Le sort de la femme, chez le ouassoulonka, est moins mauvais
que chez les peuplades absolument musulmanes. Toujours considérée comme un être inférieur dans la société. elle n'en jouit pas
moins de prérogatives importantes. Elle n'est pas obligée de se
cacher aux regards de tous en portant le voile et si certains chefs
influents ne permettent pas à leurs femmes de sortir au dehors
c'est moins parce qu'ils sont ouassoulonka que parce qu'ils sont
musulmans plus ou moins sincères et qu'ils veulent suivre les
prescriptions de l'islam.

Dans le peuple. la ouassouloumousso est libre. totalement libre,
et elle est loin d'être aussi dévergondée que sa congénère toucouleure : elle a pour le mariage un sentiment ferme et résolu que n'a
pas cette dernière. Toujours placée sous l'autorité directe de son
mari, exclue de prendre ses repas avec les hommes, elle jouit
quand même d'une certaine autorité dans la famille. Les jeunes
filles, bien que toujours laissées libres depuis le plus jeune âge,
n'abusent pas exagérément de cette liberté car la virginité est
prisée du mari ; il n'en est plus de même quand elles sont mariées
mais il est rare de les voir se livrer publiquement à la prostitution.

Le mariage est un achat pur et simple de la fiancée. Elle se paie
en esclaves, en or. en troupeaux et le mariage ne peut être consommé que quand la dot est entièrement soldée. Il y a là une
source abondante de discussions et de procès de toutes sortes.

Pour entrer dans les bonnes grâces de sa fiancée l'homme lui
offre trois noix de kola blanches ; si elle les accepte et les mange
en sa présence il va en offrir trois autres à son père qui, s'il les
prend aussi. l'autorise par ce fait à entrer en pourparlers pour la
discussion du prix.

L'homme est libre de répudier sa femme. dans certains cas. et
d'exiger le remboursement de la dot versée s'il s'agit d'adultère

et d'inconduite notoire ; dans tous les autres cas il n'a pas droit à ce remboursement. La femme, elle aussi, peut quitter son mari, en lui rendant sa dot ; c'est déjà pour elle une autorité considérable.

La polygamie est admise ; elle n'est pas absolument générale dans la classe moyenne. Les femmes vivent en bonne intelligence mais il en est toujours une qui est préférée et qui a le pas sur les autres c'est ce qu'ils appellent la **baramousso** (femme chérie). Ce que chaque femme peut gagner, ce que lui offre son mari, devient sa propriété strictement personnelle et inviolable.

L'adultère n'est pas aussi commun que chez les toucouleurs ; on peut même dire qu'il ne se rencontre que chez certaines classes de la société, les captifs par exemple (**dionkés**) et les captifs de case (**oulousso**). Beaucoup de voyageurs qui ont dit que la débauche des femmes était générale chez les nègres, qui ont dit que le mari livrait sa femme pour en tirer un profit, se sont trompés. Quand un homme livre ainsi une femme c'est que c'est une de ses captives qui ne sont que des choses et sur lesquelles il a tous les droits ; il ne faut pas conclure de là que la débauche soit répandue.

Les fiançailles ont souvent lieu quand les deux futurs sont encore en très bas âge ; on voit des dots que le mari n'a acquittées qu'après dix ou quinze ans et ça n'est qu'à la suite de ce paiement intégral que le mariage a lieu. Il s'opère en général sans cérémonie spéciale ; le mari emmène sa femme et c'est tout. Chez le riche c'est une suite ininterrompue de chants, de danses, de festins et d'orgies.

La femme n'a aucuns rapports sexuels avec son mari durant la période du flux menstruel (**Kôli**), ainsi que durant le temps de la grossesse et celui de l'allaitement. Elle accouche avec un grand courage, assise sur une natte, le dos appuyé au mur ; il n'y a guère d'accidents que chez les primipares trop jeunes. L'enfant porte le nom de famille du père ; le père donne le prénom à son fils, la mère le prénom à sa fille. Il y a une sorte de baptême dont nous parlerons dans l'étude des mali'nka. La ouassouloumousso est pleine de tendresse pour ses enfants ; elle les élève avec beaucoup de soins et les porte sur ses reins jusqu'à un âge avancé ; elle leur prodigue les caresses, les paroles douces et aimables et toutes les bonnes choses qu'il est possible de leur trouver. Comme chez les toucouleurs et comme nous le constaterons du reste chez toutes les races nigritiques, la ligature du cordon ombilical est mal faite et le nombre des hernies dans cette région est considérable.

L'avortement n'est pas mis en pratique d'une façon courante ; les femmes des forgerons préparent toutefois des breuvages, des potions, pratiquent des manœuvres, pour produire l'avortement quand on vient les trouver. Nous n'avons jamais pu assister à la fabrication de ces potions ni nous en procurer, pas plus que voir pratiquer les autres manœuvres abortives.

La famille du ouassoulonka est également caractérisée par la puissance de l'autorité du chef, du **loutigui**. Ce nom, loutigui, indique bien la force de cette autorité puisqu'il signifie textuellement **tigui** chef, possesseur, **lou** de tous — le grand maître. Le chef de famille n'abuse pas cependant de ses droits et bien souvent il suit les conseils de ses femmes ou d'autres. Une famille ouassoulonka complète est formée de nombreux éléments ; il y a d'abord le loutigui, ses femmes, ses enfants, ses griots, ses forgerons, ses captifs de case et ses captifs vrais, puis les griots, les captifs de ses femmes et de ses enfants, enfin les captifs de ses griots et forgerons, les bœufs, les moutons, etc. C'est dans cette complexité familiale que le loutigui généralement fort vieux exerce son autorité : souvent incapable par son âge, ses griots ou forgerons, ses héritiers apportent maintes fois le désordre et l'arbitraire dans sa maison.

L'héritage est collatéral comme chez les toucouleurs.

Ainsi que tous les peuples nègres, le peuple ouassoulonka considère l'esclavage comme une institution sociale et une des principales bien mieux, L'esclave est toujours tiré des guerres, des escarmouches, des luttes incessantes que se livrent entre eux tous les petits royaumes nègres. Il ne subit guère dans sa vie qu'une vilaine période celle où il est vendu à des dioulas qui lui font porter de lourdes charges, qui sont sans pitié pour lui en allant le vendre au loin. Il est malheureux encore quand il tombe vendu aux maures, aux arabes ou aux touareg ; chez les ouassoulonka et chez d'autres peuplades, il ne subit aucun mauvais traitements. Bien entendu il n'est point considéré, il n'est pas choyé ; cependant le maitre le ménage, le fait marier avec une captive, le prend pour ainsi dire dans sa sorte de famille patriarcale. Les enfants des esclaves sont toujours esclaves du maitre, mais ils portent alors le nom de **oulousso** ou captifs de case ; ils font réellement partie de la famille et ils ne peuvent être vendus. On s'est beaucoup exagéré le sort de l'esclave et il est bien plus doux qu'on ne peut le supposer, dans tout le sud du Soudan ; ce serait même une faute de le supprimer trop vite et trop radicalement dans ces régions-là où on voit une quantité de gens qui se font volontairement esclaves pour trouver une famille. En somme, dans de semblables conditions, l'esclave n'est plus qu'un simple ouvrier mais qui n'est point salarié ; il est marié par le maitre, il a un toit et il est heureux.

L'état social est copié sur la famille et il est toujours représenté par une sorte de despotisme. Après les chefs de case ou de famille ou loutigui, on trouve le chef de village, le **doùgoutigui** (de **tigui** chef, possesseur et **dougou** village). Il règne en maitre absolu ; cependant son autorité dans les questions d'intérêt général est subordonnée aux conseils donnés par les chefs de case, les griots, les forgerons. Les avis de ces gens-là, prévalent parce qu'ils sont rusés, fins et bavards.

Les villages sont groupés en un certain nombre sous l'autorité d'un chef de provinces. Enfin plusieurs provinces réunies forment le Ouassoulou dont le chef suprême, le Ouassouloudiomandi résidait autrefois dans le fameux camp retranché de Niako.

La société se trouve composée de gens libres, de forgerons, de griots, de tisserands (**grankè**), de somono, de dioulas puis viennent les captifs ordinaires et les captifs de case.

*
* *

Les différentes industries auxquelles se livrent les ouassoulonka sont encore rudimentaires. Les forgerons sont des gens fort habiles cependant si on tient compte des moyens mis à leur disposition.

C'est surtout le fer qu'ils travaillent et avant de l'utiliser ils sont
obligés de le fabriquer. A l'époque actuelle ils ont laissé cette
fabrication de côté à cause du fer que nous avons introduit dans
nos escales et sur nos marchés mais nous devons quand même
donner la description de leurs hauts-fourneaux. A proximité des
villages et aussi en pleine brousse où des minerais de fer particulièrement riches peuvent exister ils installent un ou plusieurs hauts-
fourneaux. Ces fours sont construits dans de vastes trous ou de
larges fossés creusés dans la terre pour être plus accessibles par
le haut. Ils représentent des cylindres ou plutôt des cônes tronqués
maçonnés avec de l'argile, dont l'extrémité supérieure reste étroitement ouverte en forme de tuyau de cheminée. A la base il existe
une large ouverture qu'on peut ouvrir à la fin des opérations
puisqu'elle n'est obstruée que par un gros bouchon d'argile. Au fond
de ce fourneau il y a une surface concave, lisse, destinée à recevoir
le fer produit. Enfin, de place en place, et particulièrement au-dessus du tiers inférieur du haut-fourneau, on dispose des tuyères en
argile mélangée de paille. Les minerais utilisés sont des pyrites
à richesse variable et très répandues dans le pays ; le charbon de
bois seul est employé pour leur réduction. Ces hauts-fourneaux ne
peuvent pas fonctionner indéfiniment et on les laisse refroidir pour
recueillir le fer tombé dans la partie déclive.

Les forgerons s'installent souvent en dehors des villages sous
des abris fabriqués à la hâte ou bien dans des boulo, ces sortes
de grandes cases à plusieurs portes permettant l'accès dans les
cours et les habitations. Ils se servent de soufflets que nous avons
décrits ; leur enclume est petite, plantée dans un morceau de bois
légèrement enterré dans le sol. Ils travaillent rarement de gros
blocs de fer et, dans ce cas, le marteau du frappeur de devant est
représenté par un solide bloc de granit qu'il manie des deux mains
en le tenant enserré dans de forts liens de cordes. Les forgerons
fabriquent des haches pour couper et fendre le bois, des hoyaux
(daba) pour travailler la terre, des lames de sabres, des couteaux ;
ils réparent les fusils et fabriquent des bijoux. Le travail du bois
leur est aussi réservé et ils font des mortiers et des pilons en bois
pour piler et préparer les aliments, des écuelles, des chaises, des
chaussures, etc., en bois. Ils sont en outre médecins, rebouteurs
et composent des panacées pour guérir bien des maux : eux seuls

pratiquent l'opération de la circoncision. Auprès des chefs puissants ils ne forgent plus et jouent le rôle de conseillers fort influents avec les griots dont nous parlerons tout à l'heure.

Les femmes des forgerons ne restent pas non plus inactives ; elles font les poteries utilisées, telles que les canaris, les marmites et les pots. Elles font également de la médecine, pratiquent l'excision chez les femmes et les accouchements : elles indiquent les remèdes secrets, livrent les potions abortives ; bien que peu tenues en estime par la population elles jouissent comme leurs maris d'une autorité considérable.   .

Les cordonniers ou **grankê** sont presque aussi industrieux que les forgerons. Ils savent tanner le cuir en se servant de l'écorce de certains arbres riches en acide tannique ; ils utilisent cependant de préférence les cuirs que les dioulas leur apportent de Tombouctou ou de toutes les autres régions nord pourvu que ces cuirs aient une provenance arabe ou maure. Ils sont bariolés. couverts de dessins et de teintes très vives et se prêtent mieux à la confection des étuis de sabres, des sacoches, des enveloppes des gris-gris et des talismans. Les sandales ordinaires sont découpées dans des peaux simplement séchées au soleil.

Les tisserands (**gouessêdala**) ne sont pas d'une bien grande habileté. Ils ne fabriquent que des bandes de coton d'une largeur de dix centimètres au plus et qu'il faut coudre les unes aux autres pour former des pièces. Ces étoffes sont grossières, teintes en marron ou en bleu par l'indigo.

Les ouassoulonka n'ignorent pas l'agriculture et, à cette époque où leur population était très dense, avant la conquête par Samory, elle était même très en honneur si on en juge par les vastes étendues de terrains cultivés. Au moment des premières pluies, les travailleurs débroussaillent le sol quand il est vierge ou qu'il n'a pas été cultivé depuis de longues années. Les arbres, s'il en existe, sont coupés à un mètre environ au-dessus du sol car le bûcheron n'aime pas à se baisser. Dans d'autres cas, on amasse aux pieds des grands arbres des feuilles, des branchages et on y met le feu ; tous les pieds des arbres se consument et ils meurent ; on ne se donne pas la peine de les abattre. Quand le sol est nettoyé on sème le mil en se servant d'un petit instrument en fer. à manche court. le **daba**. Pour le manioc on fait des amas de terre, des petites buttes dans lesquelles on plante à la main un bâton de manioc ; cette bouture réussit toujours très bien. Dans des buttes analogues on plante diverses espèces d'ignames dont la plus connue est le taro, le **Koû** des ouassoulonka. Les patates se plantent aussi sur des buttes. dans les terrains très humides. par boutures également. Les arachides se cultivent comme le mil. Sur les bords des rivières, là où elles débordent ou bien là où il se forme des marais on sème du riz. Les calebasses sont semées autour des villages et les calebasses à longue queue autour des habitations dont elles envahissent les toits Dans certains villages on trouve des orangers. des citronniers, des palmiers dattiers. des ananas. des bananiers. des manguiers, e.c.

Les terrains du Ouassoulou sont fertiles à cause de leur composition chimique, argilo-siliceuse, de leur richessse en humus. de leur plus complète irrigation et de la plus grande abondance des pluies sous un climat très chaud.

Le Karitié (**siétoulou**), la graisse du tama (**tamatoulou**), l'huile de palme (**toulououlé**), le caoutchouc (**goïdien**) sont les principaux produits exploités par les ouassoulonka sans toutefois qu'ils en fassent la culture : c'est la simple exploitation d'essences venant à l'état naturel Il y aura là plus tard une source certaine de grandes richesses pour ceux qui sauront la mettre en activité.

Le tabac est cultivé autour des villages dans de petits jardins à côté d'une sorte d'oignon (**diaba**), d'une sorte de tomate (**diarhato**), etc.

Nous devons parler du bétail immédiatement après les questions agricoles. Nous serons bref puisque nous avons fait ailleurs une étude spéciale sur la faune domestique du Soudan. Le cheval est un animal de grand luxe qu'on ne peut se procurer qu'à des prix élevés ; aussi il n'y a que les chefs de villages. les personnages riches et influents qui en possèdent. Il ne sert qu'à titre de monture: il résiste peu dans la région qui est trop humide et il succombe infailliblement aux coups du paludisme.

Les bœufs sont de petite taille et peu répandus. Les vaches fournissent plus de lait que celles des régions nord et cela se comprend quand on sait qu'elles ont constamment de l'herbe fraiche aux pâturages.

Le vrai mouton du Ouassoulou, le plus répandu est un animal remarquable digne du plus grand intérêt. On ne le retrouve nulle part décrit d'une façon nette et précise même dans les traités de zootechnie de l'enseignement ; il ressemble un peu au mouton désigné au Jardin des Plantes sous le nom de mouton du Dahomey.

Il y a, de prime abord, une différence à établir entre le mâle et la femelle de cette race. Le premier a une grande ressemblance avec le **Kémathar (Hemitragus jemlaïcus)** et c'est pour cela que nous qualifions la race d'**ovis aries kema.**

Le mâle est de taille moyenne. comme la femelle ; il atteint de soixante à soixante-dix centimètres de hauteur. Il est court ; sa tête est petite, busquée au niveau des frontaux et des sus-naseaux ; les lèvres sont fines et minces. Les chevilles osseuses existent presque toujours ; elles supportent des cornes à base triangulaire, se dirigeant d'abord nettement en arrière puis d'arrière en avant et de dedans en dehors ; leur pointe est dirigée en dehors et très légèrement en avant. La robe est généralement pie et c'est à peine si on trouve quelques rares exceptions. Les poils sont ras par tout le corps ; il faut laisser de côté l'encolure, le garrot et le poitrail qui sont pourvus de poils longs et abondants donnant à l'animal une ressemblance frappante avec le **Kéma thar** ou **thar, tahir, iraharal.**

Chez les femelles, la taille est identique et la robe n'est pas différente ; le poil est court par tout le corps ; il n'y a pas de chevilles à la tète qui est plus fine.

Cette race de moutons est la seule qu'on trouve dans les régions sud. Elle y est élevée avec beaucoup de soins. Les animaux vivent au foyer· domestique, dans le village : la nuit, ils sont rentrés dans des cases rondes du pays qui les abritent contre les intempéries. Ils sont toujours en excellent état d'embonpoint ; leur chair rappelle de très près celle de nos animaux d'Europe.

Les chiens sont petits, à poils ras ; ils sont noirs ou pie-noir, quelques-uns sont pie-roux ; leur queue est enroulée en cor de chasse ; c'est l'animal que nous avons désigné dans un travail spécial sous le nom de **canis anthus** var : **kissii**. Il existe aussi d'autres chiens plus grands. à poils ras, roux et grossiers, rappelant vaguement le dhib des arabes. Les uns et les autres sont peu intelligents et noctambules.

La chèvre naine est assez répandue ; c'est l'**Hircus rever-sus** des auteurs. Elle mérite bien ce nom à cause de sa faible hauteur ; elle atteint quarante à quarante-cinq centimètres. Le corps est court, ramassé, les jambes courtes mais à articulations solides. La tête. petite, est large à la base : elle a des chevilles osseuses qui soutiennent des cornes très solides, grotesques sur un aussi minuscule animal. Les robes sont variées mais foncées le plus souvent. Les poils sont ras ; sur le garrot, la ligne du dos et quelquefois aux fesses, ils sont beaucoup plus longs. Cet animal est très rustique et demande peu de soins ; il donne une assez grande quantité de lait.

Le commerce des ouassoulonka n'est pas très étendu actuellement à cause de la dépopulation de leur pays mais autrefois il était très prospère. Chaque village avait son marché sur la place publique où les femmes, les dioulas mettaient leurs marchandises en vente. Sur ces marchés on trouvait de tout, du lait, du beurre de vache, du beurre de Karité, des noix de kola, du riz, des arachides, des étoffes, des sabres des fusils, du sel et mille autres choses encore. Certains marchés avaient une plus grande réputation et on y venait de très loin tels ceux de Niako et de Linsoro.

La caurie (**kôrô**), utilisée comme pièce de monnaie chez les bamana n'avait pas cours dans le Ouassoulou. On utilisait de préférence une baguette en fer forgé portant le nom de **goinsin** et que nous retrouverons tout à l'heure chez les mali'nka. En dehors de cela nous ne voyons aucune valeur monétaire, tout était échangé et, dans bien des cas, c'était le captif, l'esclave qui jouait le rôle monétaire ; on achetait un cheval contre cinq, dix ou quinze captifs.

Les ouassoulonka ne sont pas chasseurs d'une façon générale,
mais chaque village possède quelques-uns de ces coureurs de
brousse qui s'absentent des semaines entières à la poursuite du
gros gibier. Ils chassent l'éléphant principalement pour en vendre
l'ivoire aux dioulas ou aux traitants de la côte. Ils vendent la
viande sur les marchés des villages. Le gibier est abondant dans
ces régions sud : on trouve, en dehors de l'éléphant, de nombreux
hippopotames dans les grands cours d'eau, des troupeaux de capricornes, des buffles, des élans, des antilopes variées.

Sur les bords des cours d'eau importants, il y a dans les villages
des somono fort habiles à prendre le poisson qui est desséché pour
être vendu sur les marchés. Dans de vastes mares, à la saison des
basses eaux, on fait des pêches générales durant plusieurs jours.
Tous les gens des villages assistent à ces pêches ; les uns frappent
dans l'eau à coups de bâton et crient pour faire fuir les caïmans ;
les autres prennent le poisson soit à la main, soit dans des filets, soit
encore dans des sortes de nasses en bois tressé.

Presque tous les ouassoulonka savent nager. Ils n'utilisent les
pirogues que dans la saison des hautes eaux et pour franchir les
cours d'eau de quelque importance. Leurs pirogues sont faites d'un
seul morceau dans un tronc d'arbre ; elles sont plus spacieuses
mieux creusées que celles des touareg ou des peulhs, sur les
bords du Niger, à Tombouctou et cela ne tient uniquement qu'à
ce que le Ouassoulou est boisé et possède des arbres géants.

Les armes du ouassoulonka sont tout d'abord un fusil à pierre
acheté sur la côte ou apporté par les dioulas. C'est un fusil long,
mal monté sur une crosse en bois blanc et payé à un prix exorbi-
tant. C'est la première arme que tout citoyen cherche à acquérir.
Il ne la porte jamais en bandouillère mais toujours sur l'épaule,
la crosse en arrière, posé à plat de façon à ce que la poudre du
bassinet ne puisse pas s'en aller. Quand il pleut il l'enveloppe dans
un long étui en cuir.

Après le fusil il faut placer le sabre qui est court, légèrement
courbe, enfermé dans un étui en cuir ouvragé ; il se porte suspendu à l'épaule droite.

(Figure 25)

CONVOI D'ESCLAVES PROVENANT DU OUASSOULOU

(Photographie de l'Auteur)

(Reproduction interdite)

La lance n'est plus aujourd'hui pour le ouassoulonka, une arme de défense, c'est plutôt une arme de parade ou un insigne de commandement.

Les haches, les poignards, les massues, les longues tiges de fer pointues ne servent guère que dans les danses et les tams-tams.

Des arcs puissants, a bandes en bambou, peuvent lancer des flèches légères à pointes de fer simples ou barbelées, avec beaucoup de précision. Dès le plus jeune âge les enfants s'exercent à lancer des flèches sur de petits oiseaux, des souris, des rats, des lézards, etc. ; aussi, ils deviennent d'une très grande habileté par la suite.

Les ouassoulonka ne sont pas guerriers. Cachés derrière leurs enceintes percées de trous circulaires où ils peuvent engager les canons de leurs fusils ils se sont crus invincibles. Samory les a décimés par la famine survenant a la suite de longs sièges ou bien par surprises ; nous avons dit plus haut comment il s'était emparé de Niako.

* *
*

Les ouassoulonka sont amis des fêtes et des danses et, du temps de leur splendeur, il ne se passait pas de soirées sans que les tams-tams ne se fissent entendre et que tout le peuple se précipitât à la danse. Aujourd'hui ils ne sont plus assez nombreux, sont trop ruinés pour penser aux plaisirs. Du reste quand nous aurons décrit les fêtes et les danses mali'nka on aura une idée de ce qu'étaient celles des ouassoulonka.

Aux funérailles des gens importants ou riches on tire des coups de fusil, les tams-tams résonnent, les femmes chantent des sortes de litanies plaintives en frappant dans leurs mains. Les **loutigui** font creuser leur tombe (**fouroumgoumbé**) dans leur habitation même ou bien dans la cour. Quand elle est remplie, on la

19

recouvre d'une épaisse couche de terre délayée et lissée à la main ; une pierre plantée dans ce mortier indique l'emplacement de la tête du défunt. Ces tombes sont très respectées et malheur à ceux qui par mégarde ont dormi dessus.

Les ouassoulonka sont déjà envahis par l'islamisme et quelques uns d'entre eux sont bien convaincus. Une bonne partie de la population, cependant, est restée fétichiste. Elle croit à un dieu, néanmoins, mais un dieu vague, indéfini, et a beaucoup plus de confiance dans les sorciers et l'invocation des esprits.

Les sorciers sont consultés dans un grand nombre de circonstances : ils fabriquent des gris-gris pour préserver des maux, pour empêcher d'être tué à la guerre, pour éloigner les djî, ces mauvais esprits qui s'emparent des personnes et les rendent folles. Il est un genre de sorcier, le **kégnêla**, qui, lui, consulte les esprits en sacrifiant des poulets ou des moutons. Il opère dans un endroit réservé, généralement un petit bosquet, une sorte de bois sacré, et personne ne peut s'approcher de lui sans risquer la mort ou tomber en possession d'un mauvais esprit.

A l'entrée et à la sortie des villages, sur les routes, il existe des endroits qu'on ne peut franchir sans y jeter un objet quelconque, une pierre, un chiffon, un branchage, une feuille, etc. ; agir autrement serait risquer de bien grands malheurs.

Les sorciers font des épreuves, consultent l'avenir. Pour sommer un individu de dire la vérité, ils lui donnent une noix de kola blanche à manger et qui le fait mourir s'il a menti.

Le ouassoulonka n'a pas une intelligence bien développée ni bien vive. Il est lymphatique quoique très résistant aux fatigues. Il aime à se reposer sur une natte à l'ombre et à s'entretenir avec des amis ; on cause quelquefois des nuits tout entières pour se dire les histoires les plus fantastiques du monde. On explique que telle femme est devenue folle parce qu'elle a vu le **kôma** ; que tel individu est mort pour s'être trop approché d'un **kégnêla**, etc. Les vieux surtout sont écoutés ; impassibles, parlant lentement et avec gestes, quelquefois avec de grands éclats de voix, ils causent, ils causent toujours. On raconte les hauts faits des aïeux, on parle de la bravoure des guerriers, on vante les talents de tel forgeron, on exhalte la popularité de tel griot, de tel danseur, on s'extasie devant l'habileté de tel chasseur qui a seulement tué un éléphant dans sa vie.

Le ouassoulonka est moins dissimulé que la plupart des nègres d'Afrique, il est moins voleur également. Aujourd'hui qu'il va pouvoir se repeupler grâce à notre généreuse influence nous pouvons espérer trouver en lui un auxiliaire et un homme acceptant notre civilisation avec moins de difficultés que les autres.

IV

KASSONKA OU KASSONKÈS, OU HRASSONKÈS

Les Kassonka ainsi que les designent les mali'nka sont connus sous le nom de Kassonkès par les Bamana ; eux-mêmes ils s'appellent hrassonkès car il n'y a que dans leur idiome que le k a la consonnance du ch allemand ou de la j espagnole. Dans tous les cas, leur nom signifie hommes, habitants du Kasso. Cette région, située entre le 14ᵉ et le 15ᵉ degré de latitude nord, sur les bords du Sénégal et aussi de ses deux affluents le Bakoy et le Bafin, comprend Kayes et Bafoulabé comme principaux centres.

Les Kassonka sont des métis de peulhs et de mali'nka ; ils ont conservé la langue mandingue sans lui faire subir des altérations trop profondes.

Leurs caractères ethniques peuvent se résumer de la façon suivante :

Capacité cranienne 1499
Indice céphalique.... 73,71
Indice de hauteur largeur 97,5
Indice de hauteur lorgueur 72,1

Diamètre frontal minimum	90,9
Id. stéphanique	109,5
Indice frontal minimum = 100	120,4
Indice stéphanique	83,0
Indice facial	53,9
Indice de prognathisme	69,4
Indice orbitaire	86,2
Indice nasal	50,7
Indice palatin	70,1
Angle de Camper	69°
Angle sphénoïdal	139°7
Angle occipital de Daubenton	+ 7°2
Angle basilaire	18°4
Angle orbito-occipital	− 7°9
Angle mandibulaire	119°5
Angle symphisien	81°

Les trois courbures de la colonne vertébrale sont mieux dessinées que chez les races réellement nigritiques.

L'indice thoracique, c'est-à-dire le rapport centésimal du diamètre transverse au diamètre antéro-postérieur atteint le chiffre de 81,9.

Le bassin est remarquable par l'exiguité du pelvis dans le sens transversal et l'exagération des diamètres antéro-postérieur et vertical qui atteignent, le premier 105 millimètres, le second 223 millimètres. Chez les femmes l'excavation est rétrécie et bien peu profonde. Les ilions sont peu élevés de sorte que les fessiers ne peuvent pas être développés et que tous les Kassonka semblent ne pas avoir de fesses.

L'indice scapulaire est de 70,4 et l'indice sous-épineux de 99,1

L'appareil musculaire est peu développé ainsi que tous les appareils splanchniques.

Le pénis est long comme chez le toucouleur et le ouassoulonka. Les organes génitaux se ressemblent assez pour que tout ce que nous avons déjà dit à ce sujet puisse devenir une description générale.

Les hommes et les femmes sont de grande taille ; les premiers ont une moyenne de 1 mètre 701 millimètres et les secondes une moyenne de 1 mètre 655 millimètres.

Le rapport de la taille ramené = 100 à la grande envergure est de 101,2.

La plupart des voyageurs ont rapporté que les femmes Kassonka avaient une juste réputation de beauté ; nous rapportons le même fait ; ce sont les négresses qui sont les mieux faites et les plus distinguées.

Contrairement à tout ce qui a été écrit jusqu'à ce jour, les Kassonka sont du plus beau noir ; on n'en peut signaler qu'un nombre très restreint se rapprochant de la teinte des toucouleurs. Le système pileux est noir aussi, peu abondant, de petite longueur et d'un fort diamètre. L'insertion des cheveux est circulaire en général ; ils sont laineux. Les cas de calvitie totale ou partielle sont rares. La barbe, les poils du dessous des bras et de la région pubienne sont peu abondants et rasés dans la majorité des cas.

L'œil, bien qu'assez volumineux, paraît petit à cause du peu d'ouverture des paupières ; il est très fortement pigmenté.

Les arcades sourcilières sont assez fortes : le front est étroit, fuyant, peu élevé. La concavité de la racine du nez est bien prononcée ; il est à profil rectiligne, légèrement relevé à la pointe, court, peu saillant, beaucoup moins que chez les nègres vrais.

L'oreille est petite ; sa bordure est très fine, ouverte. Les lèvres sont moins épaisses que chez les peuples que nous venons d'examiner ; elles sont restées presque comme celles des peulhs.

Le menton est petit, fuyant. Le visage est ovale et allongé ; les sourcils sont peu abondants, rectilignes ; les paupières courtes et peu ouvertes. La bouche est à ouverture rectiligne et petite. Le cou est long et mince ; les épaules sont horizontales.

Les femmes ont la peau d'une finesse remarquable ; elles ont le tronc très allongé et la taille très fine : elles se tiennent très droit malgré leur grande taille ; toutes leurs articulations sont fines, distinguées, comme chez la femme peulhe.

On ne peut guère dans ce petit peuple, avoir des renseignements sur la longévité de leur vie ; comme chez les ouassoulonka nous pensons que les centenaires sont nombreux. La natalité est considérable mais elle est fortement contre-balancée par la mortalité due aux épidémies, à la variole principalement. Dans sa *Description nouvelle de la côte de Guinée*, Bosman dit : « Les nègres possèdent en général une bonne santé mais ils deviennent rarement vieux, de quoi je ne saurais donner de raisons. On voit dans ce pays-ci quantité de grisons et qui paraissent même vieux, mais qui cependant ne le sont pas. » Mungo Park nous fournit des renseignements analogues, mais son opinion nous parait fausse aussi. Durant la période de onze années que nous avons passées au centre de l'Afrique, il nous a été permis de reconstituer approximativement l'âge de beaucoup de vieillards et nous avons acquis la certitude qu'au contraire ils ne grisonnaient que fort tard, que les rides étaient lentes à apparaitre et qu'ils devenaient fort vieux.

Comme chez tous les nègres, parmi les Kassonka l'insensibilité physique est poussée fort loin ; ce sont des « gens sans nerfs » a dit Sanderval avec une grande justesse d'observation. Toutefois il ne faut pas dire comme lui, qu'ils sont insensibles au froid. En hiver quand la température des nuits s'abaisse à $+8°$ centigrades et quelquefois à $+4°$ ainsi que nous l'avons observé plusieurs fois ils sont littéralement engourdis par le froid et c'est à peine s'ils osent remuer autour des feux. Dans les opérations chirurgicales, cette insensibilité est réellement extraordinaire. Il nous est arrivé un jour de trouver, dans un accident de chemin de fer, un nègre qui avait un membre coupé dix centimètres au-dessous du genoux gauche ; l'autre membre était également sectionné au-desus des malléoles, mais le pied incomplètement détaché adhérait encore par quelques lambeaux de chair ; nous achevâmes la section et, durant l'opération, l'individu aidait à soutenir le membre de ses propres mains. Combien de fois avons-nous extrait des projectiles à la suite de combats sans avoir recours à la chloroformisation ; au combat de Kalé nous avons ainsi extrait trente-trois balles sans aucun aide (on ne nous en fut jamais bien reconnaissant d'ailleurs).

(Figure 25 *bis*)

TYPE DE FEMME KASSONKA

La variole fait de grands ravages chez les kassonka ; c'est elle qui tue le plus de monde car, autrement, ces gens là sont rarement malades. Les vers de Guinée ou filaires de Médine (filaria medinensis) pullulent à la saison des pluies mais ne sont pas la cause d'une mortalité notable.

Les cas d'albinisme total sont moins fréquents que chez les ouassoulonka ; par contre l'albinisme partiel est très répandu, particulièrement aux membres et au cou. Cette absence de pigmentation sur certains points de la peau est d'autant plus visible qu'elle se présente chez les nègres ; elle les rend parfois grotesques et ridicules.

Les métis de kassonka et d'européens sont déjà assez nombreux ; nous en avons observé beaucoup d'exemples à Kayes surtout puis à Bafoulabé ; la plupart étaient rustiques, quelques-uns rachitiques ou mal constitués.

Le vêtement du kassonka se compose d'une sorte de pantalon serré à la ceinture et descendant un peu au-dessous du genou ; il est fabriqué en étoffe de coton du pays et presque toujours teint en marron ou en jaune : ce sont les teintes les plus communément utilisées. Par suite de notre pénétration déjà éloignée chez eux ce pantalon (**kourto**) qui est encore pour ainsi dire le pantalon national tend à disparaître pour faire place à un pantalon de même forme mais confectionné avec les diverses cotonnades ou toiles que nous avons introduites petit à petit dans le pays. Un pantalon est usé presque toujours sans avoir été lavé une seule fois et c'est dire assez combien le kassonka est sale. Il porte un boubou, comme celui que nous avons déjà décrit, mais en général plus ample. Sur la tête il pose une petite calotte blanche qui ne couvre d'ailleurs qu'une partie de la nuque. Il porte quelquefois un chapeau de paille tressée. Il fixe aussi autour de la ceinture la ficelle préservatrice de tous les maux, la ficelle porte-bonheur que nous avons signalée tant de fois. Il utilise, pour la marche, des sandales en cuir en tout semblables à celles que nous avons décrites. Dans la saison des pluies, il chausse une sandale spéciale en ce sens que la semelle est représentée par un morceau de bois surélevé du sol en avant et en talon ; elle permet de ne pas patauger dans la boue. Il ne porte pas de parure d'une façon générale et si on lui voit quelquefois des anneaux d'or aux oreilles c'est bien plus pour qu'ils ne lui soient pas volés que comme parure. Il porte de nombreux gris-gris ayant chacun leurs propriétés déterminées. Il se rase les cheveux, la barbe et tous les poils des autres régions ; quelques-uns, peu nombreux, se font tresser les cheveux.

Les enfants en bas âge sont gardés nus ; c'est tout au plus si on leur donne un tout petit boubou (diourko).

Les femmes portent un ou plusieurs pagnes (phanou) et un boubou long et large. Leur coiffure est un véritable travail d'architecture. Elle est caractérisée par un énorme cimier allant d'avant en arrière de la nuque. Pour lui donner des dimensions aussi grandes on tresse les cheveux sur une sorte de bloc de chiffons ou de cheveux arrachés, enveloppés dans une toile. Le cimier se prolonge par une longue natte qu'on fait passer dans des anneaux d'or ou d'argent ou sur laquelle on fixe des boules d'ambre. Sur les côtés, les cheveux sont finement tressés en petites nattes descendant verticalement ; on y fixe des perles, des bijoux, des boules d'ambre, etc. Elles se posent sur le front un collier de perles variées en couleurs, faisant tout le tour de la tête. A défaut de colliers, elles fixent un morceau d'étoffe. Quand cette étoffe est blanche cela veut dire qu'il s'agit d'une femme qui vient de perdre son mari et qui est à marier ; dans d'autres cas, au contaire, cela signifie qu'elle vient de se marier. Elles prennent beaucoup de soins de leurs coiffures ; elles les enduisent de beurre de karité qui rançit et leur communique une odeur repoussante. Au cou, elles fixent des colliers de perles ou bien un mince fil de cuir supportant des boutons de chemises blancs, achetés chez nos commerçants ou bien un bijou en or. La bordure de leurs oreilles est percée d'une multitude de trous supportant des petits anneaux d'or et d'argent ; souvent, malgré les fils de cuir qu'on place pour soulager le poids à supporter par l'oreille, il arrive que la bordure se sectionne lentement et on est obligé de percer à nouveau et à côté.

Il est des femmes qui s'enveloppent la tête dans une sorte de foulard simplement noué, c'est le **misoro**, mais ce genre de coiffure a été importé par les ouoloffs que nous aurons occasion d'étudier plus loin.

Elles ont enfin des bracelets aux poignets, au-dessus de la cheville des pieds, puis des anneaux aux doigts et aux orteils. Elles aiment à se mirer dans de petites glaces que leur apportent nos commerçants. Comme tous les nègres de l'Afrique, elles entretiennent la blancheur et la qualité de leurs dents en les nettoyant, en se levant et avant chaque repas, avec de l'eau fraiche ; le reste du temps, dans la journée, tout en causant ou tout en travaillant, elles passent dessus un petit morceau de bois vert écrasé à une de ses extrémités et qui porte le nom de **gouéssê**. Elles se teignent les ongles et la paume des mains à l'aide du henné (**diabé**). Les lèvres et les gencives, après des piqûres légères mais très répétées, prennent une teinte bleuâtre indélébile. Elles se colorent les sourcils et les bords des paupières à l'aide d'une sorte de pommade composée de beurre de karité et de poudre d'antimoine (**kalê**). Dans les marches, elles chaussent des sandales semblables à celles des hommes mais dans les villages, aux jours de fêtes surtout, elles se montrent avec des pantoufles jaunes à semelles très épaisses et teintes en bleu, comme les femmes toucouleures.

Les incisions sur le visage sont moins répandues que dans les autres races ; toutefois on porte trois petites lignes verticales au milieu du front.

La circoncision est mise en pratique chez les kassonka qui, plus paresseux, plus amis des plaisirs que les autres nègres, donnent à cette occasion des fêtes nombreuses et bruyantes. Les jeunes gens qui doivent être circoncis dans le courant de l'année portent autour de la tête une sorte de large anneau en cuir ouvragé qui ressemble à un bord de chapeau détaché. Peu de temps avant l'opération, les réunions des après-midi et du soir commencent ; les tams-tams se font entendre, on danse, on chante, on vante ceux qui bientôt auront le titre et le droit d'être hommes. L'opération s'exécute comme ailleurs au milieu du bruit, des chants et des coups de fusils. Les mutilés revêtent encore un costume particulier et restent dans la brousse durant un mois environ, temps qui est nécessaire pour la complète cicatrisation. C'est surtout durant l'hiver qu'on pratique la circoncision à cause de l'abaissement assez considérable de la température et par conséquent du moins grand nombre d'accidents septiques.

L'excision, chez la femme, ne mérite aucune description complémentaire.

Les kassonka vivent, depuis longtemps, dans des villages ouverts. Leurs habitations sont d'un type particulier et il n'y a que chez eux qu'on en trouve de semblables ; nous pensons qu'elles ont été imaginées pour se préserver des termites très abondants dans toute la région qu'ils habitent. Sur un cercle tracé sur le sol on dispose de place en place des gros cailloux ; on peut en mettre plusieurs l'un sur l'autre de façon à avoir une série de petits pilotis élevés de 0^{m}50 à 0^{m}80 centimètres au-dessus du sol. Sur ces pilotis on dispose de gros et solides bâtons, puis des branchages, des feuilles ou de la paille et, avec de la terre délayée, mélangée à de la paille hachée, on jette un plancher qu'on lisse à la main et qu'on laisse ensuite sécher au soleil. Sur ce plancher enfin on construit un mur circulaire très mince, en ménageant une porte d'entrée ; on n'en construit que dix à quinze centimètres par jour puis on laisse sécher et ainsi de suite ; on recouvre en dernier lieu d'un toit de paille.

C'est en somme une case ordinaire sur pilotis. De cette manière elle n'est jamais envahie par le termite, un insecte redoutable dont nous parlons longuement dans notre livre sur « La Faune générale du Soudan ». Cet animal, de la grosseur d'une bonne fourmi, ne travaille exclusivement que dans la terre, à l'abri absolu de la lumière. Il est terrible ; il creuse des galeries dans les murs des habitations et en diminue ainsi la solidité ; il atteint le toit et ronge le bois et la paille avec une rapidité incroyable. Pour s'attaquer au bois, à la paille, etc., il recouvre le tout de terre et ronge ensuite tout à son aise à l'abri de la lumière. Il ne s'attaque ni aux pierres ni au fer et c'est en se servant de cailloux ou de tringles de fer qu'on isole du sol les malles, les caisses, tous les

objets enfin qu'on veut préserver des termites. Ils existent en grand
nombre partout et on n'a pas trouvé aujourd'hui encore des moyens
efficaces pour leur destruction. Les murs des habitations soignées
sont badigeonnés tantôt d'un mélange très clair de terres ferrugi-
neuses qui leur donne une teinte rougeâtre, tantôt de cendres
mélangées à la bouse de vache, quelquefois d'argiles smectiques
blanches. On y trouve des dessins grossiers représentant le plus
souvent des crocodiles dont les écailles sont imitées par des cosses
d'arachides, ou bien des seins de femmes, ou bien enfin des petites
calebasses, des mains, etc. Les gouébougou ou cuisines sont moins
soignées et ne sont pas sur pilotis. Les greniers à mil dont les
parois sont faites de nattes de grosse paille tressée sont surélevés au-
dessus du sol, sur quatre pilotis, et recouverts d'un petit toit rond.

Le mobilier des kassonka n'est pas plus compliqué que celui des
autres races nigritiques. On y trouve toujours le même grabat, la
même caisse à vêtements, les mêmes calebasses, les mêmes marmites, etc. Toutefois, en contact depuis longtemps déjà avec nous,
nos marmites en fonte ont pris une grande renommée parmi eux,
ainsi que nos casseroles et nos grands plats en fer émaillé.

Les kassonka vivent surtout de kousskouss et de riz. A vrai
dire cette dernière denrée ne peut pas être beaucoup cultivée par
eux à cause de l'absence presque complète des grands marais mais
nos commerçants en font une grande importation. Le mil, le maïs
et les arachides sont les seules céréales venant en abondance
durant la saison des pluies. Ils consomment aussi beaucoup de
lait caillé, les vaches étant assez nombreuses dans leur région. Le
beurre de vache est bien répandu mais le beurre de karité et
l'huile d'arachides n'en sont pas moins l'objet d'une consommation
importante. Ils aiment les sardines qu'on leur vend dans des
petites boîtes, à des prix élevés et bien qu'elles soient de qualité
inférieure. Dans les grands centres tels que Kayes, Médine, Bafoulabé, on trouve sur le marché des sortes de bouchers qui vendent
à l'étal. Au marché, le boucher, se servant alternativement de la
hache ou du couteau, découpe la viande en une série incalculable
de morceaux et fait un grand nombre de petits tas très bizarrement
composés. On y trouve de tout, un peu de viande, de foie, de rate,
de graisse, de poumon, d'intestin, etc. Les nègres n'aiment pas

acheter comme nous un morceau de filet ou autre, ou un simple pot au feu. Toute leur viande est rôtie ou sautée dans des marmites en fonte de notre importation, pour être ensuite ajoutée, avec des sauces pimentées, au kousskouss ou au riz. Quand le boucher n'est pas sûr de se débarrasser de toute sa provision de viande, il la découpe en longues lanières pour la faire boucaner soit au soleil, soit le plus souvent au-dessus d'un petit brasier enfumé. Dans les centres que nous venons d'indiquer on consomme une quantité prodigieuse de poissons frais et de poissons desséchés. Il y a beaucoup de pêcheurs au filet sur le Sénégal et ils sont fort habiles ; ils sont d'une précieuse ressource pour les européens.

Les kassonka se livrent assez volontiers à consommer des liqueurs fermentées et alcooliques. Ils ne fabriquent pas cependant le **dolo** ou le **bandji**, comme les mali'nka ; ils préfèrent notre vin et les différents mauvais alcools introduits par nos commerçants ; d'autres ont une passion désordonnée, mais moins dangereuse, pour la limonade sucrée.

Le sort de la femme kassonka est loin d'être aussi dur que celui de ses congénères des autres races. Bien entendu elle reste placée sous l'autorité de son mari ; elle ne prend pas ses repas avec lui, mais elle jouit en toutes choses de la plus grande liberté ; elle en use du reste aussi largement que possible. Le mariage, chez eux, est encore un achat pur et simple de l'épousée par l'épouseur lui-même. Les prix sont d'autant plus élevés qu'il s'agit d'une femme de plus ou moins haute lignée ; ils sont payés en monnaie française quelquefois mais le plus souvent en esclaves, en bestiaux, en or ou en étoffes. La femme est légère chez ce petit peuple, et ne pense uniquement qu'à ses vêtements et à sa parure ; elle se livre avec facilité chaque fois qu'elle espère tirer un bon prix et ne se croit nullement déshonorée pour cela ; il en est bien peu qui résistent à la vue des pièces de cinq francs (**doromé**) ou d'un peu d'or. Le mariage se célèbre avec d'autant plus de solennités qu'il s'agit de personnages plus riches ou plus influents.

Les enfants, dans le bas âge, sont portés sur les reins de leurs mères : ils n'ont pas alors de vêtements. L'allaitement dure longtemps et il n'est pas rare de voir des enfants de plus de trois ans aux seins de leurs mères. Ils sont livrés à eux-mêmes et vagabondent ; ils ne reçoivent aucune éducation spéciale, à part quelques rares fils de chefs à qui on enseigne la religion et l'écriture arabe.

La famille y est caractérisée aussi par la suprématie, par l'autorité du chef mais son influence est loin d'être aussi importante que dans les autres races et parfois cette famille n'est que le plus beau type de l'anarchie. Notre influence, notre administration directe des kassonka sont venues jeter un grand trouble dans cette organisation sociale déjà si peu solide. Les administrateurs ont à juger les choses les plus invraisemblables qu'on puisse imaginer ; on voit une femme venir réclamer contre son mari parce qu'il n'a pas de rapports suffisants avec elle ; on trouve un mari tout déconfit qui vient se plaindre de sa femme : un autre réclame un de ses esclaves qui a abandonné son toit. Voilà le triste rôle de nos administrateurs, rôle sur lequel nous ne voulons pas insister.

L'esclavage a existé de tous temps chez les kassonka mais on ne trouve plus que peu d'esclaves entre leurs mains actuellement à cause de l'interdiction que nous avons faite de ce genre de commerce et de l'établissement de villages dits **villages de liberté** (**ouroyadougou**). Un esclave qui a pu fuir durant trois mois l'habitation de son maître sans avoir été réclamé est déclaré libre, affranchi (**ouroya**) et envoyé dans un de ces villages ; les esclaves trop maltraités sont également libérés de droit, etc. Malgré toutes ces mesures le nombre des esclaves est encore énorme : ils ne sont pas malheureux d'ailleurs d'une façon générale.

L'état politique des kassonka n'a pas à être envisagé aujourd'hui. Autrefois il était établi à la façon des peuplades mali'nka. Actuellement ils sont sous notre autorité directe et on n'a conservé chez eux que les titres de chefs de villages. Ils ont été maintenus comme gens responsables de l'exécution de nos ordres, de sorte que c'est une situation loin d'être agréable. Quand les impôts n'ont pas été payés c'est le chef du village qui subit la contrainte par corps : quand un ordre n'a pas été exécuté c'est encore lui qui paie ou fait la prison ; etc. etc.

Les kassonka sont aussi divisés en plusieurs castes qui sont les gens libres. les forgerons, les griots, les captifs de case, les

captifs simples et qui jouent le même rôle dans la société que les
mêmes castes chez les peuples que nous avons déjà étudiés. Particulièrement paresseux ils ne sont pas industrieux. Leurs cordonniers, leurs forgerons, leurs tisserands ne sont pas aussi habiles
qu'ailleurs. Du reste, à l'époque actuelle nos commerçants impor-
tent dans le Kasso presque tous les objets nécessaires aux indigènes, des étoffes, des parures, des objets de cuisine et même des
vivres. Les tisserands seuls ont conservé une certaine réputation
à cause des teintures qu'ils savent manipuler ; les teintes les plus
utilisées sont le marron et le jaune tirées de certaines essences
d'arbres du pays puis le bleu tiré de l'indigo. Nous faisons l'étude
de ces teintures dans un chapitre spécial.

Les kassonka, sans ignorer l'agriculture, ne peuvent pas être
qualifiés d'agriculteurs. Ils ne plantent que le mil, le maïs et un
peu de riz avec quelques variétés d'ignames et de manioc. Leurs
procédés ne diffèrent pas de ceux que nous avons indiqués pour
d'autres races. Ils ont conservé un peu les mœurs pastorales de
leurs ancêtres peulhs ; ils ont d'assez beaux troupeaux dont ils
consomment le laitage.

Les animaux domestiques tels que les bœufs, les chèvres et les
moutons ne sont pas l'objet de soins bien minutieux. Ils vivent au
grand air, sont conduits aux pâturages par quelques bergers et le
soir sont placés dans des parcs situés à proximité des villages et
construits à l'aide de pieux entrelacés d'épines. La nourriture n'est
ni riche ni abondante durant la saison sèche et les herbes flétries
qui sont la seule alimentation d'alors, ne permettent pas d'avoir
beaucoup de laitage.

Les chevaux sont peu répandus chez les kassonka où ils ne
font que des animaux de grand luxe ; la région se prêterait cependant assez facilement à leur élevage.

Actuellement le commerce des kassonka ne peut pas être défini
d'une façon bien spéciale parce qu'il subit une phase de transformation. Le pays est traversé par une ligne de chemin de fer
partant de Kayes et devant arriver jusqu'aux bords du Niger ; des
commerçants français se sont installés partout à la recherche des
produits du pays, des arachides, des gommes, du caoutchouc, de

l'or, etc, et paient en marchandises, rarement en argent. Aujourd'hui le kassonka travaille sur nos chantiers, dans nos ateliers, sert dans nos troupes ou cultive les arachides puis tout son argent gagné passe au jeu ou dans les mains des femmes qui se hâtent de le porter chez le traitant pour se payer un beau boubou aux couleurs éclatantes, des perles, des bijoux, etc.

On rencontre quelques chasseurs chez les kassonka. Ces individus vivent des produits de leur chasse et font des gros bénéfices avec les européens. Ils tuent surtout des pintades, des perdrix, des gazelles et des sangliers du pays (phacochères).

Les pêcheurs sont nombreux parmi les kassonka et, à l'aide de grands filets dont le modèle et le maniement leur ont été importés par les ouoloffs de St-Louis, ils prennent une quantité considérable de poissons. Le plus estimé de ces poissons par les européens est une sorte de carpe énorme à laquelle ils ont donné le nom vulgaire de **capitaine**. Nous en avons vu prendre à Bafoulabé un qui pesait 53 kilogrammes et un autre à Kayes pesant 47 kilogrammes. Aux basses eaux les pêcheurs nous vendent aussi une sorte d'écrevisse dont la chair est fort estimable.

Les pirogues des kassonka sont moins belles que celles des ouassoulonka ; elles sont étroites, souvent en plusieurs morceaux, prennent l'eau et sont d'un équilibre douteux. Pour franchir le Sénégal, il existe dans les grands centres de Kayes, Médine et de Bafoulabé des services réguliers établis par des indigènes ouoloffs principalement. Ils utilisent alors des barques à fond plat, du système européen, sur lesquelles on peut adapter une voile carrée ou rectangulaire qu'on lève quand le vent est favorable.

De tous temps les kassonka n'ont pas été guerriers ; ils manquent totalement de bravoure et, malgré tout, font de bons soldats entre nos mains. Ils ont toujours été battus par leurs adversaires avant notre occupation et d'ailleurs ils se sont soumis avec bonne grâce à tous les envahisseurs nouveaux. Si dans nos mains il sont bons soldats et même braves c'est qu'ils ont une confiance illimitée en nous et qu'ils sont persuadés totalement de notre invincibilité. Leurs armes ne sont point différentes de celles des autres nègres ; cependant beaucoup d'entre eux, notamment des chasseurs, sont pourvus de fusils Lefaucheux ou à percussion centrale.

Les kassonka pensent bien plus aux fêtes et aux plaisirs qu'au travail ou aux rigueurs de la guerre. Il n'est pour ainsi dire pas un seul jour, dans les villages, où on n'entende le bruit du tam-tam et le chant des femmes. Pour un rien, pour une bagatelle et surtout s'ils savent pouvoir en tirer profit, les griots apparaissent avec leurs instruments et leurs femmes chantent avec frénésie. On allume leur action en leur jetant quelques pièces de cinquante centimes et des noix de kola. Si on multiplie les cadeaux, la musique devient frénétique et furibonde, les chants ne sont plus que des cris, les danseurs suent à grosses gouttes et tombent quelquefois épuisés. Quand il ne fait pas de lune on entretient des feux de paille pour éclairer toute l'assistance. On trouve des kassonka qui n'ayant qu'une pièce de cinq francs la donnent à un griot (**dialikè**) qui le suivra tout une journée en chantant ses louanges et en pinçant un petit instrument à cordes. Les jours de fêtes les européens reçoivent la visite de tout ce monde de musiciens quémandeurs. Dans les danses, les femmes font des contorsions du corps, du cou. des hanches, esquissent des pas inédits, à la cadence des musiciens et, tantôt lentes et gracieuses dans leurs mouvements, tantôt rapides et désordonnées, elles ne se retirent qu'épuisées. Les hommes dansent avec le fusil et le sabre à la main en faisant toujours mine de se rendre à la rencontre d'un ennemi ou bien ils exécutent des pas et des contorsions indéfinissables.

Les funérailles sont, elles aussi, l'occasion de grandes fêtes, à moins qu'il ne s'agisse toutefois de captifs. d'étrangers ou de pestiférés. Les cadavres, couverts de leurs vêtements et rarement de leurs parures. sont enveloppés dans une pièce d'étoffe puis dans une natte qu'on serre au milieu, au niveau du cou et au niveau des chevilles, à la façon musulmane.

Les kassonka sont musulmans mais combien peu ; c'est plutôt chez eux un genre, une manière de se montrer au-dessus du niveau ordinaire qu'une véritable croyance. Ils ne deviennent fervents que quand l'âge arrive et que la barbe grisonne. Comme tous les nègres ils croient aux sorciers et aux esprits. Ils sont plus que tous les autres menteurs et voleurs. Notre civilisation ne semble qu'avoir fait accroître tous ces vices, ainsi que cela s'est produit chez les ouoloffs plus anciennement soumis aux influences européennes.

(Figure 26)

FEMME DIALOUKA

SOUS UN COSTUME DE FEMME TOUCOULEURE

V

DIALONKA

Il s'agit ici d'une race métisse, la dernière que nous ayons à envisager, mais d'une race plus métissée que les précédentes puisqu'elle tire son origine de l'association de toucouleurs et de mali'nka. Non seulement elle a des caractères spéciaux au point de vue de l'anthropologie mais elle a ce point particulier de n'avoir conservé la langue d'aucun de ses éléments formateurs, et d'avoir une langue métisse comme elle. Les dialonka habitent au sud du Bambouk vers le 12ᵉ degré de latitude nord et le 12ᵐᵉ et 13ᵐᵉ degré de longitude ouest : leur population n'est pas plus dense que n'est étendu le territoire qu'ils occupent, territoire surtout montagneux et peu fréquenté.

Leurs caractères ethniques sont les suivants :

Capacité cranienne	1490
Indice céphalique	72,53
Indice de hauteur largeur	97,2
Indice de hauteur longueur	70,9
Diamètre frontal minimum	90.3
Diamètre stéphanique	109,9
Indice frontal minimun = 100	120,5
Indice stéphanique	82,1
Indice facial	53.2
Indice du prognathisme	68,7
Indice orbitaire	85,1
Indice nasal	51,8
Indice palatin	71,9
Angle de Camper	69°
Angle sphénoïdal	138°7
Angle occipital de Daubenton	+7°5
Angle basilaire	17°9
Angle orbito-occipital	—8°1
Angle mandibulaire	120°3
Angle symphisien	80°

Les trois courbures de la colonne vertébrale sont moins prononcées que dans les races que nous venons d'examiner successivement.

L'indice thoracique correspond dans cette race seulement au chiffre de 80,3.

Le bassin est encore plus étroit, plus allongé, surtout chez l'homme, que nous ne l'avons signalé jusqu'alors, de sorte que les muscles de la région fessière sont aussi moins volumineux.

L'indice scapulaire atteint le chiffre de 71,1 et l'indice sous épineux celui de 100,1.

L'angle de torsion de l'humérus est de 143°7.

L'appareil musculaire, si on fait exception des fessiers est plus développé que chez la plupart des nègres. Ces gens là ont des mollets puissants, tandis qu'ailleurs ils sont à peine apparents. Les muscles du cou, des épaules et des bras sont aussi plus développés.

Nous ne parlerons pas de l'appareil de la génération ; chez l'homme et la femme il ne présente que les différents caractères que nous avons décrits jusqu'ici.

La peau est veloutée ; elle n'est pas d'une teinte noire très accentuée.

La conjonctive est injectée de sorte qu'elle présente une teinte jaunâtre fortement prononcée. Les globes oculaires sont grands et paraissent saillants à cause de cela. La sclérotique est pigmentée et jaune foncé par conséquent.

Les hommes sont de taille moyenne : le chiffre que nous avons trouvé comme terme moyen est de 1 m. 667 millimètres ; pour les femmes nous avons obtenu le chiffre de 1 m. 604 millimètres.

L'acuité de la vue est considérable chez les dialonka. Si on désigne par l'unité la vue normale, calculée suivant la méthode de Snellen, on trouve pour eux le chiffre 4 3/4. Ils sont très rarement myopes ; nous n'en avons d'ailleurs pas rencontré un seul cas.

Les dialonka sont exceptionnellement malades ; on trouve cependant chez eux plus de lépreux et de cas de goitres que dans les autres peuplades.

Les dialonka sont restés isolés dans les hautes montagnes de leur pays et ont pris une sorte de sauvagerie indéfinissable ; ils sont peu en relation avec leurs voisins qui sont soit des toucouleurs, soit des mali'nka. Leurs vêtements sont représentés par un pantalon fabriqué avec la grossière cotonnade du pays et teint en marron foncé ; par le boubou ou diourki des mali'nka fait de la même étoffe et teint de la même façon ; il est toujours extrêmement étroit. Sur la tête ils placent une sorte de grand bonnet, toujours en coton, teint en marron ; il ressemble un peu au bonnet de coton de nos campagnards mais en diffère en ce qu'il est en cône tronqué, qu'il a donc un fond et qu'il a des franges d'ornement sur les bords. Tous ces vêtements là sont repoussants de saleté et remplis de vermine. Ils ont tous une ficelle autour des reins. Ils n'ont pas de parures à proprement parler ; ils ont rarement des anneaux d'or aux oreilles mais le plus souvent des bagues en fer ou en laiton aux doigts et aux orteils.

Les femmes portent le pagne également teint en marron ou fabriqué avec des bandes de coton alternativement blanches et bleues. En temps ordinaire elles ne portent rien sur le haut du corps et, quand elles ont un boubou, il est généralement confectionné avec une toile légère, bleue, connue dans le commerce de toute la colonie sous le nom de pièce de Guinée. Leur coiffure est un peu spéciale : on la retrouve chez différentes tribus mali'nka. Elle se compose d'une sorte de double cimier non plus dirigé dans le sens antéro-postérieur de la tête mais sur la nuque seulement et dans le sens transversal. Le reste des cheveux est disposé en petites nattes descendant verticalement. La tête est ornée de coquillages, de perles, de boules d'ambre, d'anneaux d'or suivant la fortune de chacun. Elles ont des anneaux d'or ou d'argent aux oreilles, des bagues en métal simple ou précieux ou en cornaline, aux doigts et aux orteils, des bracelets aux poignets et au-dessus des chevilles.

La chaussure est rare dans l'intérieur des villages : on ne l'adopte que pour les courses, les grandes routes à parcourir et c'est alors une sandale du modèle de celle que nous avons plusieurs fois décrite.

Les incisions sur la peau ne sont pas rares. Généralement il en existe trois verticales sur le milieu du front, à peine longues d'un centimètre, puis trois plus grandes sur les côtés de la joue s'étendant du temporal au maxillaire inférieur. On en trouve autour du nombril, au pourtour des seins et au-dessus du poignet, sur la face dorsale.

La circoncision est mise en pratique, comme partout ailleurs : elle ne fait pas l'objet de tant de fêtes ni d'autant de réjouissances. On ne pratique pas l'excision chez la femme mais seulement une ou deux incisions parallèles ou en croix sur le clitoris qui par la suite est lobé et épanoui.

Hommes et femmes se graissent la peau, surtout avec la graisse de karité qu'on fabrique en grand dans le pays ; ils répandent alors une odeur forte, rance, tout à fait insupportable.

Les habitations des dialonka sont assez confortables ; elles ressemblent à celles des toucouleurs du Di'nguiraye et des mali'nka des environs de Banko. Elles ont ceci de particulier qu'elles présentent souvent deux portes d'entrée ; leurs murs sont élevés de 1m 50 au-dessus du sol, quelquefois de deux mètres. A l'extérieur du mur on élève une petite terrasse haute de 15 à 20 centimètres, large de 80 à 90 centimètres à peine et dont tout le pourtour se trouve garni de piquets fourchus hauts de 50 centimètres environ. C'est sur ces piquets que le toit prend son premier appui et ensuite sur le mur de la case ; le haut de ce toit est couvert de deux couches de paille au lieu d'une. De cette façon, les habitations sont plus résistantes ; les murs ne sont point battus et détériorés par la pluie ; enfin il y a une sorte de vérandah étroite où on peut s'étendre durant les heures chaudes du jour. Malgré cette amélioration dans le genre des constructions, les cases sont sales, mal entretenues et, la nuit, une sorte de pou, connu sous le nom de **samakoro**, logeant dans les fentes des murailles, vient vous envahir à la façon des punaises des appartements.

Le mobilier est également porté à sa plus grande simplicité ; ce sont des calebasses, des canaris, des marmites, des petits escabeaux en bois, etc.

La nourriture des dialonka diffère un peu de celle des autres nègres parce que la région qu'ils habitent ne fournit qu'une très

faible quantité de mil ; le maïs n'y vient pas non plus en grande
abondance. Ils récoltent une variété de riz appelé par eux riz de
montagne, qui a besoin de beaucoup moins d'eau que les autres,
à grains petits, profondément striés, et fortement acuminés. L'albumen de ses grains est légèrement rose. En dehors de cela, ils
cultivent beaucoup de tubercules tels que le manioc, le koù, les
patates (ousso), une variété de haricots appelés soço et d'autres
encore qu'on ne peut mentionner que dans une étude spéciale. Les
produits du bétail ne sont pas très abondants dans ces régions
montagneuses et arides. Ils consomment quelques volailles qui
sont représentées par une variété de poule commune à toute la
colonie ; c'est la race nègre, **Gallus morio** au sujet de laquelle
M. Jacque s'exprime ainsi :

« Extrêmement petits et légers, coq et poule ont la forme *exacte*
et peut être *exagérée* des cochinchines les mieux faits. Chaque
partie du corps se détache en un lobe distinct, et son plumage de
soie, extrêmement fin et blanc, accompagné d'une forte demie
huppe renversée un peu en arrière, forme le plus étrange contraste
avec ses joues, ses barbillons, sa crête frisée, d'un rouge sombre
presque noir, et son oreillon d'un bleu de ciel verdâtre et nacré.

« La couleur de sa peau qui est par tout le corps d'un bleu foncé
noirâtre, ne s'aperçoit qu'aux pattes, qui sont à cinq doigts, courtes
et bordées extérieurement par de petites plumes soyeuses.

« La couleur noire de la peau se retrouve dans le bec, dans le
gosier, dans l'anus et jusque dans les intestins et la chair n'est pas
très bonne à manger. Les sujets sont adultes à trois ou quatre
mois. Ces poules pondent et couvent l'hiver comme les cochinchines, et la race est originaire du même pays. » Les œufs des
poules sont rarement consommés ; s'ils le sont, c'est cuits sous
les cendres chaudes.

Les dialonka fabriquent le dolo, boisson fermentée obtenue avec
le mil et spécialement favorite à la race bamana ; ils boivent aussi
le **bandji** ou vin de palme.

Le sort de la femme dialonka n'est pas aussi pénible que celui
des femmes dans les races que nous avons examinées jusqu'à pré-
sent ; elle reste sous les ordres directs de son mari, ne mange pas

avec les hommes mais en résumé, elle reste libre de toutes ses actions et n'est pas du tout maltraitée. Avant son mariage elle jouit de la liberté la plus complète et si elle en abuse ça n'est certes pas avec les étrangers à son pays, nègres ou autres. La polygamie n'est mise en pratique que par les riches ou la classe élevée.

Les familles dialonka sont très unies les unes aux autres ; elles ne souffrent pas de mésalliances et n'admettent que difficilement l'introduction de l'étranger. Leurs villages sont assez rapprochés les uns des autres et sous l'autorité d'un chef de pays. Leur région est très montagneuse ; c'est chez elle que de nombreux cours d'eau prennent naissance, le Bafin, la Falémé par exemple ; aussi, elle est peu pratiquée par l'étranger, par les dioulas surtout. C'est à cause de cette sorte d'isolement que les dialonka ont un caractère de sauvagerie naturelle et que tout ce qui vient du dehors les jette dans le trouble. Il suffit qu'un européen entre dans un de leurs villages pour que la plupart des femmes, des jeunes filles et des enfants s'en aillent dans la brousse ; il ne reste plus que les vieillards et les impotents. Peu à peu ces gens-là reviennent s'ils constatent qu'on ne vient leur demander ni impôts ni corvées mais malgré tout ils restent méfiants, ne se livrent à aucune de leurs fêtes habituelles du soir, ni à aucune de leurs manifestations bruyantes.

Ils sont peu industrieux. Leurs cordonniers ne sont pas habiles et ne fabriquent guère que des sandales et des gris-gris : leurs forgerons ne font que des haches pour couper le bois ou des daba (sortes de hoyaux) pour la culture des champs. Les tisserands seuls sont plus renommés et tout simplement d'ailleurs parce qu'ils fabriquent les bandes de coton nécessaires à la confection des vêtements. Ces étoffes sont toujours grossières à cause de la mauvaise fabrication du fil de coton dont le diamètre est d'une régularité très douteuse. Les poteries dont la fabrication semble réservée aux femmes des forgerons, sont grossières aussi, irrégulières ; elles portent quelquefois des dessins bizarres, mais, dans tous les cas, elles manquent de fini pour suivre un terme adopté.

La culture n'est pas en grand honneur ; elle semble réservée aux esclaves. Du reste, on n'emploie ni charrues, ni bêches ; on se contente aux premières pluies, de jeter les graines dans de petits trous faits à l'aide du daba s'il s'agit de la culture du mil et du maïs. Le Koù, sorte d'igname réputée, se plante par fragments de tubercules pourvus chacun d'un œil. Pour les autres cultures nous ne voyons rien de particulier à signaler.

Les dialonka ne sont ni chasseurs ni pêcheurs ; ils sont encore moins commerçants. Les marches de leurs villages n'ont aucune importance ; on n'y voit que du beurre de Karité, quelques noix de kola, des bandes de coton tissé, des oignons du pays, des arachides et c'est à peu près tout.

Le dialonka est d'une nature trop sauvage et en même temps trop dolente et paresseuse pour qu'on puisse en tirer quelque chose : il est attaché à son village et ne veut pas en sortir à quelque titre que ce soit. Il n'est point guerrier et cependant il est jaloux de son indépendance dans laquelle ses voisins l'ont toujours laissé à cause de son caractère pacifique. Aujourd'hui sous notre autorité, nous obtenons à peine de lui, le paiement de son impôt d'abord parce qu'il le refuse mais aussi parce qu'il ne fait rien et qu'il ne peu pas arriver à le payer. Rien n'agit sur lui : nous avons vu nombre de dialonka qui ne payaient jamais leurs impôts et qui préféraient faire six mois de prison de sorte qu'on ne pouvait plus avoir d'action sur eux.

La religion musulmane a envahi les dialonka mais elle n'y a pas été acceptée avec beaucoup d'enthousiasme.

Ils ont hérité toutefois de coutumes préislamiques, et c'est ainsi que nous voyons, sur les routes, à quelques centaines de mètres de l'entrée des villages, des amas de pierres, de branchages, de chiffons, de fragments de calebasses, etc. Nous avons dit, plus haut, que les étrangers arrivant dans la région se hâtaient, pour se sauvegarder des mauvais esprits et surtout pour s'assurer une bonne hospitalité, de jeter sur ces sortes de tumulus tout ce qui leur tombait sous la main.

Si cette coutume ne leur a pas été léguée par le monde islamique, elle doit alors être fort ancienne et s'être transmise chez eux de génération en génération.

Dans le monde préislamique, où les idées d'animisme religieux ne manquaient pas, au cours des grands voyages, on élevait un tas de pierres, de bois, de sable, on y versait le lait frais d'une chamelle et, désormais, on était en possession d'un autel, d'un lieu sacré qui était le rendez-vous des voyageurs.

Cette pratique des tumulus n'est pas exclusive aux dialonka ; on la retrouve, comme nous le verrons encore, chez les bamana, les mali'nka, etc. Nous ne l'avons pas observée chez les races nègres du sud du Soudan, chez les Ouébè par exemple, ce qui tendrait en somme à faire croire qu'elle est bien d'origine islamique.

Nous avons encore à signaler, chez les dialonka, l'existence des animaux totémiques, croyance qu'on a signalée depuis long-temps chez les australiens. Elle consiste pour chaque individu d'une même famille à avoir un représentant, un ami, un double, dans le groupe animal. Quand nous aurons étudié les races nègres qu'il nous a été permis d'examiner, nous résumerons, dans un long chapitre, toutes les questions d'animisme religieux, nous les comparerons les unes aux autres et nous en tirerons des conclusions générales qui ne manqueront pas d'avoir quelque intérêt au point de vue scientifique auquel nous avons voulu exclusivement nous placer.

Dans ces dernières années, des fumistes, des gens exploiteurs, dont quelques-uns ont comparu devant nos tribunaux, ont voulu faire croire que les pays dialonka étaient riches en stations auri-fères. Nous avons pu réduire à néant toutes ces suppositions fantaisistes avec des chiffres, résultats d'analyses opérées sur place.

TABLE DES MATIÈRES

Caractères ethniques et physiques en général. —
Le vêtement et la parure. — La coiffure. —
Mutilations. — Circoncision, excision. — L'ha-
bitation. — L'alimentation. — Le sort de la
femme. — Le mariage, — L'enfant. — La
famille et l'héritage. — L'esclavage. — L'état
politique. — Les castes. — Les associations.
— L'industrie. — Le commerce. — L'agricul-
ture. — Le bétail. — La chasse. — La pêche.
— La navigation. — Les armes de guerre. —
La musique. — La danse. — Les musiciens. —
Les funérailles. — La religion. — Les épreuves.
— Prêtres et sorciers. — La future vie. — Les
esprits. — Caractère et morale.

Caractères ethniques et physiques en général. —
Le vêtement et la parure. — La coiffure. —
Mutilations. — Circoncision, excision. — L'habi-
tation. — L'alimentation. — Le sort de la
femme. — Le mariage. — L'enfant. — La
famille et l'héritage. — L'esclavage. — L'état
politique. — Les castes. — Les associations.
— L'industrie. — Le commerce. — L'agricul-
ture. — Le bétail. — La chasse. — La pêche.
— La navigation. — Les armes de guerre. —
La musique. — La danse. — Les musiciens. —
Les funérailles. — La religion. — Les épreuves.
— Prêtres et sorciers. — La future vie. — Les
esprits. — Caractère et morale.

CHAMBÉRY — IMPRIMERIE GÉNÉRALE DE SAVOIE, 38-40, PLACE CAFFE

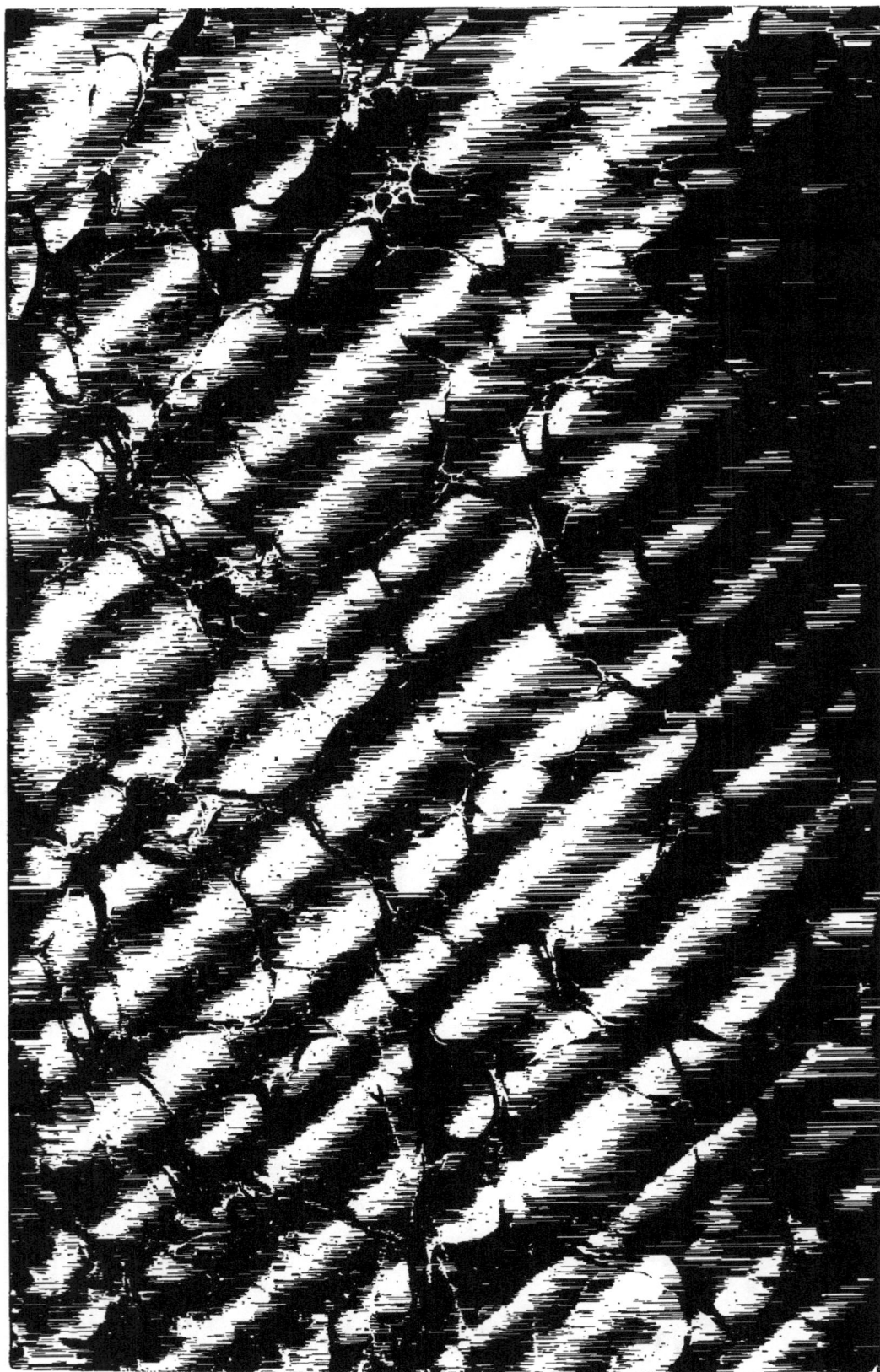

www.ingramcontent.com/pod-product-compliance
Lightning Source LLC
Chambersburg PA
CBHW060127200326
41518CB00008B/955